用于国家职业技能鉴定
国家职业资格培训教程

U0345156

中式烹调师

第2版 （技师　高级技师）

编审委员会

主　任　刘　康
副主任　陈李翔　原淑炜　杨　柳
委　员（按姓氏笔画排序）
　　　　丁应林　马健鹰　王美萍　邓伯庚　刘永澎　陈　蕾　张　伟
　　　　周晓燕　侯玉瑞　赵仁良　高　山　萧玉斌　崔志荣　黄文刚
　　　　黎永泰

市书编审人员

主　编　周晓燕
　　　　侯玉瑞　丁应林
编　者　周晓燕　侯玉瑞　丁应林　王美萍　陈　玉　刘　涛　孟祥萍
　　　　侯　兵　赵　廉　陈忠明　夏启泉　曹仲文
主　审　马健鹰
审　稿　萧玉斌　邓伯庚

中国劳动社会保障出版社

图书在版编目（CIP）数据

中式烹调师：技师　高级技师/中国就业培训技术指导中心组织编写. —2 版. —北京：
中国劳动社会保障出版社，2007

国家职业资格培训教程

ISBN 978 - 7 - 5045 - 6584 - 6

Ⅰ. 中…　Ⅱ. 中…　Ⅲ. 厨师 - 技术培训 - 教材　Ⅳ. TS972.36

中国版本图书馆 CIP 数据核字（2007）第 177203 号

中国劳动社会保障出版社出版发行

（北京市惠新东街 1 号　邮政编码：100029）

出 版 人：张梦欣

*

北京宏伟双华印刷有限公司印刷装订　新华书店经销

787 毫米×1092 毫米　16 开本　22 印张　328 千字

2007 年 12 月第 2 版　　2020 年 3 月第 17 次印刷

定价：**40.00** 元

读者服务部电话：（010）64929211/84209101/64921644

营销中心电话：（010）64962347

出版社网址：http://www.class.com.cn

http://zyjy.class.com.cn

前　言

　　为推动中式烹调师职业培训和职业技能鉴定工作的开展，在中式烹调从业人员中推行国家职业资格证书制度，中国就业培训技术指导中心在完成《国家职业标准——中式烹调师（2006 年版）》（以下简称《标准》）制定工作的基础上，组织参加《标准》编写和审定的专家及其他有关专家，编写了《国家职业资格培训教程——中式烹调师（第 2 版）》（以下简称《教程》）。

　　《教程》紧贴《标准》，内容上，力求体现"以职业活动为导向，以职业能力为核心"的指导思想，突出职业培训特色；结构上，针对中式烹调师职业活动的领域，按照模块化的方式，分级别进行编写。《教程》的基础知识部分内容涵盖《标准》的"基本要求"；技能部分的章对应于《标准》的"职业功能"，节对应于《标准》的"工作内容"，节中阐述的内容对应于《标准》的"技能要求"和"知识要求"。

　　《国家职业资格培训教程——中式烹调师（第 2 版）（技师　高级技师）》适用于对中式烹调师技师、高级技师的培训，是职业技能鉴定的推荐辅导用书。

　　本书在编写过程中得到了中国烹饪协会、扬州大学旅游学院、北京联合大学旅游学院、北京外事学校、四川烹饪高等专科学校、广州市旅游学校等单位的大力支持与协助，在此一并表示衷心的感谢。

　　由于时间仓促，不足之处在所难免，欢迎读者提出宝贵意见和建议。

中国就业培训技术指导中心

目　录

CONTENTS　《国家职业资格培训教程》

第二部分　中式烹调师高级技师

第一部分

中式烹调师技师

第一章
原料鉴别与加工

第一节 原料鉴别

➤ 掌握高档干制原料的种类及特征。

➤ 掌握高档干制原料的品质鉴别方法，能够对鲍鱼、海参、鱼肚、鱼皮、鱼骨、蹄筋、蛤士蟆油、鱼翅、燕窝等原料的品质进行鉴别。

一、高档干制原料的种类及特征

高档干制原料是高档宴会烹饪原料的重要组成部分，主要分为动物性高档干货原料和植物性高档干制原料。

高档动物性干制原料有鲍鱼、海参、鱼肚、鱼皮、鱼骨、蹄筋、蛤士蟆油、鱼翅、燕窝等，高档植物性原料有羊肚菌、竹荪、松茸等菌类原料。

上述这些高档干制原料的主要特征是价格昂贵，加工难度大。

二、烹饪原料的鉴别方法

对烹饪原料的选择鉴定方法主要有感官鉴定、理化鉴定、生物鉴定3种，其中以感官鉴定为主。

所谓感官鉴定就是凭借人体自身的感觉器官，对烹饪原料的质量状况作出客观的评价。也就是通过用眼睛看、鼻子嗅、耳朵听、口品尝和手触摸等方式，对烹饪原料的色、香、味和外观形态进行综合性的鉴别和评价。

感官鉴定也是食品质量和卫生检测中经常采用的方法之一，与其他鉴定方法同样具有法律效应。感官鉴定的内容主要是对原料的色彩、品种、部位、气味、成熟度、完整度等方面进行选择鉴定，从中区分出原料品种的优劣。

理化鉴定、生物鉴定方法由于在菜肴制作过程中使用甚少，因此这里不作介绍。

技能要求

一、鱼翅的品质鉴别

鱼翅是用大、中型鲨鱼和鳐鱼等软骨鱼的鳍加工而成的制品。

鱼翅以干制品为主，目前也有真空包装的鲜制品。鱼翅干制品的加工方法为：割鱼鳍→腌制→晒干（为原翅）→浸水软化→洗去污物→去鳍边→开水烫（煮）→去皮→退沙（盾鳞）→剔去骨肉→洗净→晒干→硫磺漂白→鱼翅成品。

由于鱼的种类、鳍的部位和加工的方法不同，鱼翅的种类很多，主要有以下几类。

1. 按鱼鳍的部位划分

按鱼鳍的部位划分，由背鳍、胸鳍、臀鳍和尾鳍制成的鱼翅分别称为背翅、胸翅、臀翅和尾翅。背翅有少量肉，翅长而多，质量最好；胸翅肉多翅少，质量中等；尾翅肉多骨多，翅短且少，质量最差。

鲨鱼的鱼翅主要取近头部的第一背鳍、近尾部的第二背鳍和尾部末端的尾鳍三部分；有时也取胸鳍、腹鳍、臀鳍部分，但质量较背鳍差。鳐鱼一般只取背鳍和尾鳍。

2. 按加工的方法划分

鱼翅按加工的方法可分为原翅和净翅。

原翅又称皮翅、青翅、生翅、生割，是未经加工去皮、去肉、退沙而直接干制的鱼翅。

净翅是经过复杂的工序处理后所得的鱼翅。在净翅中，取披刀翅、青翅和勾尖翅经加工去骨、去沙后称为"明翅"；取明翅的净筋针称为"翅针"。翅筋散乱的称为"散翅"；翅筋排列整齐的称为"排翅"。翅筋制成饼状的称为"翅饼"；翅筋制成月亮形的称为"月翅"等。

3. 按鱼翅的颜色划分

按鱼翅的颜色可分为白翅和青翅两大类。白翅主要用真鲨、双髻鲨等的鳍制成；青翅主要用灰鲭鲨、宽纹虎鲨等的鳍制成。

用生长于热带海洋的鱼的鳍制作的鱼翅颜色黄白，质量最佳；生长于温带海洋者颜色灰黄，质量一般；生长于寒带海洋者色青，质量最差。

鱼翅主要产于我国的广东、福建、台湾以及日本、泰国、菲律宾等地。象耳刀翅、象耳翅、象耳尾翅主要产于江苏的盐城、南通及山东的青岛等地区，产期为春季。象耳白刀翅、象耳白翅、象耳白尾翅以及猛鲨刀翅、猛鲨青翅、猛鲨尾翅主要产于浙江的舟山和温州、辽宁的旅顺、山东的青岛和烟台等地区，加工季节为春末夏初。其他各种鱼翅主要产于福建的晋江、广东的湛江及海南等，加工季节为1～8月。

鱼翅的质量标准为：原翅的翅板大而肥厚，不卷边，板皮无皱褶且有光泽，无血污水印，基根皮骨少，肉洁净；净翅的翅筋粗长，洁净干燥，色金黄，透明有光泽，无霉变、无虫蛀、无油根、无夹沙、无石灰筋。

辨别鱼翅的真假。真鱼翅长短不一，用手能将翅针分开，假鱼翅无法将翅针分开，用手在案板上搓翅针会越搓越小。鱼翅的品质在外表上有疵点者较少，但其内部的质量却有出入，在检查鱼翅质量时必须注意以下五个方面：

（1）弓线包

翅的形状很大，青黑色，淡性，翅筋细软而糯，可是其中有细长芒骨，不能食用，若将芒骨除去作散翅仍是上品翅。

（2）石灰筋

翅的形状较大，色灰白带苍老，淡性，翅筋较粗，中间段发白，食之坚硬如石灰，无法下咽，因此这种翅在饮食业不被使用。

（3）熏板

冬季生产的鱼翅，因无法用日光晒干，所以采用炭火焙干，这种翅在泡发时，外面的沙粒很难除净，必须细心去掉沙粒。由于其质地坚硬，色泽不鲜艳，故称熏板。

（4）油根

翅形有大有小，因为是咸体，在阴雨季节原料易返潮，且由于在产地未及时注意保藏，刀割处常发生肉腐烂，影响到翅的根部使之呈紫红色，腥臭异常，须切除才能使用。在鉴别时，见到翅的根部似干未干有油渍的现象，可断定是油根的毛病。

（5）夹沙

夹沙是肉夹筋的白色翅，在捕获鲨鱼时不慎压破外皮，使沙粒陷入翅的内部，晒干后即有深形皱纹，在泡发后用作排翅时沙粒难取出。因此只将其溶化，漂去沙，取其翅筋作为散翅用。

二、燕窝的选择与鉴别

真燕窝应该是品质干燥，燕盏边不黏太多的碎粒，闻起来有鸟骚味。假的燕窝是用树胶仿制而成的，通过漂白、喷咖喱水、贴碎草等方法模仿真燕窝。燕窝的品种较多，以窝形完整，窝碗大而肥厚，色洁白，半透明，底座小，燕毛少者为上品。根据燕窝质量特点和产地可分5种：

1. 官燕

官燕是历代皇朝的贡品，是燕窝中质量最好的一种，其特点是色洁白、晶亮、半透明、无燕毛等杂质，无底座，形似碗，略呈椭圆形。这种燕窝如存期过长，色易变黄。

2. 龙牙燕

长碗形，似龙牙，故名。色洁白，稍带燕毛，有小底座，坠角较大，边厚整齐。

3. 暹罗燕

产于泰国暹罗湾。形似龙牙燕，但较高厚，底座不大，有小坠角，色白，稍有燕毛。

4. 血燕

形同暹罗燕，色泽发红，质地色深，故名。民间常用以滋补，以其色红而补血。其实也是暹罗燕的一种。

5. 毛燕

因燕毛过多而得名。形同龙牙燕,色泽黑暗,有座底,底色发红,质略逊。

三、鱼肚的品质鉴别

1. 鱼肚的来源

鱼肚是用石首鱼科的毛鲿鱼、黄唇鱼、双棘黄姑鱼、鮸鱼、大黄鱼、海鳗科的海鳗、鹤海鳗以及鲶科的长吻鮠等鱼的鳔经加工制成,大多为干制品。这些鱼的鳔较为发达、鳔壁厚实,故可制作鱼肚。干鱼肚经剖鱼腹取鳔、去脂膜、洗净、摊平(大鳔可剖开)、晒干而制成。

2. 鱼肚的种类

鱼肚主要有毛鲿肚、黄唇肚、红毛肚、鮸鱼肚、大黄鱼肚、鳗鱼肚、鮰鱼肚等种类。

(1) 毛鲿肚

毛鲿肚又称毛常肚,用毛鲿鱼的鳔制成。呈椭圆形,马鞍状,两端略钝,体壁厚实,色浅黄略带红色。涨发率高。

(2) 黄唇肚

黄唇肚又称黄肚、皇鱼肚,用黄唇鱼的鳔加工而成。呈卵圆形或椭圆形,片状,扁平,并带有两根长约 20 cm、宽约 1 cm 的胶条,表面有显著的鼓状波纹,色淡黄并带有光泽,半透明。体形较大,一般长约 26 cm、宽 19 cm、厚 0.8～1 cm。主要产于我国东海、南海沿海,由于黄唇鱼稀少,且已被列为国家保护动物,故资源极少。

(3) 红毛肚

红毛肚用双棘黄姑鱼的鳔加工而成。呈心脏形,片状,有发达的波纹;色浅黄略带淡红色。

(4) 鮸鱼肚

鮸鱼肚又称敏鱼肚、鳖肚、米肚,用鮸鱼的鳔加工而成。其外观呈纺锤形或亚椭圆形,末端圆而尖突,凸面略有鼓状波纹,凹面光滑,色淡黄或带浅红,有光泽,呈透明状。体形较大,一般长 22～28 cm、宽 17～20 cm、厚 0.6～1 cm。主要产于浙江舟山、广东湛江和海南省。

(5) 大黄鱼肚

大黄鱼肚又称小鱼肚、片胶、筒胶、长胶,用大黄鱼的鳔加工而成。

其外观呈椭圆形，叶片状，宽度约为长度的一半，色淡黄。大黄鱼肚因加工方法不同而有不同的名称，将鱼鳔的鳔筒剪开后干制的称为"片胶"；不剪开鳔筒干制的称为"筒胶"；将数个较小的鳔剪开拉成小长条、再挤压并干制成约0.6 cm宽、100 cm长的大长条的称为"长胶"。大黄鱼肚根据外形又有不同的商品名称，其中形大而厚实的黄鱼肚称为"提片"；形小而较薄的黄鱼肚称为"吊片"；将数片小而薄的黄鱼肚压制在一起称为"搭片"。大黄鱼肚主要产于浙江的舟山、温州和福建的厦门等地。

（6）鳗鱼肚

鳗鱼肚又称鳗肚、胱肚，用海鳗或鹤海鳗的鳔加工而成。其外观呈细长圆筒形，两头尖、呈牛角状，壁薄，色淡黄。主要产于浙江的舟山、温州、台州以及福建的宁德，广东的湛江，海南省等沿海。

（7）鮰鱼肚

鮰鱼肚用长吻鮠（俗称鮰鱼）的鳔加工而成。呈不规则状，壁厚实，色白。在湖北一带使用这种鱼肚，因其外形似"笔架山"之状，故当地称为笔架鱼肚。

在以上各种鱼肚中，以黄唇肚质量最好，但产量稀少；以鳗鱼肚质量最差，其余各种鱼肚质量较好。

3. 鱼肚的质量鉴别

鱼肚的质量以板片大、肚形平展整齐、厚而紧实、厚度均匀、色淡黄洁净、有光泽、半透明者为佳。质量较差者片小，边缘不整齐，厚薄不均，色暗黄，无光泽，有斑块。

四、鱼皮的品质鉴别

鱼皮是用鲨鱼、鳐鱼、魟鱼等软骨鱼背部的厚皮制成，大多为干制品。一般经过剥皮、刷去皮上血污残肉等杂物，再经洗涤、干燥、硫磺熏制等工序制成。

鱼皮根据鱼的种类可分为青鲨皮、真鲨皮、姥鲨皮、虎鲨皮、犁头鳐皮、沙粒魟皮等。

1. 青鲨皮用青鲨鱼的皮加工制成。为灰色，产量较高。

2. 真鲨皮用多种真鲨鱼的皮加工制成。为灰白色，产量较高。

3. 姥鲨皮用姥鲨的皮加工制成。皮较厚；有尖刺、盾鳞，为灰黑色，质量较次。

4. 虎鲨皮用豹纹鲨和狭纹虎鲨的皮加工制成。皮面较大，黄褐色，有暗褐色斑纹，皮里面为青褐色。

5. 犁头鳐皮用犁头鳐的皮加工制成。为黄褐色，是所有鱼皮中质量最好的。

6. 沙粒魟皮又称公鱼皮，用沙粒魟鱼的皮加工制成。特点是皮面大，长约 70 cm，灰褐色，皮里面为白色，皮面上具有密集扁平的和颗粒状的骨鳞。

鱼皮的质量以皮面大、无破孔、皮厚实、洁净有光泽者为佳。

五、鱼唇的品质鉴别

鱼唇是用鳐鱼、魟鱼等软骨鱼的唇部加工而成的，大多为干制品。较常见的鱼唇是用犁头鳐的上唇加工而成的。将犁头鳐的上唇带眼鳃部分割下，从唇中间用刀劈开，但不劈透，使之成为左右相连的两片，唇的里面带有两条薄片软骨。浸入水中 24 h 去污、干制后即成。成品呈三角形，片状、黄褐色。主要产于福建的宁德、莆田、龙溪以及广东的湛江、汕头。

鱼唇的质量以体大、洁净无残污水印、有光泽、迎光时透明面积大、质地干燥者为佳。在各种鱼唇中，以犁头鳐唇为最好。

六、鱼骨的品质鉴别

鱼骨又称为明骨、鱼脆、鱼脑，是用鲨鱼和鳐鱼的软骨（头骨、脊骨、支鳍骨），以及鲟鱼和鳇鱼的鳃脑骨等加工制成的，多为干制品。一般经过割取选料、去血污残肉、浸泡、漂烫、削去软骨表层残肉黏膜、干燥、硫磺熏制等工序制成。成品为长形或方形，白色半透明，坚硬有光泽。

常见的鱼骨是用姥鲨的软骨加工制成的，有长形和方形两种。长形鱼骨为长约 15 cm 的长方条，方形鱼骨为约 2～3 cm 的扁方块。白色或米黄色，呈半透明状。

鱼骨的质量以均匀完整、坚硬壮实、色泽白、半透明、洁净干燥者为好。在几种鱼骨中，鲟鱼和鳇鱼的鳃脑骨较好；鲨鱼和鳐鱼的软骨质薄而脆，质量较差。

七、海参的品质鉴别

海参属于棘皮动物。根据海参背面是否有圆锥肉刺状的疣足分为刺参类和光参类两大类。刺参又称有刺参，此类海参体表有尖锐的肉刺，如灰刺参、梅花参、方刺参等；光参又称无刺参，表面有平缓突出的肉疣或无肉疣，表面光滑，如大乌参、辐肛参、白尼参等。一般来说，有刺参质量优于无刺参，无刺参以大乌参质量最佳，可与有刺参中的梅花参、灰刺参媲美。

海参的食用部位是其体壁。新鲜的海参味苦涩，一般干制去异味后食用。加工时从肛门处插入脱肠器，从口端拔出，先去内脏，然后将腹腔清洗干净，放入盐水中煮1~2 h，捞出冷却，以70℃左右温度烘1~2 h再晒干，如此反复两次，即得干制品。干制品一般为黑褐色。

干品成菜之前，一般用泡、煮等方式水发或碱发，使其恢复嫩度。为达到好的涨发效果，在涨发过程中应注意手和工具要清洁，若粘有油污，海参易腐烂；水中不可有盐分，否则发不透；海参发好后一定要将碱分清洗干净，以免影响菜肴呈味。

海参种类较多，选择海参时，应以体形饱满、质重皮薄、肉壁肥厚、水发时涨性大、发参率高，水发后糯而滑爽、有弹性，质细无砂粒（即为石灰质骨片）者为好；凡体壁瘦薄，水发涨性不大，成菜易酥烂者质量差。

八、鲍鱼的品质鉴别

鲍鱼又称九孔螺，是鲍科贝类的通称。

鲍鱼贝壳大而坚实，螺层有三层，体螺层极大，几乎占壳的全部；壳上有由5~9个呼吸孔和突起形成的旋转螺肋，所以又称九孔螺；足肥大有力，和壳底差不多大，呈紫红色。每年7、8月水温升高，鲍鱼向浅海作繁殖性移动，称"鲍鱼上床"，此时鲍鱼的肉足丰厚，最为肥美，是捕捉的好时期。鲍鱼散居，捕捉时须潜入水底寻找，捕捞困难，因此价格昂贵。

目前，市场上有鲜鲍、速冻鲍鱼和鲍鱼罐头制品及干制品出售。干制品以干燥、形状完整、大小均匀、个大为好。一般分紫鲍、明鲍、灰鲍3个商品种类。

紫鲍：个大、色泽紫、质好；明鲍：个大、色黄而透明、质也好；灰鲍：个小、色灰暗、不透明、表面有白霜、质差。

从大小来看，个体较大者质量好，价格也高，所以餐桌上有按头数（个数）计数的习惯。每 500 g 能称 2 个鲍鱼，称两头鲍，以此类推，也有三头鲍、五头鲍、二十头鲍等。因此，常有"有钱难买两头鲍"之谚。

上等干鲍鱼的品质干燥，形状完整，大小均匀，色泽淡黄，呈半透明状，微有香气。用水涨发后，体呈乳白色，肥厚嫩滑，味道鲜美者为佳；如色泽灰暗不透明，且外表有一层白粉，则质量较差。

九、哈士蟆油的品质鉴别

哈士蟆油为雌性中国林蛙的输卵管制成的干制品。其外观为不规则的块状，长 1～2 cm，宽约 1 cm，厚约 0.5 cm。黄白色，有脂肪样光泽，偶尔有灰色或白色薄膜状外皮，手感滑腻。

其质量以块大、肥厚、不带血和膜及杂质者为佳。哈士蟆油养阴、性平、味甘腥、主治虚痨咳嗽等，是一种滋补品。

干哈士蟆油用前须泡发，泡发后体积可增大 1～15 倍，其外观形如棉花瓣，有腥气，味微甘。

十、蹄筋的品质鉴别

蹄筋指的是有蹄动物蹄部的肌腱及相关联的关节环韧带。

蹄筋是以胶原纤维为主的致密结缔组织。色白，其外观呈束状，包有腱鞘；为肌纤维末端的终止处，附着于骨骼上；肌收缩时的牵引力通过肌腱而作用于骨骼。胶原纤维多，细胞少；纤维排列规则而致密，其排列方向与其受力方向一致。

在烹饪中使用的蹄筋有猪、牛、鹿、羊蹄筋，以鹿蹄筋质量为上乘。干蹄筋的质量以干燥、透明、白色为佳。通常后蹄筋质量优于前蹄筋。

十一、注意事项

1. 在鉴别原料品质时要注意区分原料的等级。原料的质量等级是由其部位、产地、规格及加工方法等因素决定的，人们应根据菜品的要求，合理地将其运用到各种菜肴中。

2. 在鉴别原料品质时要注意辨别真伪，以防制假者用低档原料加工成高档原料的形态。还需注意的是，在制作过程中常用到各种化学添加剂，这些原料不能作为烹饪原料使用。

第二节　原　料　加　工

学习目标

➤ 掌握高档干制原料的涨发方法及技术要求。

➤ 能够对鲍鱼、海参、鱼肚、鱼皮、鱼骨、蹄筋、蛤士蟆油、鱼翅、燕窝等原料进行涨发。

知识要求

一、高档原料的涨发对菜品质量的影响

高档原料价格极其昂贵，涨发技术就显得格外重要，因为涨发后的原料品质直接关系到菜肴的质量。有些原料因为涨发时没有去掉原料中的异味，导致菜肴品质极差或无法食用。特别是鲍鱼、鱼翅、海参等高档干货原料，涨发的好坏直接决定菜品质量的优劣，如果涨发得不好，即使用再好的汤和调味料去烹制，也无法改善菜品的烹调效果。

二、高档干制原料涨发加工的原则及要领

一般干制品的水分控制在 3% ～ 10% 之间，从表面上看这些干制品都具有干缩、组织结构紧密、表面硬化、老韧的特点。

在涨发时还要考虑干货原料的多样性：首先是品种的多样性，不同的品种涨发的方法不同；其次是同一品种等级的不同，也会造成涨发时间不一致；再次干制方法的不同，也会对涨发质量有影响。

高档原料的涨发不是简单地强调出品率，这一点在高档原料涨发中显得格外重要，烹饪技法有一个重要的技术要求："有味者使之出，无味者使之入"。"使之出"指的是将干货原料固有的异味在涨发的过程之中排出，以便使菜品在烹制过程中添加或投放的鲜美滋味能"使之入"。所

以，要在高档原料涨发的过程中排除异味，并且掌握使其增加鲜美滋味的技法。

技能要求

一、鲍鱼的涨发加工

将整只鲍鱼用清水浸泡 12~24 h 以上时即达到初步回软，此时将外表边裙刷洗干净，选用不锈钢或陶质器具，放入足量的鸡汤、绍酒、葱、姜，垫上竹箅子。鲍鱼虽然体形大小不同，用小火焖煮 10~24 h 后，基本都可以发透、发软。

为了更快地涨发鲍鱼，可以在鲍鱼体上剞上均匀的刀纹，或发制过程中用竹签在鲍鱼上扎孔。鲍鱼发好后，将汤汁澄清，用原汤浸泡鲍鱼低温存放。每千克干料可涨发 3~4 kg 湿料。

二、海参的涨发加工

海参品种多，质地差异很大，发料方法以水发为好。

1. 水发的方法

水发海参可分为一般水发和鸡汤发两种。

（1）一般水发

一般水发即先将海参放入干净的铝锅中，加开水浸泡 12 h，再换水浸泡 12 h，泡至回软后，从腹部开口，取出腔内韧带和内皮，然后洗净换水，用小火烧开，煮 5 min 离火，相隔 12 h 换水烧开煮 5 min，这样反复 2~3 次，直到发透为止。一般刺参涨发 2~3 天即可使用，而质硬、肉厚、个大的海参要发 4~5 天。每千克干料可涨发 5~6 kg 湿料。

（2）鸡汤发

鸡汤发即把用水涨发到回软的海参放入锅内，加上清水、葱、姜、料酒、鸡骨架，用小火烧开后焖 4~6 h，发透后捞出即可。保管时可将海参开口处朝下，放在竹筛上凉透。这种发料方法，涨发率低，质量高，适宜当天用当天发。每千克干料可涨发 3~4 kg 湿料。

2. 注意事项

发海参的盛器和水，都不可沾油、碱、盐。油、碱易使海参腐烂溶化，盐使海参不易发透。在发料的过程中要注意检查，既要防止发不透，又要防止发得过于软烂。开腹取肠时，要保持海参原有形状。

三、鱼肚的涨发加工

先将鱼肚晾干，往锅内加入适量的油，再放入鱼肚慢慢加热，鱼肚先逐渐缩小，然后慢慢膨胀。此时要不停地将其翻动，待鱼肚开始漂起并发出响声时，端锅离火并继续翻动鱼肚，当油温降低时，再放火上慢慢提温，这样反复2～3次，鱼肚全部涨发起泡、饱满、松脆时捞出。接着放入事先准备好的热碱水中浸泡至回软，洗去油腻杂质，用清水漂洗干净，换冷水浸泡备用。用油涨发鱼肚，时间短、涨发率高。一般每千克干料可涨发4 kg左右湿料。

四、鱼皮的涨发加工

选用不锈钢或陶质器具，将鱼皮用清水浸泡1～2 h至初步回软，若是带沙的鱼皮要用热水浸泡，并将沙刮洗干净，放入足量的清水中，小火焖煮大约1 h，再反复换水焖煮至发透为止，最后放入清水中浸泡，在低温环境中存放。为增加出品率可以采用隔水隔汽蒸的方法，每千克干料可涨发3～4 kg湿料。

五、鱼骨的涨发加工

选用不锈钢或陶质器具，将鱼骨用清水浸泡1～2 h至初步回软，放入足量的清水中，小火焖煮大约1 h，再反复换水焖煮至发透为止，然后放入清水中浸泡，在低温环境中存放。为增加出品率可以采用隔水隔汽蒸的方法，每千克干料可涨发2～3 kg湿料。

六、蹄筋的涨发加工

蹄筋的涨发方法较多，下面以猪蹄筋为例作介绍。

1. 油发蹄筋

先将蹄筋用温碱水洗去表层油腻和污垢，然后晾干。将锅内加入适量的凉油，再放入蹄筋慢火加热，蹄筋先逐渐缩小，然后慢慢膨胀。要勤翻动，待蹄筋开始漂起并发出"叽叽"的响声时，端锅离火并继续翻动蹄筋，当油温降得较低时，再用慢火提温，这样反复几次，待蹄筋全部涨发起泡、饱满、松脆时捞出。接着放入事先准备好的热碱水中浸泡至回软，洗去油腻杂质，摘去残肉，用清水漂洗干净，换冷水浸泡备用。用油涨发蹄筋，时间短、涨发率高。一般每千克干料可涨发6 kg左右湿料。

2. 水发蹄筋

水发蹄筋又称"水煮筋"，方法是将洗净的蹄筋放入开水或是米汤中，浸泡数小时，待蹄筋回软，摘洗干净，再加上高汤、葱、姜、料酒上笼蒸至柔软无硬心时（约2~3 h），即为半成品。水发的蹄筋色洁白，富有弹性，食用时口感特别好，但涨发率低，不宜久存。每千克干料可涨发2~3 kg湿料。

七、蛤士蟆油的涨发加工

选用陶质器具，将蛤士蟆油用清水浸泡2 h至初步膨润，摘洗干净，挑出蛤士蟆油上的黑筋和杂质，放入足量的清水中漂泡数次，上笼隔水隔汽蒸大约1~1.5 h，然后放入清水中浸泡，在低温环境中存放。每千克干料可涨发9~10 kg湿料。

八、鱼翅的涨发加工

鱼翅品种繁多，其涨发流程同海参一样。总体来说，可将鱼翅分为老、嫩两种类型，前者统称排翅，以老黄翅（金山黄、吕宁黄、香港老黄）为最佳；后者统称杂翅，如金勾翅。因市场上常见褪砂的鱼翅，所以褪砂过程在此不做详细介绍，现以金勾翅为例介绍涨发流程：先用温水浸泡鱼翅4~5 h，然后上火加热1 h，离火后焖2 h，用剪刀剪去边，按老嫩不同将鱼翅分别装入竹篓，或扣入汤盆，加清水、姜、葱、酒及花椒少许；将装篓之鱼翅换清水加热至90℃焖发约4~6 h；扣汤盆的鱼翅则须蒸发约1~1.5 h；抽出翅骨及腐肉；换水继续焖（蒸）约1~2 h，至鱼翅黏糯，分质提取；将加工完的鱼翅浸漂于清水中，保持0~5℃待用。

鱼翅涨发的关键：一是不管采用什么涨发流程，都应注意尽可能保持原料的完整，防止营养成分过多流失，要去除异味、杂质，勤于观察，分质提取，适可而止，立发即用，防止污染、破损、糜烂等不良现象的产生。二是发好的鱼翅忌用铁器盛装，铁的某些化学反应会影响鱼翅质量，产生黄色斑痕。鱼翅在涨发中，亦不能沾有油类、盐类、酸类物质，因此，加工须格外谨慎。

九、燕窝的涨发加工

选用洁白陶质器具或白搪瓷盘并准备一个干净水碗。将燕窝用清水浸泡2 h至初步回软、膨润，把盘中放入洁净清水，水面约0.5～1 cm高，这时把燕窝轻轻压散，从盘的一角开始挑拣燕毛，把燕毛放入水碗中，摘净的燕丝放入足量的清水中漂泡数次，上笼隔水隔汽蒸大约1 h，然后放入清水中浸泡存放。每千克干料可涨发8～9 kg湿料。

十、注意事项

所有高档原料的涨发都要注意，涨发过程尽量做到多换几次清水，这样可以淘尽原料中的异味，涨发原料的容器最好不用铁质容器，因为易产生锈色。

第二章

菜肴装饰与美化

第一节 餐盘装饰

学习目标

➤ 掌握餐盘装饰的概念和特点及餐盘装饰的应用原则。

➤ 熟练掌握餐盘装饰的各种构图方法。

➤ 能够合理选用餐盘装饰原料，并运用装饰原料对餐盘进行合理装饰。

知识要求

一、餐盘装饰概念

餐盘装饰又称餐盘装饰美化，或菜肴装饰艺术，是指采用适当的原料或器物，经一定的技术处理后，在餐盘中摆放成特定的造型，以美化菜肴、提高菜肴食用价值的制作工艺。

餐盘装饰是近些年来逐步发展并趋于成熟的菜肴美化工艺。在传统的菜肴制作中，菜的美化采用的是对菜肴原料成形美化的模式，这种美化方法具有一定的局限性。为了提高和完善菜肴的外观质量和视觉审美效应，餐盘装饰便应运而生，并形成特有的制作工艺，成为菜肴整体的一部分。

餐盘装饰美化的对象是菜肴，而不是餐盘本身。由于装饰原料与图形是根据菜肴的特点量身定制，大多是预先摆放在空的餐盘中的，因此，这种装饰是对菜肴的装饰，是菜肴外在形式的扩展与延伸，是菜肴主体部分的陪衬，目的是使主体更醒目、更突出、更完美。

二、餐盘装饰特点

餐盘装饰作为有别于菜肴的烹制工艺，形成了如下特点：

1. 用料范围以果蔬为主

适用于餐盘装饰的原料主要是瓜果、蔬菜类。这些原料的品种很多，颜色也很丰富，选用十分方便，既可以随着季节的变换选用应时的果蔬，也可以出人意料地选用反季节的果蔬，特别是随着市场的开放，新的果蔬品种接连应市，其颜色与形状的变化更加丰富，这就为餐盘装饰提供了丰足的原料基础。

2. 制作工艺崇尚简单便捷

由于餐盘装饰是菜肴的陪衬，因此决定了装饰技法的简便性。正因为简单、方便、快捷，所以易于学习，易于掌握，易于应用。花很少的时间，采用简约的加工，完成装饰过程，增加菜肴的美观，使菜肴变得外秀内美，好看好吃，才使得餐盘装饰工艺得以存在和发展。反之则没有生命力。

3. 适应面广，美化效果好

餐盘装饰虽然不是每一个菜肴都需要，但是它却能应用在很多不同类别、不同品种的菜肴中，即高档的燕窝、鱼翅菜可以装饰，普通的鸡鸭鱼肉菜也可以装饰；荤菜类菜肴可以装饰，蔬菜类菜肴也可以装饰；狭义上的菜肴（指冷菜、热菜）可以装饰，广义上的菜肴（包括点心、水果盘）也可以装饰。

餐盘装饰既可以为色形俱佳的菜肴锦上添花，也可以使色形平庸的菜肴绽放异彩。所以，只要装饰得恰如其分，就能够收到画龙点睛的美化效果。

三、餐盘装饰原料种类

适用于餐盘装饰的原料主要有以下种类：

1. 蔬菜类

叶菜类常用的有：大白菜、卷心菜、红色卷心菜、芫荽、芹菜、荷兰芹、生菜、小白菜、芥菜、葱、青蒜等。

块茎菜类常用的有：莴笋、竹笋、土豆、芋头、蒜头、莲藕、生姜、紫菜苔、洋葱等。

根菜类常用的有：白萝卜、红萝卜、心里美萝卜、杨花萝卜、红胡萝卜、黄胡萝卜、红薯等。

花菜类常用的有：花椰菜、西兰花、黄花菜等。

果菜类常用的有：黄瓜、南瓜、苦瓜、冬瓜、白瓜、番茄、紫茄子、红椒、青椒、嫩蚕豆、嫩豌豆。

食用菌类常用的有：黑木耳、白木耳、香菇、蘑菇、发菜、猴头蘑等。

2. 果类

用于餐盘装饰的鲜果和瓜果品种较多，且能直接食用。常用的有：樱桃、草莓、苹果、葡萄、梨、桃子、李子、香蕉、柚子、橙子、橘子、提子、火龙果、菠萝、猕猴桃、柠檬、红果、枇杷、杨梅、清香瓜、哈密瓜、西瓜、甜瓜、芒果等。

干果类常用的有：核桃仁、松子仁、瓜子仁、杏仁、黑芝麻、黄芝麻、白芝麻等。

3. 粮食类

常用的粮食有：面粉、澄粉、米粉等。

4. 其他类

蛋类及其制品常用的有：熟鸡蛋、咸鸭蛋、鹌鹑蛋、鸽蛋、鹌鹑皮蛋、松花蛋、蛋黄糕、蛋白糕、蛋皮、蛋松等。

肉制品类常用的有：火腿、西式火腿、火腿肠、香肠、红肠、猪耳糕、肉松等。

水产品及其制品类常用的有：河虾、湖虾、江虾、龙虾、海带、紫菜等。除了以上原料外，海产品中一些形美色艳而又珍贵的贝类动物的贝壳也是装饰菜肴、盛放菜肴的好材料。

四、餐盘装饰的应用原则

利用餐盘装饰美化菜肴，应遵循以下几条基本原则：

1. 实用性原则

所谓实用性，就是说餐盘装饰要始终坚持为菜肴服务的原则。餐盘装饰是附属于菜肴的，它是菜肴的陪衬，而不是菜肴的主体。菜肴的内在品质、风味特色及其外在感官性状的优良，应着眼于菜肴制作过程中对原料的合理使用，以及加工方法运用是否得当。因此，对于餐盘装饰而言，一是需要进行餐盘装饰的菜肴，才能进行餐盘装饰，不能"逢菜必饰"，避免画蛇添足；二是主从有别，特别要注意克服花大力气进行华而不实、喧宾夺主式的餐盘装饰；三是要克服为装饰而装饰的唯美主义倾向，装饰之后，可能提高了美的形式，但并一定就是菜肴最美最恰当的形式。四是提倡在餐盘装饰中多选用能食用的原料，少用不能食用的原料，杜绝危害人体食用安全的原料。总之，餐盘装饰的首要目的是要为菜肴实用服务，为增强菜肴的实用价值服务。

2. 简约化原则

所谓简约化，就是指餐盘装饰的内容和表现形式要以最简略的方式达到最大化的美化效果。繁杂琐碎不一定是美的，但也并不是说装饰原料用得越少就越好。餐盘装饰的简约要看做是菜肴的"点睛"之笔，要以少少许胜多多许，要少而精，少得恰到好处无欠缺感，达到增一片一叶则过多，少一片一叶则嫌少的效果。

3. 鲜明性原则

所谓鲜明性，就是指餐盘装饰要以形象的、具体的感性形式来协助表现菜肴的美感。事物的美总是存在于感性形式之中，离开了特定的感性形式，美也就无所依存了。例如，人们说花是美的，指的一定是具体的花，而不是抽象的花，它的美也必须通过具体的花瓣、花蕊、花茎以及花的颜色表现出来，如果离开了由这些物质材料所构成的感性形式，花就成了一个抽象的概念，那就谈不上什么美与不美了。

所以，在餐盘装饰时，要善于利用装饰原料的颜色、形状、质地等属性，在盘中摆放出鲜明、生动、具体的图形。

餐盘装饰的鲜明性，可以有多种多样的表现形式。无论采用何种形式何种图形，千万不能割断和菜肴的有机联系。在实际的操作中，那些用晦涩的符号、凶猛的野兽，以及人物（如唐僧、猪八戒、姜太公、钟馗、关羽、美人鱼等）来表现的形象，即便刻画得"栩栩如生"，但是它和菜肴并没有任何内容与形式的联系，不仅无法提升菜肴的美感，反而会泯灭菜肴本来的美。

4．协调性原则

所谓协调性，就是指餐盘装饰自身及其与菜肴之间的和谐。首先是餐盘装饰自身的协调性，其装饰造型、色彩及其与餐盘之间应该是和谐的，如红花、绿叶，放在白色盘子的一端，它们之间是相互协调的。其次餐盘装饰虽然大多是在盛装菜肴之前进行的，但却是根据菜肴的需要进行设计的，要充分考虑到它们相互之间在表达主题、造型形式以及原料选择上的联系，使餐盘装饰与菜肴共为一个有机联系的整体。

在实际应用中，有的凭空想当然地进行餐盘装饰，例如，有用白萝卜雕刻的"小白鼠"做装饰的主体，那么它和菜肴的内容和形式之间是否能实现协调一致呢？答案自然是不能。因此，在餐盘装饰中不能凭臆想去胡乱地造型，只有与菜肴相协调，才能美得起来。

五、餐盘装饰的构图方法

根据餐盘装饰的空间构成形式及其性质的区别，餐盘装饰可以分为平面装饰、立雕装饰、套盘装饰和菜品互饰四类。下面分别介绍这四类餐盘装饰的构图方法。

1．平面装饰的构图方法

平面装饰又称菜肴围边装饰，一般是以常见的新鲜水果、蔬菜为装饰原料，利用原料固有的色泽和形状，采用一定的技法将原料加工成形，在餐盘中适当的位置上组合成具有特定形状的平面造型。

平面装饰是餐盘装饰中形式最为纷繁多彩、应用最为广泛的菜肴美化方式，但是细细研究，又可以把这些千变万化的平面装饰，按照其构图骨式的特点，分成以下若干类型。

（1）全围式

所谓全围式就是沿餐盘的周围拼摆花边。这类花色围边基本上是依器定形，即餐具是圆形的，围成的花边也是圆形的；餐具是椭圆形的，围成的花边也是椭圆形的。在此基础上，还可以变化图形，如圆形中套方形，椭圆形中套菱形等。而图形中留出的方形、菱形空白，则是盛装菜肴的地方。

全围式平面装饰应用最多的是用来盛装单个菜肴，如果是对拼或三镶的菜肴，采用全围式时，需要对已经围起来的空白再作分割，如对拼菜肴采用居中而分的形式，那么三镶菜肴既可以均等分割，亦可以不均等分割。

摆全围式时，装饰原料的叠放层次分为叠单层、叠双层和叠多层。装饰效果具有端庄、稳定、平和的形式美感。如图2—1至图2—6所示。

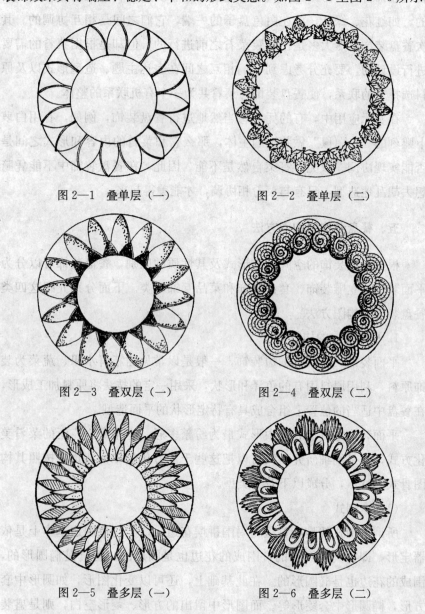

图2—1　叠单层（一）　　　　图2—2　叠单层（二）

图2—3　叠双层（一）　　　　图2—4　叠双层（二）

图2—5　叠多层（一）　　　　图2—6　叠多层（二）

可利用原料的形状、叠放次序的变化，来产生如波浪般循环往复的律动感，或向外放射与向内聚集的指向感，如图2—7至图2—10所示。

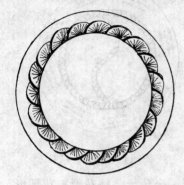
图2—7　全围式效果（一）

图2—8　全围式效果（二）

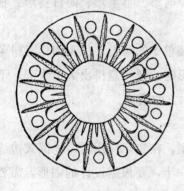
图2—9　全围式效果（三）

图2—10　全围式效果（四）

（2）象形式

象形式就是根据菜肴造型的需要，选用合适的餐盘，用装饰原料围摆成具象形造型。这里所指的象形式，实际上是全围式平面装饰中的一类特殊形态的造型，如图2—11至图2—14所示。

图2—11　象形式（一）

图2—12　象形式（二）

图2—13 象形式（三）　　　　图2—14 象形式（四）

象形式可以有多种造型，如宫灯形、金鱼形、梅花形、花环形、葫芦形、桃形、太极形、花篮形、心形、扇形、苹果形、向日葵形、秋叶形、凤梨形等。

象形式平面装饰的留空多用作盛装单个的菜肴，也有用作对拼菜肴的，如"太极形"装饰的。在围摆图形时，要注意拼出大形大势，不可拘泥于细处的刻意求工，要给人美观大方的感觉。

（3）半围式

半围式即是在餐盘的半边围摆造型。在实际应用时，半围式边缘的长短不能机械地理解成只能是餐盘的一半，要根据设计的图形，需要围多长就围多长。半围式围边的造型，如图2—15、图2—16所示。

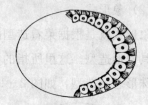

图2—15 半围式（一）　　　　图2—16 半围式（二）

造型既有抽象形的，也有具象形的，但无论选择哪种形式的造型，都要处理好与菜肴主体的位置关系、大小比例、形态和色彩的和谐。半围式围边可以给人以围中见透、围中有放、扩展舒朗的装饰美感。

（4）分段围边式

分段围边式是在餐盘周围有间隔地围摆花边，如图2—17、图2—18所示。

分段围边给人以围透结合、似围非围的美感。

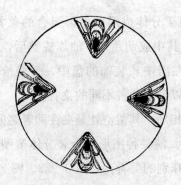

图 2—17 分段围片式（一）

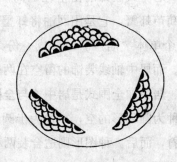

图 2—18 分段围片式（二）

（5）端饰法

所谓端饰法是指在餐盘的一端或两端拼摆图形的装饰方法。端饰法多选用新鲜的水果、蔬菜、鲜花等为原料，经过技术处理后，在餐盘的一端或两端摆放成简洁明快的图形，如图 2—19、图 2—20 所示。

图 2—19 端饰法（一）

图 2—20 端饰法（二）

采用端饰的方法，可使餐盘有更大的空间用于菜肴造型。这样的装饰没有壅塞、局促之感，取而代之的是开阔、舒展之美。

（6）居中式和居中加全围式

与端饰法在餐盘一端或两端装饰不同，居中式是在餐盘的中心点或中轴上进行装饰的方法，如图 2—21、图 2—22 所示。

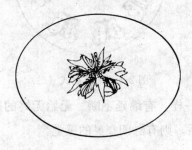

图 2—21 居中式（一）

图 2—22 居中式（二）

居中式装饰的留空在四周，适合用于分体成形而后再组合的菜肴，如葫芦虾蟹，它是用网油将虾蟹肉包入其中成葫芦形，油炸成熟后，由10个单体"葫芦"组合成一份菜，装在居中式装饰的盘中，是最恰当的。而居中轴线装饰的留空在两边，可以分放两种不同的菜肴。

居中加全围式是居中式与全围式的相加，其留空处是夹在两者之间，一种为圆环形的空，一种为半圆形的空。前一种图形适合装分体造型的菜肴，而后一种图形则适合装两种不同味别的菜肴，如图2—23、图2—24所示。

图2—23 居中加全围式（一）　　　　图2—24 居中加全围式（二）

（7）散点式

相对于端饰法的一点或两点处的装饰，散点式是在餐盘周围多点处的装饰，也可以看做是端饰法的扩展。散点式的构图多采用对称结构，如图2—25、图2—26所示。

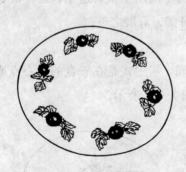 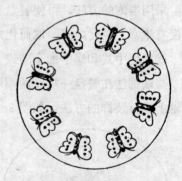

图2—25 散点式（一）　　　　图2—26 散点式（二）

此种装饰图样有如二方连续纹样一样，有绵延不断、无始无终的感觉。在散点式装饰的餐盘中装入菜肴后，则有舒朗空灵的感觉。

2. 立雕装饰的构图方法

立雕即立体雕刻的简称。立体雕刻装饰多用于装饰美化品位较高的菜肴。立体雕刻一般选用水分含量较多、质地脆嫩、色感较好、外形符合构思要求的果蔬类作为原料，如南瓜、白萝卜、青萝卜、胡萝卜、红菜头、黄瓜、苹果、菠萝、柠檬、猕猴桃、橙子等。

立体雕刻的题材很广泛，其寓意多为吉祥、喜庆、欢乐，工艺亦有简有繁，雕刻成的作品有大有小。立雕要因菜而宜，因时而宜，因就餐对象而宜，切不可不加选择地滥用。立雕装饰分为单纯立雕装饰与立雕围边装饰两类。

（1）单纯立雕式

单纯立雕式即餐盘中只摆放立体雕刻作品的装饰，如图 2—27、图 2—28 所示。

 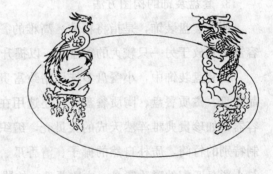

图 2—27　单纯立雕式（一）　　　　图 2—28　单纯立雕式（二）

用南瓜雕刻成"凤"的立雕作品摆放在餐盘正中央，周边适合盛装分体造型的菜肴，一件雕刻作品既可以是独立的形象，也可以由几个彼此有关联的形象组合起来，如鸳鸯、凤凰、成对的天鹅及一些景观雕刻等。如果是两件雕刻作品（如龙与凤），大多是摆放在餐盘的两端，以便让出较大的空间盛装菜肴，但是要注意的是雕刻作品从立意、造型至摆放，都要能彼此响应，融为一体。

（2）立雕围边式

所谓立雕围边式，即是由立体雕刻作品与围边组合起来的餐盘装饰。立雕与围边的结合，极大地拓展了立雕装饰的形式。如图 2—29、图 2—30所示。

图 2—29 所示是立雕全围式的造型，图 2—30 所示是立雕半围式的造型，在实际应用中，这两种形式应用较为普遍。另外，还有两种形式，作为造型主体的立雕作品都是居中摆放，所不同的是一种将围边围在立雕作品周

图 2—29 立雕围边式（一）

图 2—30 立雕围边式（二）

围，另一种是将围边围在餐盘的周围。立雕与围边表现的都是一个整体，设计制作时应通盘考虑，既不能重立雕轻围边，也不能重围边轻立雕，要做到彼此相应，互为辉映。

3. 套盘装饰的构图方法

所谓套盘装饰，是指将精致、高雅的餐盘，或形制、材质很特别的容器，套放于另一只较大的餐盘中，以提升菜肴的品位价值和审美价值。

在套盘装饰中，小餐盘多选用精致富贵的银器餐盘、高雅素洁的水晶餐盘、磁质餐盘、陶质餐盘等，还选用在形状、材质方面别开生面的容器，如珍贵典雅浑然天成的大贝壳，编织精致的小柳篮，清香四溢形制特别的竹筒，质朴自然的椰子、清香瓜、凤梨等；大餐盘大多选用能与小餐盘匹配的磁质餐盘、木质餐盘、竹器餐盘、漆器餐盘等。

套盘装饰的构图方法，主要有单纯套盘装饰法、套盘加围边装饰法、套盘加立雕围边装饰法三类。

（1）单纯套盘装饰法

这种套盘装饰就是不同大小餐盘的套装。在实际应用中，一种是两件餐盘两层套装，如大磁盘内摆放银制餐盘；另一种是多件餐盘两层套装，如大漆盘中摆放多件小水晶餐盘；还有一种是三件餐盘按大小分三层依次套装，如在一只勾金钱宽绿边的磁盘内，先摆上流光溢彩的银制餐盘，然后再将作盛器用的金黄的清香瓜放在最上层。单纯套盘装饰虽不赘另物，却有卓然高贵、特立独行的美感。

（2）套盘加围边装饰法

套盘加围边装饰法是套盘装饰与围边装饰的组合形式。套盘装饰有如前文所说的三种形式，而围边的形式则有全围式、半围式、分段围边式、端式法等，与之组配，形成多姿多彩的装饰效果。

（3）套盘加立雕围边装饰法

这种装饰法是在套盘加围边装饰的基础上，加入立体雕刻作品构成造型。立雕作品摆入位置有三种：一种是居中而放，如一只用南瓜雕成的水牛匍匐于一汪碧水的中间（碧水为淡绿色琼脂冻），周围是水晶盘与柳橙刻切的五角花（花上有青椒圈和红樱桃）相间而放，碧水中飘浮着几片水草，这样的构图，给人静谧祥和的感觉；第二种是偏于一侧，如以绿色琼脂冻作底，一侧为荷花、荷叶、水草、嬉戏的群鹅等餐盘装饰，旁边则是一只叶形银制餐盘，有雅趣天成的感觉；第三种是分列两侧，如水晶餐盘居中，两侧分立雌雄两孔雀，孔雀身前摆放鲜花绿叶，孔雀身后绿皮柳橙切月牙片半围，这样的构图繁中见简，装饰效果也很好。

4. 菜品互饰的构图方法

所谓菜品互饰，即利用不同菜肴之间的互补互融的特性，把它们共放在一个餐盘中，以达到相得益彰的装饰效果。这里所说的菜品，是菜肴与点心的总称。所以，菜品互饰包含着菜肴与菜肴、点心与点心、菜肴与点心之间的相互装饰。菜品互饰将食用与审美融为一体，是值得提倡的装饰形式。

菜品互饰应用最普遍的构图形式如图2—31、图2—32所示。

 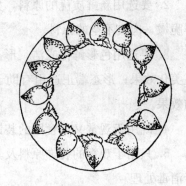

图2—31　金鱼大虾围边　　　　图2—32　寿桃包子围边

以能分成若干单体的菜肴或点心围在餐盘的周围，留出餐盘中央的空间，用以盛状另种菜肴或点心。如图2—33、图2—34所示。

图2—33所示为菜肴与菜肴的互饰，图2—34所示是菜肴与点心的互饰。除了这种方法外，菜肴互饰还采用两边对分式、三分式等构图。

在菜肴互饰中，为了间色、间味及美观的需要，还可以采用插入围边的方法。如"双味鱼花"，便是以菊花青鱼围在餐盘周围，炒鳗鱼花装

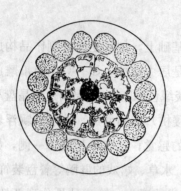

图 2—33　扒裙边拼白玉虾球

图 2—34　烤鸭拼如意卷

在中间，以黄瓜叠片为圆全围相间，间色隔味两者兼有。又比如"油爆菊花腜拼兰花肚尖"，可以采用在餐盘中轴线上装饰的方法，两味菜肴分装在两边，既清爽明快又互不相扰。

技能要求

一、餐盘装饰的原料选择方法

1. 要选择符合食品卫生要求的烹饪原料。

2. 要选用新鲜质优的原料，如用于餐盘装饰的蔬菜、水果，要选新鲜脆嫩，肉实不空的原料。

3. 要选用色彩鲜艳光洁、形态端正适用的原料。色彩鲜艳有助于凸显美化效果；形态端正适用有助于因料取势，省时省力，收到事半功倍的效果。

4. 既用于观赏又可食用的装饰原料，要具有可调味的特点。

5. 只用于观赏的装饰原料及其他物品，在使用前要洗涤干净，并进行消毒处理。

二、平面装饰的操作步骤

1. 根据预先的构思，确定装饰图形在餐盘中的摆放位置。

2. 对选定的原料进行基本形状或成形处理，以"金鱼戏水"为例，一种是以樱桃、番茄、黄瓜、花椒籽等原料拼做的"金鱼"，因此要对这些原料进行基本形状的加工；另一种是以胡萝卜直接刻成的"金鱼"，因此这种加工就是直接成形加工。

3.根据装饰图形的造型需要，按步骤地、有序地在餐盘中进行装饰图形的造型。

三、立雕装饰的操作步骤

1.根据预先确定的命题，选择色泽、外形适宜的符合构思要求的原料。

2.对选定的原料进行雕刻成形处理，例如是整雕的则直接雕刻成完整的形象，如是组装雕刻的则要先完成分体部分的雕刻，而后再组装成完整的形象。

3.在餐盘中适当位置上摆放立体雕刻的造型。如果需要点缀，大都是在摆放好立体雕刻后再进行点缀；如果是立雕加围边装饰，一般是先摆放好立体雕刻造型，然后将已经加工成形的围边装饰原料，按造型需要有序地摆放在适当位置上。

四、套盘装饰的操作步骤

1.根据菜肴特点和造型需要，选择相互之间在大小、形状、颜色等方面相匹配的盛器。

2.对除盛器之外，不需要添加其他装饰物美化时，应直接将小盛器平稳地摆放于大盛器中适当的位置。

3.需要用其他装饰原料来美化的有两类：一类是先在大盛器中适当的位置上摆放好小盛器，然后再进行其他的装饰美化；另一类是先将其他的装饰图形摆好后，再将小盛器放在装饰图形中，或是摆放在其他适合的位置上。

4.菜品互饰的操作步骤：

（1）确定相互间不串味且装饰效果好的菜品品种进行搭配。

（2）按照菜品的质量要求，分别进行菜品的制作。

（3）根据造型设计，将不同的菜品分别放在餐盘适当的位置。

五、注意事项

1.餐盘装饰必须符合卫生要求

对于餐盘装饰，卫生是第一位。不符合卫生要求的餐盘装饰，再好看也不能使用。餐盘装饰应用须注意以下几个方面的卫生问题：

（1）原料卫生

1）选用对人体无毒无害的原料。

2）蔬菜、水果等原料必须彻底洗净，在不影响外观、色泽的情况下，蔬菜原料要经焯水处理，鲜果用开水烫洗或用消毒水洗净后再用。

3）用于装饰的贝壳、雨花石等必须进行严格的消毒处理。

4）使用不能食用的果蔬原料作装饰物时（如南瓜雕刻作品），要用可食果蔬原料分隔，使其不与菜肴直接接触。

5）可食性装饰原料中不要添加人工合成色素着色。

（2）餐盘卫生

1）用于作装盘装饰的盛器，在使用前应煮沸消毒或蒸汽消毒，或用其他消毒方法进行消毒处理。

2）消毒后的餐盘不能用未经消毒处理的抹布擦抹，以免污染餐盘。

（3）操作卫生与个人卫生

1）操作人员在操作时严禁吸烟、吐痰。

2）保持刀具、菜墩的清洁。

3）取用原料时，要分清经过卫生处理的原料与未经卫生处理的原料，不能混放、混取、混用。

4）拼摆、整理餐盘装饰时，切忌用一布多用的抹布或用手去揩抹。

5）餐盘装饰完成后，如果不是即时盛装菜肴，需要用保鲜膜将餐盘封裹严实。

2. 餐盘装饰必须处理好色彩搭配

（1）用于装饰的原料色彩应当与餐盘的色彩构成鲜明的对比，以凸显装饰原料的色彩。

（2）装饰原料相互间的色彩搭配，应既有变化又相互协调。

（3）装饰原料的色彩与菜肴色彩的搭配，一般以对比明快为好，要将菜肴色彩的美衬托得更加醒目。如果两者之间采用相近色彩搭配，装饰原料的色彩应与菜肴色彩融为一体，而不应妨碍菜肴色彩的表现。

3. 餐盘装饰必须处理好型的协调

（1）选择摆放装饰的餐盘，应与装饰图样的造型相协调。

（2）餐盘装饰的体量大小，应与餐盘的大小和菜肴的体量相互协调。体量过小的装饰造型无法发挥应有的装饰作用，体量过大过高的装饰造型，则会挤压盛装菜肴的空间，产生主从不分、轻重倒置、重心不稳的感觉。另外，留出的空间与菜肴的体量要相适应，若留空小，盛放菜量大的菜肴，会有胀溢的感觉；若留空大，盛放菜量小的菜肴，会有欠缺的感觉。

（3）餐盘装饰造型摆放的位置应恰当。应留出空边摆放的装饰造型，就不能贴边摆放；应居中摆放的装饰造型，就不能偏离中心或中轴线摆放。

4. 餐盘装饰造型应与菜肴本身的造型呼应协调

（1）相互之间在立意与造型上要有直接联系，例如，在立雕"蟹篓"的周围装饰"陈皮碎蟹"；在"蝴蝶鱼"造型菜的前面摆放"花卉"的装饰等，其造型取意是紧密联系在一起的。

（2）装饰造型与菜肴的某种属性相契合，例如，一侧是"莲藕"的造型装饰配放"炸藕夹"菜肴，"芙蓉鸡片"的旁边摆放立雕作品"金鸡"等，也就是说装饰造型提示了与制作菜肴原料之间的联系。

（3）装饰造型与菜肴造型的"暗合"。例如，"宫灯虾仁"一菜，"宫灯"是象形式围边，"宫灯"中装的是"炒虾仁"，乍一看两者无必然联系，但仔细品味两者是相合的。又比如"寿桃鱼线"一菜，"寿桃"是象形式围边，"寿桃"中装的是"炒鱼线"，虽然两者之间在实际的形状上是没有联系的，但因为绵延不断的鱼线，与寓含延年益寿的"桃"在"意"方面是相通的，所以这样的造型也能有融为一体的感觉。

第二节　食品雕刻

学习目标

➤ 掌握食品雕刻的定义、特点及分类，能够根据作品的要求应用各种刀法进行不同题材的果蔬雕刻。

➤ 能够采用正确的方法对果蔬雕刻作品进行保鲜保藏。

知识要求

一、食品雕刻的定义

食品雕刻就是以具备雕刻性能的食品原料为基础，使用特殊刀具和方法，塑造可供视觉观赏的艺术形象的专门技艺。

食品雕刻也是一种造型艺术，它与石雕、玉雕、木刻等造型艺术一样，有着共同的美术原理，遵守共同的形式美法则，通过塑造艺术形象，给人以审美享受。食品雕刻又是一种特殊的技艺，它是有关食品的艺术，是烹饪技术体系中不可或缺的组成部分。本节所讲的食品雕刻，专指果蔬雕刻。

二、食品雕刻的特点

食品雕刻是烹饪技术与造型艺术（主要是雕塑艺术）的结合，与菜肴、面点制作技艺相比较，有其自身的特殊性，其主要特点如下：

1. 以具备雕刻性能的瓜果蔬菜原料为主

与菜肴、面点取料的广泛性相比，食品雕刻的取料范围要狭小得多，并且受到能否适合雕刻的限制，也就是说，只有那些质地细密、脆嫩紧实、有可塑性的果蔬原料，才适用于雕刻。

2. 有专门的刀具和独特的制作工艺

用作食品雕刻的刀具，是为适应雕刻需要而制作的专门工具，一般都具有体小轻薄、刀刃锋利、形制多样的特点，例如，用于挤压原料成形的模型刀，就有几十种。除了有专门的刀具外，食品雕刻的制作工艺也是独特的，且与菜肴面点制作工艺相去甚远。食品雕刻为适应雕刻原料特性与塑造艺术形象的需要，形成了具有自身特点的制作工艺体系。

3. 从自然界事物和现实生活中广泛撷取题材

食品雕刻虽然在原料选用方面不及菜肴、面点取料广泛，但在造型题材方面，却比菜肴、面点丰富。食品雕刻的题材，既可以来自自然界物象景观，例如，花、鸟、虫、鱼等；也可以取自现实生活和艺术作品，例如，龙舟竞渡、渔家乐、仙女散花，在这些题材中，有许多是菜肴、面点造型所不能或无法反映的。不仅如此，食品雕刻还能把选定的题材形象地、真实地再现为自然景象和生活场景。

4. 具有独特的造型性、空间感和质量感

菜肴、面点制作是以食用为根本目的，而食品雕刻虽然既供欣赏又可食用，但食用的意义实际上远不及欣赏。正因为如此，食品雕刻可以充分利用原料的特性，调动一切艺术的手法来进行造型，或概括洗练、形简意赅，或工整细致、惟妙惟肖、神形兼有，从而实现在有限的体积中表现更大的空间容量，从瞬间的静态造型中让人联想到事物的连续发展和运动状态的造型目的。而且，在食品雕刻中大量采用圆雕技法雕成的作品，以三维空间来表现造型，可以让人从任何一面进行审美，更具有独特的艺术魅力。另外，食品雕刻材料的物质特性（如白萝卜类玉般的光润，魔芋如大理石般的坚实等）在人心理上引起的感受不同，艺术效果也不同。

三、食品雕刻的意义

食品雕刻是我国烹饪技术中一项宝贵的遗产，它是在借鉴其他艺术门类的基础上逐步形成和发展起来的，是厨艺人员在长期实践中创造出来的一门餐桌上的艺术。最初的食品雕刻虽然可以追溯到春秋时代的雕卵，清代扬州宴席上精美绝伦的"西瓜灯"雕刻也曾有过辉煌，但其发展一直很缓慢。食品雕刻的真正发展，始于 20 世纪七十年代。在这 30 多年的时间里，食品雕刻不仅在食品原料和制作工艺的拓展方面有了新突破，而且在选择雕刻题材、造型艺术水平和应用方面有了质的飞跃，取得了令人瞩目的成就。

食品雕刻的应用，主要有四个方面：一是美化菜肴；二是兼作盛器，具有可食性的瓜果蔬菜经雕刻后，既可供欣赏又可作盛器之用；三是装饰宴会台面，例如，与花台结合起来使用，更能增加宴会审美效应；四是专门用于欣赏展示。所以，如果用发展的眼光来看，因为有越来越多的人对食品雕刻给予重视，所以其应用前景必定会更为广阔。

四、食品雕刻的原料

食品雕刻的原料，按是否具有食用性分为食品类原料与非食品类原料。食品类原料在食品雕刻的主要部分，非食品类原料在食品雕刻中起帮衬辅助作用，所以又称之为辅助类原料。下面分别介绍这两类原料的特性与用途。

1. 食品类雕刻原料

食品类雕刻原料很多，其中最主要的是果蔬类原料，这是本节介绍的重点。

选作雕刻用的果蔬类原料，应符合新鲜脆嫩、色泽鲜艳、形态端正、皮薄无筋、肉质紧密细实的要求。这些具有雕刻性能的雕刻原料，一是来源于蔬菜中的根菜类、茎菜类、果菜类、花菜类，二是来源于果类的鲜果、瓜果类。其中常用原料的特性与用途如下：

（1）萝卜

萝卜是食品雕刻中应用广泛的原料。其品种、颜色、形态、大小多样，具有质地脆嫩、水分足、易雕刻、便于造型的特点。常见的品种有红萝卜、白萝卜、青萝卜、扬花萝卜、心里美萝卜、红胡萝卜、黄胡萝卜等。萝卜适合雕刻各种萝卜灯、花卉、动物、人物、山石、盆景、花瓶、亭阁等。

（2）莴笋

莴笋呈圆柱形，去皮后呈翠绿色，肉质极脆嫩。适合雕刻小鸟、小花朵、鱼、虾、虫（如螳螂）等。

（3）芋头

芋头体大肥硕，表皮呈棕褐色，带有环形纹络，肉质灰白并夹有黑色斑点，紧实而又有韧性，雕刻的作品有古拙典雅之风。适合雕刻人物、亭台、楼阁、桥梁、山石等。

（4）土豆

土豆有卵形、球形，表皮黄褐，肉白或白中带黄色，质地细密脆嫩，易褐变。适合雕刻各种花卉。

（5）红薯

红薯皮色略红，肉色微黄，肉质较老，易褐变。体型较大的适合雕刻盆景、建筑物、动物等。

（6）生姜

生姜根茎肉质，扁平横走，分枝，呈扁平不规则的块状，各枝顶端有茎痕或芽，表皮灰白色或黄白色，具浅棕色环节。最适合于堆叠山石。

（7）洋葱

洋葱呈扁圆形，表皮有红皮、黄皮和白皮之别，以红皮洋葱最为多见。洋葱鳞片肥厚，抱合紧密，肉质脆嫩。适合雕刻各种复瓣花卉，如荷花等。

（8）黄瓜

黄瓜呈圆柱形，表皮呈深绿色，肉质细嫩爽脆。黄瓜适合雕刻小型作品，如蜻蜓、青蛙、鹦鹉、喇叭花、佛手花等。

（9）冬瓜

冬瓜多为长圆形，体大肉厚内空，表皮呈青绿色或墨绿色，肉质细嫩，含水分多，肉色白。小冬瓜适合雕刻瓜盅、瓜灯等，大冬瓜适合镂空雕。

（10）南瓜

南瓜是雕刻大型作品的最佳原料。南瓜有长圆形、扁圆形、卵形之分，长圆形与卵形的南瓜，上部肉实不空，基部稍膨大且内空；扁圆形南瓜内空。外皮有深绿色、赤褐色之别，且表皮有纵沟或瘤状突起。南瓜肉呈橘红色，肉质细密。扁圆形、卵形南瓜适合镂空雕刻，如花瓶、奖杯等，亦可雕作菜肴盛器，或盛器盖。长圆形南瓜适合雕刻花卉、人物、动物、建筑等。

（11）西瓜

西瓜是最常用的食品雕刻原料之一。西瓜有圆形、椭圆形之分，外皮有墨绿、嫩绿之别，果瓤红色、黄色或红黄色。用于雕刻的西瓜以表皮为一色，即无深浅相间条纹的为好。西瓜适合镂空雕刻和整雕，如西瓜灯、西瓜篮、西瓜盅等，亦可兼作菜肴盛器。

（12）甜瓜

甜瓜多为圆形或椭圆形，果皮通常为金黄色、白色，肉色一般为黄绿色，肉质细腻，芳香味甜。适合镂空雕刻或浮雕，如瓜灯、瓜盅、瓜盒，并可兼作菜肴盛器。

（13）哈密瓜

哈密瓜呈卵形或橄榄形，果皮呈青黄色或黄色，有网纹，果皮、果肉都较厚，肉呈红色或青色。主要用于雕刻菜肴盛器。

（14）苹果

苹果呈圆形，果皮有红色、青色、黄色等，肉色淡黄，肉质软嫩，易褐变，适合雕刻小鸟、花朵等。

（15）樱桃

樱桃呈球形，果实小，鲜红色，肉质细嫩，适合雕刻红梅花等。

（16）白果

白果呈橄榄形，有硬壳，皮赤褐色，肉色淡黄，肉质软糯。去壳与外皮后，适合雕刻腊梅花等。

（17）油菜

油菜基生叶呈倒卵形，叶柄青绿，抱茎，质地脆嫩。用于雕刻的油菜，选叶柄扁平肉厚者，整棵油菜切去叶留柄后，适合雕刻直瓣菊花。

（18）大白菜

大白菜呈椭圆形，叶黄色，叶柄宽厚呈白色，质地脆嫩。用于雕刻的大白菜，抱合要紧，切去叶，留4～5层叶柄，适合雕刻卷瓣菊花、银丝菊。

除了以上介绍的原料外，还有如紫色卷心菜、荷兰芹、芫荽、茭瓜冬笋、葱白、荸荠、西兰花、紫茄子、番茄、红辣椒、青椒、梨、葡萄等许多原料，有的可以作雕刻之料，有的则是雕刻作品点缀装饰的原料。

2. 辅助类原料

辅助类原料是指为完成雕刻作品所必不可少且能起辅助性作用的原料。这类原料可分为以下几类：

（1）调色增色类

人工合成色素即属此类。如靛蓝、柠檬黄、胭脂红、桃红等色素。

（2）粘连或连接类

例如竹签、牙签、502胶水等，这些材料可以用于组合雕刻的分体间的连接并固定成为一个完整的作品。

（3）支撑架类

有些大型组合雕刻，由于雕刻的形象多或分体组件多，造型上又作多层次架构，故使用特制铁架等来分布与固定造型。

（4）点睛点缀类

例如，用花椒籽、相思豆嵌作禽鸟、小动物等的眼睛；又例如，用新鲜翠绿的树叶、竹叶、花草叶等作点缀的材料。

五、食品雕刻的刀具与刀法

1. 食品雕刻的刀具

食品雕刻的刀具，既有雕刻者根据实际操作的经验和对作品的具体要求，自行设计制作的；也有专业生产厂家专门生产的定型套制（式）

刀具。食品雕刻刀具的分类：一种是根据其使用性质分为刻刀和模型刀两大类，刻刀类大都小巧轻便，得心应手，适应面广，但技术性要求高；模型刀类是制成特定图形的刀具，简便实用，成形速度快，针对性强。另一种分类方法是根据雕刻刀具的用途与形状，分为切刀、平口刀、斜口刀、半圆形槽刀、三角形槽刀、圆孔刀、方口形槽刀、方口形与半圆形瓜环刻刀、宝剑形刀、剜球刀、模型刀和其他工具等。根据后一种分类方法，介绍各种刀具用途如下：

（1）切刀

如图2—35所示，切刀的形状有长方形、尖头形和弯头形的；长方形切刀中刀身较宽的是中号切刀，刀身较窄的与尖头刀是西餐刀，弯头刀是瓜果切刀，后三种刀身长约30 cm，宽约5 cm，切刀主要用于切制原料的大形，如切断萝卜、南瓜、芋头等原料，切制有规则的几何形体，或切平雕刻作品底座等，是必备的刀具。

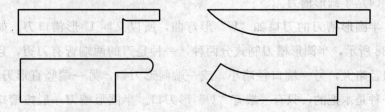

图2—35 四种不同形状的切刀

（2）平口刀

平口刀又叫手刀，是雕刻刀具中用途最为广泛最不可缺少的刀具。如图2—36所示，平口刀有大、中、小三种型号，其刀身长约7～8 cm，主要的区别是刀身后部宽度及刀尖的角度，大号刀刀身宽约1.5 cm，刀尖角度约30°；中号刀刀身宽约1.2 cm，刀尖角度约20°；小号刀刀身宽

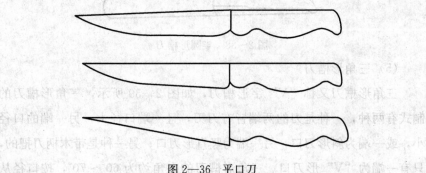

图2—36 平口刀

约 1 cm，刀尖角度约 15°。平口刀既能用于块面的刻制，又能用于细部的刻划。

（3）斜口刀

斜口刀又称尖口刀，这种刀的刀刃有一定的斜度，刀口呈尖形。如图 2—37 所示，斜口刀因刀口斜度不同，分为大号斜口刀与小号斜口刀两种型号。大号斜口刀刀刃长度约为 3.8 cm，刀刃最宽处约 2 cm；小号斜口刀刀刃长度约为 3.8 cm，刀刃最宽处约 1.2 cm。斜口刀主要用于刻制图案线条，浮雕中铲削块面等。

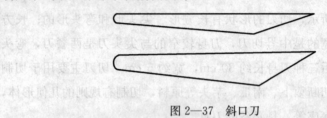

图 2—37 斜口刀

（4）半圆形槽刀

半圆形槽刀的刀口如"U"形弯曲，所以又叫 U 形槽口刀。如图 2—38 所示，半圆形槽刀制式分两种，一种是刀的两端皆有刀刃，且一端口径略大，另一端口径略小，或一端斜形刀口，另一端竖直形刀口；另一种是木把的，只有一端有"U"形刀口。半圆形槽刀一般按槽口的直径从小到大组成套，最小直径为 0.2 cm，最大直径为 2 cm，各号之间相差 0.1～0.2 cm。这类刀主要用于刻制线条、镂空，雕刻鸟羽、鱼鳞及部分花卉，如菊花、西番莲等。

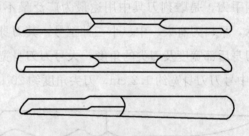

图 2—38 半圆形槽刀

（5）三角形槽刀

三角形槽刀又称"V"字形槽刀，如图 2—39 所示，三角形槽刀的制式有两种，一种是刀的两端皆有刀刃，且一端口径大，另一端的口径小，或一端为斜形刀口，另一端为竖直形刀口；另一种是带木柄刀把的，只有一端为"V"形刀口。三角形槽刀的夹角约为 60°～70°，按口径从小到大组成套，口径最小的为 0.3 cm，口径最大的为 1.5 cm，各号之间相差 0.2 cm。三角形槽刀主要用于瓜盅、鸟羽及部分花卉的雕刻。

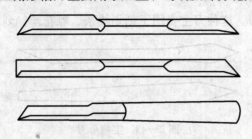

图 2—39　三角形槽刀

（6）圆孔刀

如图 2—40 所示，圆孔刀的一般是一端圆孔略大，另一端圆孔略小，中间空心，两端皆有刀刃，主要用于刻制花蕊、鱼、鸟的眼睛等。

图 2—40　圆孔刀

（7）方口形槽刀

方口形槽刀如图 2—41 所示，这种刀的刀身与刀口呈半正方形的槽形，刀把一般为木柄。刀口最小直径为 0.2 cm，最大直径为 1 cm，各号之间相差 0.1 cm。方口形槽刀主要用于刻制图案纹样的线条，铲方槽、方空等。

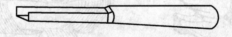

图 2—41　方口形槽刀

（8）方口形与半圆形瓜环刻刀

如图 2—42 所示，方口形与半圆形瓜环刻刀，均在刀两端刀口的一侧有一小弧形弯钩，这种设置主要是用来刻制瓜灯环和图案纹样。

（9）宝剑形刀

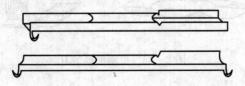

图 2—42　方口形与半圆形瓜环刻刀

宝剑形刀是因刀刃呈宝剑形而得名。如图 2—43 所示，宝剑形刀除有一端皆为宝剑形刀刃外，另一端的区别在于，一种是斜口形刀刃，一种是直口形刀刃。这种刀主要用于刻划线条、雕花蕊、刻瓜灯环等。

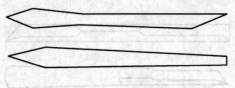

图 2—43　宝剑形刀

（10）剜球刀

如图 2—44 所示，剜球刀两端为半球形，勺口或相反或同向，一大一小，大的直径为 3 cm，小的直径为 2 cm，勺口开刃，主要用于剜球形或半球形或在原料上挖孔。

图 2—44　剜球刀

（11）模型刀

模型刀是根据某种物象或符号做成的空心模型。如图 2—45 至图 2—48 所示，模型刀可以做成动物形、植物形、文字形和几何形。模型刀主要用来直接按压原料成形，亦称"平雕"。

图 2—45　动物形模型刀

图 2—46　植物形模型刀

（12）其他工具

除了以上介绍的雕刻工具外，还有波浪形刀、剪刀、镊子等。此外

图 2—47　文字形模型刀

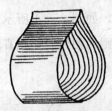

图 2—48　几何形模型刀

还有刨刀、特种刀具以及辅助用具，如直尺、三角尺、圆规等。工具亦各有其特定的用途，如图 2—49 所示。

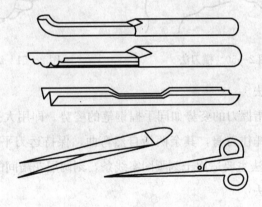

图 2—49　其他工具

食品雕刻刀具在使用时要经常磨制，始终保持刀刃的锋利、光洁。使用完后，要擦干水迹和原料余渣，放入专门的工具包中，以免相互碰撞，损坏刀口。

2. 食品雕刻的执刀方法

执刀方法是指在雕刻食品时，操作者手执刀具的各种姿势。在食品雕刻过程中，只有掌握了正确的执刀方法，才能灵活自如地运用各种刀法雕刻出好的作品。常规的执刀方法有横刀法、纵刀法、执笔法和插刀法四种。

（1）横刀法

横刀法是指右手四指横握刀把大拇指贴于刀刃的内侧，在运刀时，大拇指按住所要刻制的原料，雕刻刀作自上而下或从后向前的运动，在完成每一刀的操作后，拇指自然回到刀刃的内侧，如图2—50所示。横刀法主要适用于大型整雕及一些花卉雕刻。

（2）纵刀法

纵刀法是指刀柄纵向握在手中，大拇指贴于刀刃内侧，运刀时，用腕力使刀从左至右或从上往下匀力运刀，如图2—51所示。纵刀法主要适用于将原料削刻成表面光洁、形体规则的物体，如花卉的坯形、圆球形等，或刻划线条。

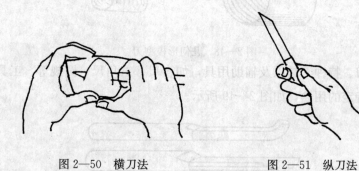

图2—50 横刀法　　　　　　　　图2—51 纵刀法

（3）执笔法

执笔法是指握刀的姿势如同手握钢笔的姿势。即用大拇指、食指捏稳刀柄，中指托住刀身，其余两指自然弯曲，保持运刀平衡，如图2—52所示。执笔法主要适用于刻画图案线条，刻两层花瓣间的废料等。

（4）插刀法

插刀法与执笔法的手法大致相同。区别在于操作时需要将无名指与小指按在原料上，以确保控刀自如，运刀平稳准确，不出偏差，如图2—53所示。插刀法主要用于执握半圆形槽刀、三角形槽刀、方口形槽刀、瓜环刻刀等刀具。

3. 食品雕刻的刀法

食品雕刻的刀法是指在雕刻作品过程中所采用的各种用刀技术方法。这类刀法是因雕刻的需要而产生的专门刀法，它不同于菜肴切割拼摆中所使用的刀法，具有一定的特殊性。下面介绍的是几种常用的刀法。

图2—52 执笔法　　　　图2—53 插刀法

（1）切

切主要用于对大型原料的分割、切制规则的几何形体和雕刻作品底部的修平等。所用刀具为切刀或平口刀。在食品雕刻中，切是一种辅助刀法，不能单独完成作品雕刻。

（2）削

削是在正式雕刻前使用的一种基本刀法。主要用来去除原料外皮，使原料表面变得平整光滑，或者削去雕品中多余的部分达到所需要的胚形轮廓。所用的刀具主要是切刀、平口刀和刨刀。削法可分为推削和拉削两种。推削是指刀刃向外，刀背向里，切入原料后用力向前推行，上述三种刀具皆可适用。拉削即刀刃向里，刀背向外，运刀方向正好与推削相反。

（3）划

划是在进行正式雕刻前，将设计好的图案以刀代笔在原料表面进行勾勒成图的一种方法。划要有一定的深度，以便下一步的雕刻。划所用的刀具主要为斜口刀、平口刀等。

（4）刻

刻是雕刻中的主要技法，所用的刀具主要是平口刀、斜口刀及多种槽刀。根据刀与原料接触的角度及运刀方向不同，有直刻、斜刻、曲线刻、旋刻和平刻等。直刻是指刀刃垂直于原料，竖直向下刻下去。斜刻是指刀刃倾斜插入原料，呈一定的角度斜刻下去。曲线刻是指行刀的方向与路线呈波浪形运动。旋刻是指刻制时刀随滚动的原料作弧形或圆周运动，如刻制喇叭花。平刻是指刀刃与原料呈平行运动，如刻大片的花瓣，刻凹形槽，刻瓜环等。

（5）戳

戳是指用槽刀插入原料中刻制的方法。所用的主要刀具是半圆形、三角形的槽刀，主要用于禽鸟羽毛与一些花卉花瓣的刻制，如菊花、西番莲花等。

（6）铲

铲是指在雕刻时用刀将图形中多余的部分去除的方法。如在阳纹雕中图案外的那部分，即用铲的方法去除。铲时端刀要平稳，铲出的面要平整。

（7）刮

刮是一种辅助刀法，是指用刀在不太平整的表面来回刮削使之光滑的一种方法。刮制时用刀要轻而均匀。

（8）模刻

模刻是指用模型刀直接将原料刻制成形的方法。模刻操作简便，操作时要将模型刀平放在原料上，如是脆嫩或软嫩的原料，以手掌用力向下挤压下去，若是坚实或紧的原料，则覆以切刀后，再以掌力向下挤压，然后取出其中的原料即是要雕刻的形象。

六、食品雕刻的分类

食品雕刻的分类方法有三种：一是按原料性质分类；二是按雕刻作品的空间构成分类；三是按雕刻作品的造型分类。分别介绍如下：

1. 原料性质分类法

按食品雕刻的原料性质分类，可以分为果蔬雕、琼脂雕、巧克力雕、黄油雕、面塑、糖塑等。本节介绍的果蔬雕是食品雕刻中应用最为普遍的一类。

2. 空间构成分类法

由于食品雕刻作品的空间构成不同，所以，食品雕刻可以分为圆雕和浮雕两大类，圆雕是以三维空间来表现实体，因而可以从任何一面对造型形象进行欣赏。浮雕是在原料表面雕刻出凸凹不平的形象的形式，因而只能从特定的角度对造型形象进行欣赏。圆雕有整雕与零雕整装之分。浮雕则分为凸雕、凹雕和镂空雕。

（1）整雕

整雕就是用一块原料雕刻成一个完整独立的立体形象。如金鸡报晓、老寿星、雄鹰、梅花鹿等。整雕的特点是：独立表现完整的形象，色泽自然统一，可供多角度欣赏，具有较高的表现力。

（2）零雕整装

零雕整装是指用两块或两块以上的原料，先雕刻成某一形象的部件，或雕刻成多个形象组合的分体部分，再集中组装成完整的形象。其特点是：以形象设计为第一需要，选料不受原料品种和颜色、大小的限制，造型更真实生动。零雕整装的作品可以是某一形象不同部位间的组合，如马蹄莲是由白萝卜雕成花瓣，红胡萝卜刻成花蕊组装而成；也可以是多个不同形象组合而成的，如百鸟朝凤，即为一凤十鸟组合而成的。零雕整装作品既可为小品，如群虾图，亦可为大制作，如祥龙飞凤等。制作零雕整装的作品，要有整体观念，有计划按步骤地进行分体部位的雕刻，部分一定要服从于整体，拼接、组装时应结合完好，整体协调。

（3）凸雕

凸雕是浮雕的一种。凡是把要表现的花纹图案向外凸出地刻留在原料表面的，称为凸雕，也称阳纹雕。凸雕可按凸出程度分为高雕、中雕和浅雕。一般凸出部分超过基础部分一半的称高雕，不超过基础部分一半的称中雕，凸出部分又比中雕再浅一些的则称低雕。

（4）凹雕

凹雕又称阴纹雕，凹雕所表现的花纹正好与凸雕相反，即把要表现的花纹图案以向内凹陷的形式刻留在原料上。凹雕与凸雕虽然表现形式不同，但雕刻原理是共同的。实际应用中，无论选择哪一种雕刻方法，都要根据原料的特点和图案表现效果来确定。

（5）镂空雕

镂空雕是指用镂空透刻的方法，把所需要的花纹图案刻留在原料上。与浮雕相比镂空雕的操作难度要大些，但其作品更有空灵剔透的美感，如"出水芙蓉"，即是充分利用冬瓜的质感、色彩、形态等方面的特点，融写意画的韵味于镂雕之中，能表现出洒脱隽秀、清新高雅的意境效果。

3. 造型形象分类法

食品雕刻是用艺术的方法表现客观物象，塑造的是供视觉审美的具体实在的形象，因此，若以造型形象的题材类别为依据，可以分为花卉类、禽鸟类、鱼虫类、畜兽类、景观类、器物类、瓜盅瓜灯类、人物类、综合类雕刻等。按照造型形象进行分类，可以为认识和揭示食品雕刻技艺规律提供有益的帮助。

七、食品雕刻作品的保鲜方法

食品雕刻作品中大多含有较多的水分和某些不稳定因素，如果保管不当，很容易变形、变色以至损坏。因此，必须采用适合的保鲜方法，妥善保管，使之尽量延长欣赏时间。果蔬雕刻作品的保鲜保存通常有以下方法：

1. 冷水浸泡法

冷水浸泡法即是将雕刻好的成品直接放入冷水中浸泡。此种方法只适于较短时间的保管，若浸泡时间稍长，雕品就容易起毛，并出现掉色、变质、变软等现象。所以用这种方法浸泡时，时间不宜过长，否则会影响雕品质量。

2. 矾水浸泡法

矾水浸泡法即是将雕好的成品放入浓度为1%的白矾水中浸泡。这种方法，能较长时间地保持雕品的质地新鲜和色彩鲜艳。浸泡前要将雕品用清水冲洗，在保管过程中，要避免日光和冷冻现象，如出现白矾水发浑，应及时换新矾水继续浸泡，并要防止盐分、碱分混入溶液中，否则雕品易腐烂变质。

3. 低温保藏法

将雕刻好的成品放入盛器中，注入凉水，水量以浸没雕品为宜。然后放入冰箱内，温度保持在1℃左右，以不结冰为宜。低温保藏法可以较长时间地保持雕品的新鲜度，大型雕刻作品，暂时不用的，最好不组装，分开保管；使用过的组装雕刻作品要先拆散，再泡水后冷藏保管。

4. 包裹法

包裹法即用保鲜膜或先以洁净湿布包裹再用保鲜膜封裹雕刻作品的方法。采用此种方法时，封裹要严密，以阻隔与空气的进一步接触，此法能防止果蔬原料的褐变，并能保持原料中的水分。

5. 涮胶保鲜法

涮胶保鲜法是用鱼胶粉熬成的溶胶液均匀地抹涮在雕刻作品表面的方法。采用此法保存雕刻作品时，一要掌握溶胶液的浓度，二要控制好溶胶液的温度，三要涮抹均匀。

6. 涮油保鲜法

涮油保鲜法即用精炼油均匀地涂涮在雕刻作品的表面的方法。涮油既可以使雕刻作品延缓损失水分的时间，又能起到增加光泽的作用。

7. 喷水保鲜法

喷水保鲜法是用喷壶将水喷淋在雕刻作品表面，以延长雕刻作品存放时间的方法。喷水保鲜法主要适用于展示过程中雕刻作品的保鲜，为防止雕刻作品因失水而萎缩、变形、干瘪，要不时地喷水，以延长存放时间。

技能要求

一、食品雕刻工艺

1. 命题

命题即根据使用目的与用途来确定雕刻作品的主题。确定食品雕刻作品的命题，要结合以下四种用途来考虑：

（1）用于菜肴装饰的雕刻作品，应根据菜肴的特点、造型要求，选择与之相适应的主题。

（2）用于宴会台面装饰的雕刻作品，应根据宴会的主题、台面的形状和布置，以及宾客的习俗、喜好等，选择能深化宴会主题、渲染宴会气氛的题材。

（3）用于美食展台的雕刻作品，应根据展台的主题、展示的重点、食雕在其中的作用等来选择主题。

（4）用于专门展示食雕技艺的食雕作品，选题受束缚较少，但要选择寓意好且是作者最擅长的或最能发挥个人创造性的题材。

总之，命题要有目的性、针对性、适合性和创造性，要富有意义。

2. 设计

设计是根据确定的命题进行的造型设计。如整体的布局、形象选择和表现形态、作品的体量等，要进行精心的设计，务求完美。尤其是复杂的题材，要画出设计效果图，作为雕刻的依据。

3. 选料

选料即根据已经形成的设计，去选择最适合的雕刻原料。在选料时，要考虑到原料的形态、颜色、质地、大小等，是否最适合于表现主题和实现造型的要求。选料是为雕刻作品提供材料基础。

4. 雕刻

（1）合理布局

合理布局即根据设计的要求，对已经选定的原料，确定造型布局。

（2）轮廓成形

轮廓成形即用刀修去与作品无关联的部分，刻出作品的大轮廓。

（3）精雕细刻

精雕细刻即在大轮廓刻出来后，进行成形的雕刻，其顺序是先局部后细微处，先粗刻后细刻。雕刻时下刀要稳准，行刀要利落，直至完成雕刻过程。

（4）组装点缀

对整雕作品而言，有的在主体雕刻出来后，还需进行适当的点缀，如红花需要绿叶相衬作品才完美。对于组装雕刻作品而言，在雕好各分体部分后，下一道工序便是进行拼接组装与适当点缀，形成一个完整的作品。

二、不同题材食品雕刻的方法与规律

1. 花卉类雕刻

（1）要根据所雕刻花卉的颜色、质地等特性，选择最适合的雕刻原料。

（2）在雕刻花卉时，要根据所刻花卉的整体外形特征，先将原料削切成一定形状的坯子，如刻牡丹花则削切成馒头形坯，刻菊花则削切成倒卵形坯。

（3）花瓣雕刻的顺序，有的是由外向里刻，有的则是自上而下（即由花心向外层花瓣）分层刻制。在刻制时，要掌握好下刀的角度和深度。下刀角度大，则花瓣的层数少些；角度小则花瓣的层数就多些。下刀深，则花瓣较长花心较小；下刀浅，则花瓣较短且花心较大。

（4）要掌握好花瓣刻制的厚度，除了少数花卉外，大多数的片形花瓣光滑平整，边缘较薄，根部稍厚。另外，在雕刻时还要将特定花卉的花瓣特点刻出来，如月季的花瓣是圆的，牡丹的花瓣边缘有缺齿状，菊花的花瓣是略带弯曲的细条形状。

（5）花卉雕刻一般采用直刀法、旋刻刀法、斜口刀法、圆口刀法和翻刀法。

（6）花卉雕刻的重点是花朵雕刻，其枝、叶或用自然花卉的枝叶，或用其他植物的枝叶，可以不另外进行雕刻。

（7）花卉的组合与布局，可借鉴插花艺术，使之更具观赏性。

2. 禽鸟类雕刻

（1）要把雕刻中涉及的禽鸟的基本特征，简化抽象为是由一些简单的几何形体的组合。如把鸟头看似球，鸟身看似蛋，鸟尾看似扇等。

（2）把要雕刻的禽鸟的代表性特征概括出来，把身体各个部位的大小比例关系确定下来。如以丹顶鹤为例，其典型性特征是"三长"，即喙长、脖子长、腿长。其各个部位的比例关系是，腿长是整个身高的1/2，脖长基本上等于身长，而喙长约是脖长的1/2。

（3）禽鸟类雕刻一般采用圆雕的方法。如果是整雕，则是选用一块形状、大小合适的原料；如果是零雕组装，则选用一块较大的原料为禽鸟雕刻身体，另选较小的原料为禽鸟雕刻翅膀或尾巴。

（4）雕刻时，要根据所刻具体对象的外形特征和姿势，先整体下料，刻切出大体轮廓。

（5）禽鸟类雕刻的顺序一般是：喙→头→颈→身→翅膀→尾。

（6）雕刻时要从大处着眼，对代表性特征要适度夸张，使其更具典型意义。而对细微处，则要删繁就简，对不影响整体形象表现的细部则要省略。

3. 鱼虫类雕刻

（1）鱼虫类中除了鲤鱼可选作大型整雕且需选用较大的原料外，其余的比较适合作小型的雕刻，故多选用较小的原料。

（2）在雕刻鱼虫时，要根据所刻对象的外形特征，先将原料刻切出大形。

（3）鱼类雕刻的顺序一般是：头→身→尾。虾的雕刻顺序一般是：尾→身→头背→虾枪、长爪、长须。虫类雕刻的顺序一般是：头部→身部→足部。

（4）鱼虫类雕刻中，有的品种需要采用零雕整装构成一个独立的完整形象，如鱼的须、背鳍、胸鳍、腹鳍等，需用同一种或不同种原料雕成后，再与主体部分拼接组装在一起。

（5）鱼虫类雕刻作品，尤为适合采用小品的形式展示。例如，将三五条金鱼或燕鱼，用牙签固定在生姜叠成的假山石上，衬上些天门冬、绿色菜叶，即成一幅清灵别致的"鱼乐图"。

4. 畜兽类雕刻

（1）畜兽类雕刻一般选择神骏、温顺、稚拙、聪灵、吉祥的动物作为题材。

（2）根据雕刻的主题形象需要，选择最恰当的雕刻形式。凹雕与凸雕具有匠趣和装饰美感，圆雕具有空间感和质量感，具有较强的视觉冲击力。

（3）依据所雕对象的性格、特点、运动姿态、体量大小选择原料。

（4）雕刻的步骤是，先整体下料，刻切出大体轮廓，然后再按照由头部开始自上而下的顺序进行雕刻。

（5）雕刻过程中，要把所刻对象的结构、特性、运动特征充分反映出来，尤其是采用圆雕形式时，更要把所刻对象的结构特点、运动姿势和力量感在三维空间准确反映出来。

（6）雕刻畜兽类形象时，大都采用夸张、抽象、理想化手法进行表现，如在体形结构的雕刻上是宁方勿圆，即要达到以形传神，以形表意的艺术效果。刻意求工，有时反会弄巧成拙。

（7）畜兽类雕刻作品既可以是独立地展示单个主体形象，又可以是大制作的多个同类或不同类形象的组合，如"万马奔腾""二龙戏珠""龙吟虎啸""麟立鳌头"等。大制作的组合雕刻，能容纳更加丰富的内容，反映更加深刻的主题，展现更加绚丽多彩的美。

5. 景观类雕刻

（1）景观类雕刻宜选择自然美景与人造景观中适合于雕刻欣赏的题材，如亭台楼阁、小桥回廊、奇峰异石等。

（2）依据所雕景观的特点、体量、结构、气势特点选择原料。

（3）雕刻时要围绕主题，突出具有典型意义的景观并进行重点表现，提炼雕品的意境效果。

（4）要安排与处理好雕刻作品的高低大小、位序的前后左右、体面的曲直方圆等关系，要根据对象的形态特点合理使用雕刻刀法。

（5）要把握好雕刻的重心，如奇峻的山峰、高耸的古塔等，其重心处理要低而稳。

（6）多景点组合时，要布局合理，层次清晰，过渡自然，一气相连，相互有照应。

6. 器物类雕刻

（1）器物类雕刻一般选用具有喜庆吉祥含义的、有观赏装饰作用的礼器或日用器物，如花篮、花瓶、奖杯、青铜器、古玩等，作为雕刻的题材。

（2）器物类雕刻追求形似与逼真，要突出强调不同器物的外部特征的再现，如外形轮廓、体面的转折收放、结构比例等，要与具体物象相吻合。

（3）根据器物的用途和意义，构设适宜的形象色彩，选择适宜的装饰物或陪衬物来丰富造型形象。

（4）器物类雕刻的顺序一般是整体下料，自上而下地逐步雕刻。根据造型形象表现的需要，器物雕刻既可是整雕，又可是镂空雕、浮雕，甚至是整雕、镂空雕和浮雕手法的综合运用。

（5）器物类雕刻的重心稳定。

7. 瓜盅类雕刻

（1）瓜盅类雕刻在果蔬雕刻中属刻画造型艺术。它主要是利用瓜表皮与肉质颜色明显不同的特点，用深浅不同的线条和块面，在瓜表面组成画面和图案。

（2）瓜盅类雕刻一般选用表皮光洁、老嫩适中、颜色如一、有一定韧性、内瓤易于剜取的果菜类和鲜果类原料，如冬瓜、西瓜、香瓜等。

（3）瓜盅的刻制方法有浮雕法、镂空法、套环刻三种。瓜盅一般以浮雕、镂空雕刻为主，套环刻为铺。

（4）瓜盅主要是由盅本身和底座两个部分组成，盅又分为盅体和盅盖两部分。

（5）瓜盅雕刻要根据瓜盅的特点、用途和造型要求，从整体结构布局、主体图形、装饰点缀三方面进行总体构思。设计时，最好在纸上画出样稿，然后在原料上做好布局，画线刻制。

（6）雕刻瓜盅时，下刀要准确，控制好深度，刻划的线条要曲直有致、清爽利落。采用浮雕方法刻制时，要利用瓜的表皮与肉质颜色深浅明显不同的特点，刻画出或外凸或内凹的画面和图案纹样。如果是套环刻的瓜盅，则要在剜去瓜瓤后，进行凸环处理，即将外凸的环挑起来，并利用套环的连接，将瓜体分离。

（7）瓜盅作盛器用时，一种是只在表皮作浅浮雕即可，另一种是镂空雕、套环刻，结合浮雕的，则需在其内空中套放去瓤留皮壳的同种瓜，或套放其他适合的盛器。

（8）瓜盅雕刻所用的刀具主要有V形刀、半圆形槽刀、方口形槽刀、半圆形或方口形槽刀，也可用直刀、斜口刀以及异形刀。

8. 瓜灯类雕刻

（1）瓜灯雕刻就是用特种雕刻工具，在西瓜、香瓜等瓜果的表皮上，运用各种不同的刀法，把瓜果雕刻成带有花纹图案和环环相连相扣的宫灯形状。

（2）瓜灯类雕刻一般选用表皮光洁、老嫩适中、颜色如一、有一定韧性、内瓤易于剜取的果菜类和鲜果类原料，如西瓜、香瓜、冬瓜、菜瓜等。除此之外，有时也选用萝卜雕刻萝卜灯。瓜体多为椭圆形或圆形。

（3）瓜灯有两类，一类是悬挂式的，大多由一个瓜刻制而成；一类是座式的，即在一个底座上摆放瓜灯，或是摆放一个，或是垒叠多个。

（4）瓜灯以套环刻为主，镂空雕刻、浮雕为辅。其雕刻难度大，程序多，用时长。

（5）瓜灯雕刻一般分为构思、选料、布局、画线、刻线、起环、剜瓤、凸环、组装等步骤。组装完成后的瓜灯，内置灯具，点亮后可达到通体剔透、纹彩辉映、别具奇趣的艺术效果。

（6）瓜灯的雕刻，除在其表面雕刻出一些图案外，主要是在瓜体的上部、中部和下部，雕刻出一些环和扣，使瓜灯的上部和下部能拉开一定的距离，中部能向外凸起。这些环扣不但要起连接瓜体的作用，而且形状要美观。

（7）瓜灯的线条刻划，粗细要整齐划一。铲环时要细心准确，厚薄均匀，清爽平滑。剜瓜瓤时要保持瓜壁厚薄一致。推凸环部分的瓜体时，顺序是自下而上，用力要轻重有度，不能猛然发力，以防断环。

（8）瓜灯雕刻所用的刀具主要有半圆形槽刀、方口形槽刀、半圆形或方口形槽刀、V形刀，也可用直刀、斜口刀以及异形刀。

9. 人物类雕刻

（1）人物类雕刻一般选择具有健康向上、美好吉祥、活泼生动意义的题材，如神话故事、民间传说中的人物，如老寿星、圣诞老人、仙女、哪吒等，艺术作品中的人物，现代装饰变形人物，趣味性卡通人物等。

（2）人物的雕刻要形象优美，造型逼真，要掌握并处理好结构比例关系，把握人物的表情特征，准确反映人体不同体态特点和衣褶的变化规律。

（3）人物类雕刻多采用整雕或零雕整装而成，雕刻时要先削切出"大形"，然后从头部开始，自上而下地逐步雕刻。

（4）雕刻过程中，对头部特别是面部表情的刻划要细致、准确、简洁、明快。

10. 综合类雕刻

（1）综合类雕刻就是根据雕刻主题和形象设计的需要，把不同类别的物象组合到一件雕刻作品中，如：龙与凤的组合，鸟与花的组合，牧童与耕牛的组合等。

（2）要处理好不同物象的相互依存关系，如龙与凤组合时，多为对等关系；寿带与花卉组合时，多为主辅关系。

（3）处理好不同物象在作品中的位置、姿态、大小的布局关系。如牧童与耕牛组合时，塑造牧童跨坐或侧坐在耕牛背上吹笛的造型；如鹤与鹿组合时，以松树为背景物，取飞鹤在天与翘首相望的梅花鹿互为呼应的造型。

（4）综合类雕刻既可以是小制作的精致小品，如"虾荷图"，即由两朵莲花、几片荷叶、三只小虾、一枝藕、几块鹅卵石、几根水草等组合而成，也可以是大制作大气魄的作品，如"飞凤腾龙"，即是由腾挪飞舞的龙与凤、飘忽的云朵等组合而成。

三、注意事项

1. 雕刻作品题材选择应注意的问题

（1）要选择有亲和力、寓意吉祥的题材

例如，在中国人的心目中，济公是惩恶扬善、诙谐机智的象征，钟馗是打鬼驱妖的象征，但作为食品雕刻的题材，却是不太合适的。

（2）要根据不同的应用需要来选择题材

食品雕刻作品是为特定的应用需要服务的，因此，其题材的选择必然服从于这种需要，要有针对性，不能草率而为，不能用风马牛不相及的作品去应付需要。

（3）组合雕刻作品中要选择相互有联系的不同题材来组合

如以"喜鹊报春"为题的作品中，喜鹊与梅花的组合，更能切合题意的表达。

（4）不同题材组合到一个作品中时，要确定好表现的重点与主次关系

例如，"三羊开泰"作品中，三只羊是表现的重点，云纹、山石等是其衬托，而在三羊中，还要确定相互之间的主次关系，区分大小，并加强相互间的形神呼应，共为一体。

2. 雕刻作品在应用中应注意的问题

（1）要符合卫生要求

雕刻作品在应用前，一定要选用洁净的冷水清洗干净，特别是用生的果蔬原料雕成的作品来美化菜肴时，要相互隔离，而兼作盛器的雕刻作品，更要注意按卫生要求处理后再使用。

（2）要注意重心稳定

雕刻作品无论是用于菜肴中，还是用于美化宴席台面，或用于展台展示，一定要注意重心要低，基座要稳，不能抖抖晃晃，否则稍有碰撞，便会倾倒。

（3）要选择应用场合

食品雕刻作品在应用中，要根据不同需要设计制作，如用于迎宾宴台面装饰，选择以"迎宾花篮"为题材的作品，能增加热烈友好的好客之情；如用于有主题的食品展台，应选用与主题吻合的作品；如用于菜肴，应有助于菜肴的美化和契合菜肴的主题，要大小适当，切不可宾主倒置。

（4）要适应欣赏者的饮食审美需要

食品雕刻作品是可供欣赏的对象，但一件雕刻作品并不一定适合所有人欣赏。例如，很多人虽然喜欢宠物，但如果把雕刻的宠物狗放在餐盘里，就会令许多人产生厌恶感。

这就是说，人们的饮食审美需要与纯艺术的审美，与生活中的喜好并不是完全一致的。因此，食品雕刻作品在应用中，不能牵强附会，不能滥用乱用，要考虑到欣赏者的饮食审美趣味，契合其审美心理需求，这样才能收到放大食品雕刻审美的效果。

第三章
菜单设计

第一节　零点菜单设计

➤掌握零点及零点菜单的概念、零点菜单的结构及作用。

➤掌握零点菜单设计的原则及方法，并能根据企业定位、经营特点和企业综合资源设计零点菜单。

➤能够根据零点特点，对冷菜、热菜及面点等进行组合设计。

一、零点及零点菜单的概念

1. 零点的概念

所谓零点就是零散顾客在饭店用餐时，根据自己的就餐需要，自主选择菜品的行为。

2. 零点的特点

（1）客源流动性大

在饭店里用零点餐的顾客，基本上是不确定的散客，其流动性较大。

（2）客源构成复杂

用零点餐的顾客面较广，有本地人，也有外地人；有中国人，也有外国人，来自五湖四海。因此，顾客的经济背景复杂，就餐动机多种多样，口味喜好不尽相同。

（3）自主选择菜品

自主选择菜品是零点与套菜、宴席菜最大的不同。在用餐时，顾客可以根据自己的需要、喜好自主选菜点菜，选择的空间比较大，自由度较高，自主性较强。

（4）现点菜现食用

与宴会采用预约式、可批量生产不同的是，零点餐是顾客现来现点，既分散且量又少，点完菜后要立即制作，尽量缩短顾客的候菜时间，并保证顾客食用满意。

3. 零点菜单的概念

零点菜单又称点菜菜单，是为满足零散顾客就餐需要而制定的供顾客自主选择菜品的菜单。

零点菜单是饭店里最基本的、使用最为广泛的菜单。其特点是菜单上的菜品较多，每一道菜品都标明价格，且价格档次比较开阔，能适应不同层次顾客的用餐需求，顾客可以根据自己的喜好酌量酌价选择菜品，而不必按套菜菜单那样一次购买整套菜品。

二、零点菜单的结构与作用

1. 零点菜单的结构

零点菜单根据餐式不同，分为中式零点菜单与西式零点菜单；又根据餐别不同，分为早餐菜单与午、晚餐菜单。一般餐厅午餐和晚餐采用相同的菜单，并合称为正餐菜单。早餐和正餐的中西餐零点菜单的结构如下：

（1）早餐零点菜单

1）中式早餐零点菜单结构

①粥类。粥类包括白米粥、小米粥、赤豆粥、鸡肉粥、牛肉粥、皮蛋瘦肉粥、菜粥等。大多数饭店除白米粥价格略低外，其他的粥均按类划分，以同样的价格任顾客选择。

②点心类。点心类主要以中式面点为主，如包子类有猪肉包、羊肉包、牛肉包、笋肉包、豆沙包、菜肉包、雪菜包、酸菜包、干菜包、萝卜丝包等；饺子类有生肉饺子、虾肉饺子、芹菜饺子、白菜饺子、青菜饺子等；烧卖类有糯米烧卖、翡翠烧卖、冬瓜烧卖、茼蒿烧卖等；煎炸烘烤类有炸春卷、炸油条、生肉锅贴、牛肉锅贴、黄桥烧饼、烙饼、蛋糕等。有的还提供馄饨、各式面条等点心。

③小菜类。各式炒制的咸小菜、油炸花生米、咸鸭蛋、香肠、各式炝拌凉菜、卤凤爪等。

④饮品类。如茶、豆浆、牛奶、咖啡等。

⑤水果类。如西瓜、苹果、橘子、凤梨、葡萄、香蕉等。

2）西式早餐零点菜单结构

①果汁与水果类。果汁类如番茄汁、黄瓜汁、凤梨汁、葡萄汁、橙汁、苹果汁等；水果类如西瓜、苹果、橘子、香蕉等。

②面包、果酱和黄油类。

③谷麦片类。

④蛋与肉类。蛋类如单面煎蛋、双面煎蛋、水煮蛋、炒蛋、烙蛋等；肉类如腌肉、火腿、香肠等。

⑤饮品类。如咖啡、牛奶、红茶等。

（2）正餐零点菜单

1）中式正餐零点菜单结构

①冷盘类。冷盘类一般是直接写出菜肴的名称，如蒜泥黄瓜、秧草毛豆、虾籽冬笋、油爆大虾、酱鸭、盐水鹅、素火腿、卤香菇、醉鸡、卤鸽、卤水大肠、卤水拼盘等。

②热菜类。热菜类是菜单中数量最多的一大类菜品，在菜单中一般不直接如此称呼，而是采用另外两种方式表示：一种是将热菜按烹调类型进行表示，如分成小炒类、烧焖类、蒸类、煎炸类等；另一种是按菜肴的主要原料类别与菜肴的某种特性分类，如山珍海味类、海鲜类、江鲜类、肉类、禽类、蔬菜类等；而将煲类、铁板类、汤菜类等从热菜中分离出来。在按菜肴主要原料类别划分的菜单细目中，其具体表述的方法有两种，一是直接写清楚菜肴名称，如蒜茸明虾、吉列明虾、沙律明虾、生菜明虾等；二是写原料名称，在其后标注这种原料成菜的方法，如鳜鱼，则标注"清蒸、红烧、干烧、醋溜"等。

③面点类。面点类主要是由发酵类、油酥类、水调面类、米粉类、杂粮类、澄粉类点心组成。

④主食类。在菜单中，有分开单列的，也有把主食类与面点类合为一体的。主食类主要是指米饭类、面条类、粥类等，例如，米饭类有扬州炒饭、广州炒饭、菜炒饭、野鸭菜饭、咸肉菜饭等；面条类有阳春面、奥灶面、鸡丝面、蔬菜汤面、牛肉炒面等；粥类有海鲜泡饭、鸡粥、八宝粥、菜粥、碧粳粥、荠菜粥等。

⑤酒水饮料类。有些饭店有单独编制的酒单，顾客在点完菜后，往往容易忘记点酒水饮料，因此，酒水饮料最好能列在菜单菜品的前面或之后。

除了以上基本结构外，饭店还应根据自身的经营特色，在正餐零点菜单中增加本店的招牌菜、特色菜，或是地方土菜、私房菜等内容。

2）西式正餐零点菜单结构

①冷菜。又称开胃菜，是佐酒的必备菜。冷菜具有色调明晰醒目，形态优美的良好感官性状，味道有酸甜、鲜咸、辛辣等，具有开胃、刺激食欲的作用。如酸白菜、蟹肉沙拉、大虾冻、鱼冻、网油肝泥、英式生菜大虾、法国鹅肝酱、苏格兰鲑鱼片、俄国鱼子酱等。

②汤菜。在吃热菜前喝汤是西方人的习惯，有增进食欲的作用。西餐汤分清汤、浓汤两类，为适应季节的变化，又分为冷汤与热汤两种。汤类有清澈鸡汤、牛肉清汤、清汤计司条、蔬菜牛尾汤、黄汁菠菜汤、法式洋葱汤、奶油鲜蘑汤、莫斯科红菜汤、菠菜泥子汤、鲜西红柿冷汤等。

③热菜。热菜类的原料有水产品类、禽类、畜肉类、蔬菜类等。如软煎大虾、俄式煮鱼、炸黄油鸡卷、铁扒笋鸡、大鸡肉片、烧纽西兰羊扒、维也纳牛仔、西冷牛扒、清煎小牛排、烤羊腿、黄油扁豆、奶汁计司烤蔬菜、肉馅白菜卷等。

④沙律与三明治汉堡类。许多西餐零点菜单将沙律、三明治或汉堡包分列出来，以方便顾客选用。如世纪沙律、凯撒沙律、吞拿鱼沙律、大都会三明治、意式三明治、法式三明治、美式热狗、计司汉堡包、牛柳法包等。

⑤甜点。又称甜食、甜点心，又因为是饭后吃的点心，故又称饭后甜点、饭点心（区别于茶点心）。甜点有热、冷两类，热的甜点如桂皮布

丁、葡萄干布丁、烤克司得布丁、橘汁煎饼、炸香蕉、烤苹果等；冷的甜点如冰激凌、香草冰激凌、奶油木司、巧克力奶油木司、红果结力木司、水果冻、三色奶油冻、奶油红盖冻等。

⑥酒水饮料。为防止顾客忘记点饮料，在菜单最后附上酒水饮料项目。酒水包括开胃酒、餐酒、饮料、餐后烈性酒及咖啡、牛奶、茶等。

2. 零点菜单的作用

零点菜单作为饭店餐厅最基本的和使用最为广泛的一种菜单，它对餐饮企业的经营管理、厨房生产、餐厅服务起着重要的基础性作用。

（1）零点菜单是营销的重要工具

零点菜单是连接顾客与餐厅的桥梁，起着促成买卖交易的媒介作用。餐饮企业通过菜单向顾客介绍餐厅提供的产品，推销餐饮服务，体现餐饮企业的经营宗旨。顾客则凭借菜单选择自己所需要的产品和服务。正是通过菜单文字介绍与图片视觉冲击，顾客对餐厅的菜品品种、价格范围、菜品内容、风味特色及其他内容有了初步认识，而这又正是餐饮企业经营服务水平的体现。因此，菜单并非仅仅是一张简单的餐饮产品的目录，它在向顾客展示餐饮服务全部内容的同时，又无声地、强有力地影响着顾客的购买决定和产品的选择。另一方面，餐饮企业通过对菜单上菜品的销售状况的分析，及时调整菜单品种，改进烹调技术，完善菜品的促销和定价方法，使菜单更能满足本企业特定的市场需求。

（2）零点菜单影响餐饮设备的选配和厨房布局

零点菜单中菜品内容体现着菜品的风味和经营风格，而菜品风味和经营风格的不同，必然影响餐饮设备的选择和配置，影响厨房的规模及其生产设备的整体布局。显而易见，菜单中菜式品种及其特色的不同，需要有相应的加工烹制设备、服务设备及餐具，菜式品种越丰富跨度越大，所需的设备种类就越多。如果说零点菜单是餐饮企业选择配置设备的依据和指南，那么厨房餐厅所使用的设备的数量、性能和型号等，则是决定厨房线路的走向和设备器具布局的关键。

（3）零点菜单影响厨师服务员的配备

零点菜单菜品的风格特色和服务的规格水平，决定着厨师、服务员配备的取向。例如，经营粤菜要配备擅长制作粤菜的厨师，体现高规格服务要配备精通服务技能的优秀服务员。否则，菜单设计得再好，若厨师、服务员无力胜任职责要求，不仅使顾客获得真实性产品及其服务享受的愿望落空，更使企业反受其累。因此，餐饮企业在配备厨房和餐厅职工时，要根据零点菜单菜式制作和服务的要求，建立一支具备相应技术水平、结构合理的专业队伍。

（4）零点菜单影响食品原料采购和贮藏

食品原料是制作菜品的物质基础。食品原料的采购贮藏是餐饮企业业务活动的必要环节，它们完全受菜单的影响和支配。例如，对于使用广泛的零点菜单而言，若菜式品种在一定时期内保持不变，厨房生产所需食品原料的品种、规格等也相应固定不变，这就使得企业在原料采购方法、采购规格标准、货源提供途径、原料贮藏方法、贮藏面积、仓库条件等方面能保持相对稳定。列入菜单经营菜点的原料，是采购的必备品种，而临时增加或新推出新的菜式品种所需的原料，应该及时调整落实到采购计划中去，保证在规定的时间内提供给厨房生产使用。

（5）零点菜单影响餐饮成本和企业赢利

零点菜单设计得是否合理，直接决定了企业餐饮成本的高低，影响到企业赢利能力的大小。如果菜单中用料珍稀，原料价格昂贵的菜式太多，必然导致较高的食品原料成本；若精雕细刻、费工耗时的菜式过多，又会增加企业的劳力成本。因此，餐饮企业成本控制的首要环节，就是要从菜单设计开始。在制定零点菜单时，不仅要准确计算出具体品种的成本，而且要确定不同成本菜品的品种数量比例，将餐饮成本控制在合适的范围内，保证企业利润目标的实现。

三、设计零点菜单的原则

1. 迎合目标顾客的需求

零点菜单上应列出多种菜品以供顾客挑选。这些品种要体现餐厅的经营宗旨，而餐厅的经营宗旨要迎合某些类似需求的目标顾客的需要。如果餐厅的目标顾客是收入水平较高，以享受性为就餐目的的群体，那么菜单中就应该提供用料讲究、价格昂贵、做工精细的高档菜品；如果餐厅的目标顾客是收入中等、喜欢吃淮扬菜的群体，那么餐厅的经营宗旨就是中档淮扬菜，而不要把九转肥肠、家常海参、夫妻肺片、抓炒腰花、鸡丝拉皮等菜都塞到菜单中，使菜单无法反映经营宗旨；如果是以流动性人群为主要顾客对象的餐厅，菜单上应设计制作快捷、价格适中的菜品。

总之，目标顾客的不同，其餐饮需求也不同，零点菜单菜品的设计也随之变化。

2. 鲜明的菜品风味特色

零点菜单设计要尽量选择能反映饭店特色和本厨房擅长的菜式品种。如果菜单上的品种太普通，是其他的餐厅都能供应的不需要特殊烹调加工的大众菜，而没有风味特色鲜明的菜品做支撑，餐饮企业便缺少了市场竞争力。

鲜明的风味特色菜是餐厅特有而其他餐厅所没有或及不上的某类菜、某个品种或某一种特殊烹调方法制作的菜品。也就是人们常说的，人无我有的"独家菜"，人有我精的"看家菜""招牌菜""特色菜"。没有鲜明风味特色的菜单，是零点菜单设计的最大不足。

3. 有原料供应与技术保障作基础

凡列入菜单的菜式品种，餐厅应该无条件地保证供应，这是一条相当重要但却极易忽视的餐饮经营原则。而要保证供应，必须具备两个基础条件：一是食品原料能满足供应，二是有厨师对菜品质量提供保障的技术基础。

设计零点菜单菜品时，首先，必须充分掌握各种原料的供应情况。食品原料供应往往受到市场供求关系、采购和运输条件、季节、饭店地理位置等诸多因素的影响，在选定菜品时，必须充分估计到各种可能出现的制约因素，尽量使用当地出产或供应有保障的食品原料。其次，在设计菜单菜品时，必须考虑本餐厅厨师的技术构成、技术状况、技术特长等诸因素，选定的菜品应该是能发挥他们特长的菜品，是他们力所能及的菜品，或者是通过适当的培训能够做到，并且能做好的菜品。

4. 体现品种的平衡性

为了要满足不同顾客的口味，以及对原料、菜品的喜好，以便让顾客在点菜时有较大的选择余地，在设计零点菜单时应该考虑到以下几个方面的平衡：

（1）原料品种选用搭配平衡

菜单中每一类别的菜品应用多种不同主要原料去制作，以适应不同顾客对原料的选择要求。例如，菜单中有海鲜、河鲜、肉类、禽类、蔬菜的菜品，如果有人不喜欢吃无鳞鱼，那么他可以选择有鳞鱼或其他的菜品。原料品种选用搭配得好，可以使更多的顾客能选择到自己喜欢的菜品。

（2）烹调方法平衡

在各类菜中应具有不同方法制作的菜品，如炸、溜、爆、炒、炖、焖、烧、蒸、煮等。有短时间加热、旺火速成的，有长时间加热、小火慢烹而成的，加热方法的不同，形成脆、酥、嫩、软、烂、滑、糯等不同的菜品质地。味型的平衡应该是在主导风味统摄下，多种味型并存。

（3）营养素供给平衡

在零点菜单菜品设计时，要考虑到提供各种营养素及其供给平衡的问题，一是原料的多样化，特别是要增加蔬菜、水果、豆类及其制品的原料；二是菜品的原料搭配要多样化，注意荤素原料的搭配；三是采用合理的烹调加工方法，尽可能多地保存原料中的营养素，减少营养素的损失，降低不当烹调加工方法对人体可能造成的危害；四是减少成品菜的油量，例如，有些油重的菜肴，可以要求厨师撇去其浮油，这样菜肴既清爽，又避免顾客摄入过多油脂；五是在零点菜单菜品设计中，可以增加营养提示方面的内容，引导顾客自觉地平衡膳食，健康消费。

5. 实现企业与顾客双赢

零点菜单中的菜品价格通常高于套菜和团体菜单的价格，但并不意味着价格越高，餐饮企业赢利越多。价格是把双刃剑，定价合理，会使企业与顾客双赢。

在设计零点菜单菜式品种时，要掌握以下原则：

（1）要准确核算菜品的原料成本、售价和毛利润，检查其成本率是否符合目标成本，即该菜品的赢利能力如何。

（2）要考核该菜品的畅销程度，即可能销售量。

（3）要分析该菜品的销售对其他菜品的销售所产生的影响，即是有利或是不利于其他菜品的销售。

（4）要拉开菜品价格梯度，即每一类菜品的价格应尽量在一定范围内有高、中、低价格的合理搭配，要让企业锁定的目标顾客在点菜时，既觉得贵贱任选，丰俭由己，又觉得价格合理，物有所值。

6. 确定合适的菜品数量

在设计零点菜单时，要根据企业的餐饮规模和生产能力，确定合适的菜品总数量。一方面，菜品品种过多会导致厨房生产负担过重，加大厨师工作量，影响出菜速度，容易在销售和烹调时出现差错，容易产生点菜缺售的现象;另一方面,菜品过多还会导致餐厅需要很大的原料库存量,由此会占用大量资金和高额的库存管理成本;此外,菜品过多还会使顾客选菜决策困难,延长点菜时间,降低餐位周转率,影响餐厅收入。而菜品品种过少,又不便顾客选择,给顾客产生无菜可选的印象,使顾客产生易店就餐的想法。因此,要控制好零点菜单菜品数量。

7. 保持菜单对顾客的吸引力

为了使顾客保持对菜单的兴趣,菜单要经常更换菜品,以使菜单对顾客有吸引力,这可以有效防止顾客对菜单菜品产生老面孔的厌倦感而选择易店就餐。

要保持菜单对顾客的吸引力,除了有本餐厅风味特色鲜明的"独特性"菜品外,还应掌握以下原则:

(1) 根据季节补充一些新鲜的时令菜,淘汰已经落市的菜品,使菜品能体现季节特色。品尝时令菜,是顾客选菜点菜时的愿望,因此,在零点菜单留下的空白之处,及时地插进新鲜的时令菜,既能满足顾客尝鲜的愿望,又能增加餐厅的收入,收到一举两得的效果。

(2) 要根据菜单分析的结果,撤掉一些不受顾客欢迎且收入少的菜品,留下盈利大且受顾客欢迎的菜品。

(3) 要定期或不定期地补充新菜品,一是把自己过去没有的新菜品补充到菜单中来;二是把过去虽有但已改进完善的菜品补充到菜单中来;三是把其他餐馆或乡村的土菜移植过来,加以改进后,补充到自己的菜单中。

(4) 要通过菜单中引人入胜的文字介绍、色、香、味、形俱佳的菜品图片等,形成对顾客的视觉与心理冲击,使顾客产生强烈的消费意愿,影响或左右顾客对菜品的选择并作出购买决定。

技能要求

一、零点菜单品种结构与比例的确定方法

1. 供零点的花色品种应较多,以中式餐饮为例,早餐零点品种应不少于 10 种,午餐晚餐零点品种应不少于 70 种。

2. 品种类型要多样化,中餐零点菜单中应包含冷菜、热菜、汤菜、面点、主食和酒水等不同类别的品种。

3. 各类品种的结构比例要合理，冷菜、热菜、汤菜、面点和主食、甜食的比例控制在 5∶30∶5∶4∶5 左右。

4. 各类品种要兼顾高中低档的搭配，档次较高，质量较好的品种占 25%～30%，中档品种占 45%～50%，档次较低，价格便宜的品种为 20%～25%。

二、零点菜单制定的基本步骤

1. 根据企业经营定位，明确风味特色，拟定菜单结构。

2. 根据餐饮规模和生产能力，确定菜品总数量及不同类型菜品品种的数量。

3. 划分并确定不同类型菜品的主要原料与味型。

4. 制定具体品种的规格质量标准。即菜品的主料、配料、调料的用量，制作方法，成品质量，器具选用等。根据顾客消费特点，可以将菜品划分成例（小）、中、大等不同规格，一般例盘可供 1～3 人食用，中盘可供 4～6 人食用，大盘可供 7～10 人食用。

5. 核算成本，计算售价，保证综合成本和目标利润的实现。

6. 调整、完善菜单结构，确定菜品排列的先后顺序，确定具体菜品编写的项目内容。

7. 设计菜单样式和版面，选用合适字体、纸质、交付印刷。

8. 根据已经确定的菜单，组织厨房餐厅的员工进行培训，确保生产、服务质量。

三、不同企业定位情况下的零点菜单设计

企业定位是企业根据自身资源和实力所确定的目标市场。企业定位不同，其零点菜单设计也不相同。因此，以下几点值得引起注意：

1. 明白自己餐厅所处的地理位置，选定清晰的目标市场，确定目标顾客群体，是菜单筹划的前提条件。

2. 根据选定的目标市场，确定零点菜单的经营档次。例如，如果餐厅的目标市场是高收入群体，那么就应该是高档豪华的餐厅，菜单设计中应该突出昂贵高级的菜品，而不是加工粗糙的普通菜；如果餐厅的目标市场是针对中低收入的工薪阶层，那么就应该是装饰朴素舒适的餐厅，菜单设计应该以中档价格的菜品为主，而高价位的菜品要少些。

3. 确定零点菜单菜品的主导特色。例如，是粤菜风味还是鲁菜风味，是淮扬风味还是川菜风味，是内蒙古烧烤风味还是重庆火锅风味，应明确区分，不能混淆。鲜明的主导风味，是零点菜单设计中的主线。

4. 根据餐厅供餐方式设计零点菜单的品种，确定菜品的价格。同一个餐厅可以提供不同的就餐方式。例如，早餐可以采用自助式的，也可以采用推车服务的；午、晚餐可以有大厅的，也可以有雅间的；有由厨师烹调，由服务员服务供餐的，也有顾客参与式烹调供餐的。因此，供餐方式的不同反映到菜单上就有了档次的差异，自然也就影响到菜品的选择和价格的定位。

四、不同经营特点情况下的零点菜单设计

餐饮企业经营特点是指与其他餐馆相比较时，本餐饮企业所独有的经营风格。餐饮企业的经营特点直接决定了零点菜单的设计。

1. 零点菜单目标设计要与企业的经营目标、经营宗旨相一致。

2. 零点菜单菜品风味设计要与企业的经营风格相协调。

3. 零点菜单菜品设计要与企业经营对象的就餐口味、就餐动机、消费能力相适应。

五、不同企业综合资源情况下的零点菜单设计

餐饮企业的综合资源，是指企业的资金实力、餐厅的档次、人员优势、设备设施条件、管理水平、采购优势、原料的可得性、烹调生产能力、质量水平和保持程度、服务和价格优势以及企业的社会影响力、社会美誉度等多种指标构成的综合体。具有优势综合资源的餐饮企业，不管它是高档餐厅还是中档餐厅，也不管它是多菜系风味组成的大餐厅，还是某一种菜系风味的餐厅，在进行零点菜单设计时都应考虑如下因素：

1. 零点菜单设计必须扬企业资源优势之长，避企业资源优势之短，牢牢锁定目标顾客群体，必须在目标顾客群体所接受的风味菜品上做足文章。

2. 零点菜单必须保证盈利。设计零点菜单必须将成本考虑进去，那种不计成本，无法使餐厅盈利的菜单，一定不是优秀的菜单。

3. 零点菜单上的菜品原料和菜品必须能保障供应。例如，经营燕鲍翅的零点高档餐厅，不应发生燕鲍翅原料经常断档或是用品位低的燕鲍

翅原料充数。

4. 零点菜单菜品质量应始终优良如一。质量是餐厅的生命线，没有质量的保障，优势也会转化为弱势甚至是劣势。

5. 零点菜单中始终有吸引顾客注意的独具特色的菜品。这样的菜品可以是某一类的系列菜品，如以烹调方法著称的红烧菜、炖焖菜等；或以原料著称的海鲜菜、江鲜菜等；也可以是某几个菜品。独具特色的菜品是经营的亮点，是招牌，也是零点菜单设计时最需要着力的地方。

6. 零点菜单设计有助于维护良好的企业形象。所谓"形象"就是公众对饭店餐饮的评价。零点菜单设计应该有鲜明而又独特的风格，应该凸显本企业的优势，这有助于企业社会影响力和社会美誉度的不断提升。

六、零点菜单的制作实例

1. 冷菜类

水晶肴肉	28元（例份）/38元（中份）/58元（大份）
凉拌黄瓜	8元（例份）/10元（中份）/12元（大份）
香辣鱼脯（微辣）	22元（例份）/26元（中份）/30元（大份）
虾米芹菜	10元（例份）/12元（中份）/18元（大份）

2. 热菜类

鱼香肉丝	18元（例份）/28元（中份）/38元（大份）
宫保鸡丁	28元（例份）/38元（中份）/58元（大份）
龙井虾仁	48元（例份）/68元（中份）/88元（大份）
清蒸鳜鱼	68元/斤
清汤鱼翅	108元/位

3. 汤菜类

紫菜蛋汤	6元（例份）/8元（中份）/12元（大份）
排骨汤	10元/位
火腿冬瓜汤	18元（中份）/25元（大份）

4. 面点、主食

韭菜水饺	10元（例份）/16元（中份）/22元（大份）
生煎包子	3元/只
鱼汤小刀面	8元/碗
扬州炒饭	18元（例份）/28元（中份）/38元（大份）

5. 甜品

冰糖银耳	28元（例份）/38元（中份）/58元（大份）
桂花甜藕	18元（例份）/25元（中份）/36元（大份）
木瓜燕窝	128/位

6. 时令菜品

清蒸大闸蟹	88/只（每只三两）
菊花鸡片汤	62元/份
瑶柱蒲菜	40元/份
糯米排骨	28元/份

7. 酒和饮料

五粮液	388/瓶
长城干红	118/瓶
花雕酒	68/瓶
青岛啤酒	8/瓶
鲜榨果汁	48/瓶

第二节　宴会菜单设计

学习目标

➤ 掌握宴会的概念、类型及发展和宴会菜单的结构及作用。

➤ 掌握宴会菜单设计的原则与方法，能根据不同主体及宴会规格、季节、当地风俗习惯、饮宴对象设计整套宴会菜品。

知识要求

一、宴会与宴会菜单

1. 宴会与宴会的特征

（1）宴会的含义

宴会是人们为了社会交往的需要，根据预先计划而举行的群体聚餐活动。在这个定义中，有几点值得注意：

1）人们的社会交往是决定宴会的本质属性，是宴会普遍的、必然都具有的属性。

2）宴会是在人类社会发展过程中历史地形成和展开的。宴会不是某些民族、团体、个人专有的，它具有全人类的共有性。

3）宴会的群体聚餐形式丰富多彩，不能简单地认定用某一种聚餐形式来替代所有的宴会形式。例如，说宴会是一种高级用餐形式，或者说宴会是一种正式的、隆重的聚餐形式，这些说法都有以偏概全的缺陷。其实，宴会的聚餐形式有正式、隆重、高级的，也有非正式、随意、普通的，参加宴会的群体构成也多种多样。

4）从宴会设计的角度看，任何宴会都有计划性。摆酒宴、请客吃饭，有的是很早就筹划好，有的则是临时决定，但只要决定了，不论是选择在饭店举办，还是在自己家里操办，都需要计划怎么请客吃饭，虽然这样的计划有详尽与粗疏之分，但事实上，不存在没有计划的宴会，这是符合人类活动具有目的性、计划性的基本规律的。

（2）宴会的特征

宴会不同于日常三餐，它具有聚餐式、计划性、规格化和社交性的鲜明特征。

1）聚餐式。是指宴会的形式。它是参加宴会的人们聚集在一起，为了某个共同的社会交往需求，边吃边交流的一种进餐形式。根据需要宴会聚餐人数可多可少，有十来人的，也有几百人的、几千人的，甚至是上万人的；进餐方式有围坐在桌子周围的，也有站立着的、可以在餐厅内自由走动的；有在室内的，也有在室外的。正规的宴会，赴宴者有主要宾客、随行人员、陪客和主人，主人是宴会的东道主，主要宾客是宴会的中心人物，随行人员是伴随主宾而来的客人，陪客是主人请来陪伴宾客的人。宴会聚餐是群体性的，具有一定的目的指向，它讲究礼仪形式和礼仪规范，讲究饮宴环境的舒适化，追求宾主同乐的饮宴效果。

2）计划性。是指实现宴会的手段。在社会交往活动中，人们举宴设筵，请客吃饭，都是为了实现某种目的需要，如国家庆典、外事交往、欢度佳节、迎来送往、酬谢恩情、商务往来、亲朋聚会、婚丧嫁娶等。这种目的需要本身就是计划性。为了更好地实现目的，举办宴会者对宴会应有总体的谋划。例如，办多大规模的宴会，邀请哪些宾客与会，举办宴会的场所定在哪里，宴会中需要穿插一些什么活动，宴会要达到的理想状态与效果是什么等。如果是由饭店承办这些宴会任务，就必须把举宴者的意愿细化成可以操作的宴会计划或者是宴会实施方案。所以，要举办宴会并实现宴会的目的，就必须有计划性。

3）规格化。是指宴会的内容。现代餐饮企业经营宴会，特别强调宴会的档次和规格化。在菜品组合方面，要求设计配套、品种多样、调配均衡、制作精细、食具精致、形式美观、上席有序、强调适口性。在餐厅服务方面，要求环境布置优美、席面设计恰当、服务规范、热情周到，让宾客感到物有所值、舒心愉快。

4）社交性。是指宴会的作用。人们的社会交往需要是决定宴会存在的本质属性。宴会作为社会交往的一种工具被人们广泛地应用于社会生活中。宴会是人们表达好客、尚礼、德行的有效方式，是凝聚群体、亲和人际关系、融合情感的黏合剂，是功利地、直接地体现生活质量和享受生活的一种手段。

（3）宴会的类型

宴会广泛地应用于社会交往的许多方面。但由于宴请的目的、规格、形式、地点、时间、礼仪、习俗等不尽相同，因而宴会名目繁多。从餐饮业宴会经营与设计的角度出发，将宴会的几种分类方法及宴会的主要特点简单介绍如下。

1）按宴会性质与接待规格分。有国宴、正式宴会、便宴、家宴等。

国宴是国家元首或政府首脑为国家庆典及其他国际或国内重大活动，或为外国元首或政府首脑来访以示欢迎而举行的正式宴会。国宴通常被认为是一种接待规格最高、形式最为隆重的宴会。国宴由国家元首或政府首脑主持，宴会厅内要悬挂国旗，欢迎外国元首或首脑的国宴，则要悬挂两国国旗、奏两国国歌及席间音乐，席间有致辞或祝酒活动。

正式宴会是指在正式场合举办的讲究礼节程序而且气氛较为隆重的宴会。正式宴会是一种高规格、讲究排场的宴会。

便宴是用于日常友好交往的形式简便、较为亲切随便的宴会。

家宴是在家中举行的私人宴请。家宴在我国有着悠久的传统，或为全家人的聚会设宴，或为亲戚友朋设宴，无论是显贵名流，还是平民百姓，居家举宴，皆无不可。家宴礼节可以从简，但礼仪却不可缺少。家宴具有独特的亲和力。

2) 按宴会菜式分。有中式宴会、西式宴会和中西结合式宴会。

中式宴会是采用中国餐具、食用中国菜肴、摆中国式台面、采用中国式服务、反映中国宴饮习俗的宴会。

西式宴会是摆西式餐台、用西式餐具、吃西式餐菜、按西餐礼仪服务的宴会。西式宴会是相对于中式宴会以外的宴会而言的广义概念。如果根据不同国别的菜式和服务方式，又可以细分出若干种，如法式宴会、俄式宴会、英式宴会、意式宴会、日式宴会等。

中西结合式宴会，是根据某种特定的需要，将中式宴会与西式宴会结合起来的宴会。

3) 按礼仪分。有欢迎宴会、答谢宴会。欢迎宴会一般是主人表示对来访宾客的敬意而设的宴会，答谢宴会则是来访宾客为感谢主人的盛情接待而设的宴会。这两种宴会是礼仪性的，有了欢迎才会有答谢，其设宴规格对等，出席的人员基本上也是一致的。

4) 按形式与食品属性分。有冷餐酒会、鸡尾酒会、茶话会等。

冷餐酒会是以冷食菜肴为主，且食品多采用宴前陈设，供宾客自取方式，顾客或站立或坐着进餐的宴会。冷餐酒会一般不排席位，不设主宾席，也没有固定的座位。

鸡尾酒会又称酒会，是以酒水为主略备小食，顾客站立用餐并可随意走动，相互间广泛接触交流且形式活泼的宴会。鸡尾酒是用多种酒调配成的混合酒，酒会上并不一定都用鸡尾酒，但通常用的酒类品种较多，并配有多种果汁，不用或少用烈性酒。鸡尾酒会不设座椅，没有主宾席，仅设小桌或茶几。在酒会进行期间，顾客可在任何时候到达或提前退席，来去自由，不受约束。鸡尾酒会有纯鸡尾酒会、餐前鸡尾酒会和餐后鸡尾酒会的区别。

茶话会是以喝茶与吃茶餐点心为主的一种简便而又雅致的宴会形式。茶话会以茶代酒，另备点心、水果和一些风味小吃。茶话会一般不排席位，随意就座，品茶尝点，亲切交谈，气氛随和，格调幽雅，席间可安排一些文艺节目助兴，以增添欢快的气氛。

5) 按目的和主题分。这类宴会有很多种，现择其有代表性的婚宴、生日宴、节庆宴、庆典宴会、谢师宴、商务宴会、仿古宴会等介绍如下。

婚宴是人们在举行婚礼时，为庆祝婚姻的美满幸福和感谢前来祝贺的亲朋好友而举行的宴会。中国人把婚姻看做是人生旅途中的一件大事，故婚宴既讲究隆重又要热烈欢快，喜气洋洋，既符合民风民俗，又有现代文明气息。

生日宴是人们为纪念出生日而举办的宴会。生日宴反映了人们祈求康乐长寿的愿望，因而在现在的生日宴上，既有中国传统的寿桃、寿面等食品，又有揉进西方文明的点蜡烛、吹蜡烛、唱生日歌、切蛋糕、吃蛋糕等形式。

节庆宴是人们为欢庆节日而举办的宴会。在中国传统的端午节、中秋节、重阳节、除夕、春节等盛大的节日里，人们有设宴欢庆的习俗。不仅如此，人们也为现代节日如五一节、国庆节，以及西方的某些节日，举宴设席，欢度节日。

庆典宴会是指企事业单位为庆贺各种典礼活动而举办的宴会。如为开业庆典、店庆活动、校庆活动、毕业庆典、开工庆典、获奖庆功等举行的宴会。庆典宴会主题明确，赴宴者心情欢快，洋溢着喜庆气氛。

谢师宴是学生家长或学生为感谢老师对学生的辛勤培育而举行的宴会。常言道：师恩如海，学生们为表达老师把自己培养成社会有用人才的感激之情，设宴答谢老师，这样的宴会重在师生情感的交流。

商务宴会是指在商务活动中，商务伙伴为建立互信合作的关系、联络感情和洽谈商务而举行的宴会。商务宴会的消费标准大都比较高，已成为餐饮企业宴会经营的主要目标对象之一。

仿古宴会是为弘扬古代饮食文化而专门设计的把古代非常有特色的宴会与现代文明相融合的宴会。著名的仿古宴会有扬州的红楼宴、乾隆御宴，西安的仿唐宴，北京的满汉全席等。

宴会种类还有很多，如有按举宴时间分的，有按菜品风格分的，有按餐饮文化特色分的，这里不再一一叙述。但是，无论那种类型的宴会，都可以有高、中、低档之别，其规模亦有大有小，一般把30桌以上的宴会称之为大型宴会，10～20桌的宴会为中型宴会，10桌以下的宴会则为小型宴会。

2. 宴会菜单的种类

宴会菜单是经过精心设计的反映宴会膳食有机构成的专门菜单。宴会菜单是菜单中的一种，专用于宴会。宴会菜单中的菜品是根据一定目标要求，依据一定的原则，精心组织在一起的，是设计的产物，所以人们说宴会菜单是"菜品组合的艺术"。

宴会菜单的分类有以下几种方法：

（1）按设计性质与应用特点划分

按设计性质与应用特点划分，有套宴菜单、专供性宴会菜单、点菜式宴会菜单。

1）套宴菜单。它是餐饮企业设计人员预先设计的列有不同价格档次和菜品组合的系列宴会菜单。这种类型的菜单特点，一是价格档次分明，由低到高，基本上涵盖了一个餐饮企业经营宴会的范围；二是所有档次宴会菜品组合都已基本确定；三是同一档次列有几份不同菜品组合的菜单，以供顾客选择。例如，同一档次分为A单与B单，A单与B单上的菜品，其基本结构是相同的，只是在少数菜品上做了变化。

套宴菜单除了根据档次作为划分的依据外，在表现主题方式上也有不同，如有套装婚宴菜单、套装寿宴菜单、套装商务宴菜单、套装合家欢乐宴菜单、套装全鹅宴菜单等。由于在设计时，套宴菜单针对的是目标顾客的一般性需要，因而其最大的不足，是面对特殊饮宴对象及群体的，针对性不强。

2）专供性宴会菜单。它是餐饮企业设计人员根据顾客的要求和消费标准，结合本企业资源情况专门设计的菜单。这种类型的菜单设计，由于顾客的需求十分清楚，有明确的目标，有充裕的设计时间，因而针对性很强，特色展示得很充分。例如，日本中国料理协会曾组团专程到扬州品尝淮扬美食。参与接待的饭店相互磋商，根据各自的情况设计了几份不同风格的淮扬美食菜单，实施结果很受日本同行的赞赏。

3）点菜式宴会菜单。是指顾客根据自己的饮食需要，在饭店提供的点菜菜单或原料中自主选择菜品，组成一套宴会菜品的菜单。针对有些顾客去饭店吃酒宴，喜欢按自己的口味自主选菜的习惯，一些餐厅把宴会菜单的设计权利交给顾客，饭店提供通用的点菜菜单，任顾客在其中选择菜品。也可以在饭店提供的原料中任顾客自己确定烹调方法、菜肴味型，组合成宴会套菜，饭店设计人员或接待人员在一旁作情况说明，提供建议。还有一种做法是，饭店将同一档次的两套或三套菜单中的菜品按大类合并在一起，让顾客从中任选其一，组合成宴会套菜。从某种意义上来说，让顾客在一个更大的范围内，自主点菜、自主设计宴会菜单更具有适应性和可接受性。

（2）按使用时间长短划分

　　按使用时间长短划分有固定性宴会菜单、阶段性宴会菜单、一次性宴会菜单。

　　1) 固定性宴会菜单。是指长期使用的或者是不常变换的宴会菜单。这种类型的宴会菜单一经产生后，便在餐饮企业的宴会经营中，以长时间内不变或小变的方式，经年累月地使用。所谓长时间不变，是指菜单菜品的基本构架、组合方式、基本菜品没有根本性变化；所谓小变，是指菜单中的某些菜品可能随季节不同有所调整，或者是少数菜品在原料、加工方法、味型、装盘形式等方面作了调整。例如，长期使用的套宴菜单、饺子宴菜单、红楼宴菜单、孔府宴菜单等，由于这些菜单上的菜品比较固定，因此，对餐饮企业生产和管理是利弊共存。其最根本的好处是有利于标准化，具体表现在以下方面：一是有利于采购标准化，即由于菜品品种固定，可以对这些原料的购买和保管制定统一的规格、价格和程序，有利于节约餐饮产品成本；二是有利于加工烹调标准化，由于长期重复制作同样的菜品，因而便于对各种菜品的加工、烹调确定标准的加工方法和程序，便于实施成本控制，有利于调配生产人员的工作量和提高劳动生产率；三是有利于产品质量标准化，即因为生产固定的菜品，使用标准的加工方法和程序，标准的原料和设备，所以容易得到质量标准化的产品。使用固定性宴会菜单的不足有：一是容易使顾客产生"厌倦"情绪，尤其是宴会的目标顾客主要集中在本地时，对于经常设宴请吃或赴宴吃请的老顾客来说，面对始终不变样的"老面孔"菜品，其"厌倦"情绪自然会产生，因而也会有更换饭店另觅它处的想法和举动，这种情况尤其是在长期使用固定性套宴菜单时会发生；二是无法迅速跟进餐饮市场潮流和适应顾客就餐习惯的改变；三是由于固定菜品的生产操作多为重复性劳动，容易使生产人员感到工作无新意，单调疲劳，因而影响生产积极性。

　　2) 阶段性宴会菜单。是指在规定时限内使用的宴会菜单。例如，餐饮企业根据不同的季节准备的菜单，这类菜单能反映不同季节的时令菜。又如，餐饮企业举办美食活动时，推出的或邀请外地、外菜系厨师制作的具有显著风味特色的宴会菜单，这类菜单只在美食活动期间供应。再如，在某一时段内，餐饮企业专门针对特定的目标顾客设计的宴会菜单，如大学生毕业离校前、高考录取期间，不少餐饮企业推出毕业庆典宴会菜单、谢师宴菜单、状元宴菜单、金榜题名宴菜单等，都属于阶段性使用的菜单。

阶段性宴会菜单的优点：一是给顾客新鲜感，并且使生产人员不易对工作产生单调感；二是有利于宴会销售，增加企业经济效益；三是能扩大企业影响，提升企业品牌形象；四是能有效实施生产和管理的标准化。其不足之处：一是在餐饮生产、劳动力安排方面增加了难度；二是增加了库存原料的品种与数量；三是菜单编制和印刷费用较高；四是策划、宣传及其他费用会增加。

3）一次性宴会菜单。又称临时性或即时性宴会菜单，是指专门为某一个宴会设计的菜单。这类菜单在餐饮企业的宴会经营中会经常使用，设计的依据是顾客的需要，菜品原料的可得性，原料的质量和价格，以及厨师的烹调能力。一次性宴会菜单的优点：一是灵活性强，虽然使用时间很短，但最能契合顾客的需求，最能紧扣宴会主题；二是能及时适应原料市场供应的变化；三是可以充分发挥厨师的烹调潜力和创造性，能生产比较多的新菜品，并能调动员工的工作积极性。其不足之处在于：一是由于菜单变化较大，对原料采购和保管、生产和销售上增加了难度，难以做到标准化；二是加大了经营成本，管理上也增加了困难。所以，一次性宴会菜单不能作为餐饮企业的长期行为，而应与固定性和阶段性宴会菜单结合使用。

3. 宴会菜单的作用

宴会菜单是餐饮经营管理的重要组成部分，是餐饮经营管理者经营思想与管理水平的体现。宴会菜单是沟通消费者与经营者之间的桥梁，是为餐饮经营管理者研究菜肴是否受欢迎，是否需要改进菜单设计工作的重要资料；宴会菜单既是一种艺术品，又是一种宣传品。此外，宴会菜单也是餐饮企业一切宴会活动的总纲。宴会菜单作为菜单的一种，具有以下作用。

（1）宴会菜单是宴会工作的提纲

宴会菜单是开展宴会工作的基础与核心，宴会所用原料的采购，菜品的烹调制作，以及宴会服务必须围绕菜单开展。宴会菜单，就好像各种工程建筑的图纸、预算，也好像是文学作品写作的提纲。宴会菜单是厨师的备忘录，不可轻视。如果是大型宴会，菜单拟订之后，经获准即可负责制作，菜单一桌两三份，至少每桌一份，讲究的也可每人一份。即使是一桌宴会或是临时宴请，条件不准许打印成文字的菜单，厨师也要在了解宴请目的之后，制作与宴请相适应的菜肴。切不可不循章法，马虎对待，应付了事。

（2）宴会菜单是顾客与服务人员进行沟通的有效工具

顾客到饭店举办宴会，通常是根据饭店提供的宴会菜单选购他们所需的菜品和饮品；设计服务人员有责任和义务向顾客推荐宴会菜单，介绍菜品和饮品，顾客和服务人员通过菜单进行交流，信息得到沟通。这种"推荐"和"接受"的结果，使买卖双方达成一致。有的餐厅与宴会厅兼用的饭店没有专门的宴会菜单，只靠餐厅经理或厨师长根据顾客的消费标准和本餐厅原料情况，随时拿张纸条写个"菜单"交由厨师制作。顾客无法与服务人员沟通详细情况。实践证明，这种沿袭旧的经营方式的灵活"下单子"的方法，很难让顾客满意。在宴会进行过程中，在按菜单提供宴会产品服务的同时，服务人员和顾客之间依然进行着不断的沟通。

（3）宴会菜单直接影响宴会经营的成果

一份合适的宴会菜单，是宴会菜单设计人员根据餐饮企业的经营方针，经过认真分析客源和市场需求制定出来的。宴会菜单一旦制定成功，餐饮企业的其他工作也就可以按照既定的经营方针顺利进行，可以吸引众多的目标顾客，为企业创造利润。

（4）宴会菜单是宴会推销的有力手段

餐饮企业或餐饮部应拥有丰富的宴会菜单，同时又能根据顾客需求设计宴会菜单，供顾客选择，使顾客因菜单产生强烈的消费欲望，达到推销宴会的目的。另外，有的印有本企业名称、电话的套宴菜单、一次性宴会菜单、美食节宴会菜单或设计精美的纪念性菜单，既可以宣传企业，又可以推销宴会。有的宴会菜单上甚至还详细注明菜肴的原材料、烹饪技艺和服务方式以及特色和彩图等，以此来表现餐饮企业的特色，给顾客留下良好而又深刻的印象。

二、宴会菜单设计的指导思想与原则

1. 宴会菜单设计的指导思想

宴会菜单设计的指导思想是：科学合理，整体协调，丰俭适度，确保盈利。

（1）科学合理

科学合理是指在宴会菜单设计时，既要考虑到顾客饮食习惯和品味习惯的合理性，又要考虑到宴会膳食组合的科学性。宴会膳食不是山珍海味、珍禽异兽、大鱼大肉类美食的堆叠，不能为炫富摆阔、暴殄天物等畸形消费张目，目的是突出宴会菜品组合的营养科学性与美食的统一性。

（2）整体协调

整体协调是指在宴会菜单设计时，既要考虑到菜品的相互联系与相互作用，更要考虑到菜品与整个菜单的相互联系与相互作用，有时还要考虑到与顾客对菜品的需要相适应。强调整体协调的指导思想，意在防止顾此失彼、只见局部不见整体等设计现象的发生。

（3）丰俭适度

丰俭适度是指在宴会菜单设计时，要正确引导宴会消费：菜品数量丰足或档次高，但不浪费；菜品数量偏少或档次低，但保证吃好吃饱。丰俭适度，有利倡导文明健康的宴会消费观念和消费行为。

（4）确保盈利

确保盈利是指餐饮企业要始终把自己的盈利目标贯穿到宴会菜单设计中去。要做到双赢，即既让顾客的需要从菜单中得到满足，利益得到保护，又要通过合理有效的手段使菜单为本企业带来应有的盈利。这是必须明确的设计指导思想。

2. 宴会菜单设计的原则

（1）以顾客需要为导向原则

在宴会菜单设计中，需要考虑的因素很多，但注意的中心永远是顾客的需要。"顾客需要什么？""应该怎样才能满足顾客的需要？"这是在设计过程中必须得到贯彻落实的基本原则。

首先，要了解顾客对宴会菜品的目标期望。顾客在饭店里举办宴会目标期望各不相同，有人讲究菜品的品位格调，有人想的是丰足实惠，有人意在尝鲜品味等。要通过宴会菜单设计，想顾客之所需，实现顾客对宴会菜品的目标期望。

其次，要了解顾客的饮食习惯、喜好和禁忌。出席宴会的顾客各有其不同的生活习惯，对于菜肴的选择，也各有不同的喜好与禁忌，如果在菜单设计前，了解这些则有利于宴会菜品种类的确定。在同一个地区的人，既有共同的饮食习惯、喜好和禁忌，但也因职业、性别、体质、个体饮食习惯的不同而有差异。对于不同地区的人而言，口味喜好的倾向性则差异很大，如川湘人喜辣，江浙人偏甜，广东人尚淡，东北人味重。而不同民族与宗教信仰的人则饮食禁忌各有不同，例如，回族人信奉伊斯兰教，禁食猪肉；佛教徒茹素忌荤。至于招待外国宾客，更需要了解其国籍及其饮食习惯，区别对待，投其所好。主要是了解主宾及夫人、主人、主要陪同的饮食习惯及对菜品的目标期望，要准确掌握这些人的需要，兼顾到其他顾客。要把其一般性需要和特殊需要结合起来考虑，这样菜单上的菜品安排，会更有针对性，效果就会更好。

（2）服务宴会主题的原则

人们举办宴会有这样或那样的目的，祈求表达某种愿望，如欢迎、答谢、庆功、美满、长寿、富足、联谊、合作等，因而宴会的主题便有不同。宴会主题不同，反映在宴会菜单中，其菜品原料选择、菜品造型、菜品命名取意等方面也有区别，例如，扬州人办婚宴，不用"炒四季豆"一菜，因其谐音与人们祈求婚姻美满、幸福长久的意愿相违背；又如，松鹤延年冷盘适合寿宴，却不适合婚宴。所以，宴会菜单要为宴会主题服务，要围绕宴会主题进行设计。

（3）以价格定档次的原则

宴会价格的高低，是确定宴会菜单菜品档次高低的决定性因素，是宴会菜单设计的基本原则。宴会价格的高低，虽然不会影响菜肴烹饪质量，但却必然地反映到原料的选用、原料的配比、加工工艺的选用、菜品的造型等诸多方面。高价格标准的宴会，其所用原料必然价高质优；配料时多用主料，不用或少用辅料；加工时的加工烹制方法也可能不同，以鸭子为例，高档宴会可能做成烤鸭，普通宴会可能做成红烧鸭块。盛器精致，菜肴造型装饰美观，也是高价格标准的宴会菜品与中低档宴会菜品的不同之处。

（4）数量与质量相统一的原则

宴会菜品的数量是指组成宴会的菜品总数与每份菜品的分量。一般来说，在总量一定的情况下，菜品的道数越多，每份菜的分量就越小，反之道数越少，每份菜的分量就越大。菜品的道数多，并不意味着宴会档次高。宴会菜品数量的多少应与参加宴会的人数及其需要量相吻合。在数量上，一般是以每人平均能吃到 500 克左右净料，或以每人平均能吃到 1 000 克左右熟食为基本标准。把握菜品数量还应考虑到以下因素：

1）根据宴会类型确定数量。不同的宴会类型，在不同的地区、不同的人群中有的已形成了约定俗成的数量规定，例如，国宴菜品道数大致是：1道冷菜、1道汤、4道热菜、1道点心、1道甜品、1道水果；而有的地区的婚宴有8个单碟冷菜、4个热炒、8道大菜、2道点心、1道水果的约定；一般的商务宴会是1道冷菜、6道热菜、1道汤菜、3道点心、1道水果。虽然宴会菜品的道数没有一定的规定，但从目前餐饮企业经营宴会的情况来看，10～20道菜品的居多。

2）根据出席宴会的对象确定数量。出席宴会的对象群体不同，对宴会菜品的数量需求是有差异的。一般情况下，青年人比老年人食量大，男同志比女同志食量大，重体力劳动者比脑力劳动者食量大。因此，宴会菜品数量的多少，要根据参加宴会的群体的总体特征进行有针对性的设计。

3）根据顾客提出的需要确定数量。由于举办宴会者的目的不同，请客赴宴的意义不同，对菜肴数量也会有不同的要求。一般的宴请，要求数量丰足；高档的宴请，要求少而精致；以品尝为目的，要求菜品的道数多一些，其分量少一些；以聚餐为目的，既要求菜品道数多一些，也要求其分量大一些。

影响宴会菜品数量设计的因素各有不同，数量标准也只是相对的，调控的关键是，数量多而不浪费，数量少而够食用，令顾客既饱餐无憾又回味无穷。

（5）膳食平衡的原则

从食用角度看，宴会提供的是一餐的膳食。所以，膳食平衡的原则必须落实到宴会菜单的设计中。

1）必须提供膳食平衡所需的各种营养素。宴会菜品是由多种原料烹制而成的，其营养素种类是否齐全，品质是否优良，数量是否充足，比例是否合理是特别主要的，直接影响对人体的营养效用。要在菜单设计中，以科学的膳食营养观来编排菜品，要改变以荤类菜肴为主的旧模式，增加蔬菜、粮食、豆类及其制品、水果类原料的使用，提供膳食平衡所需的各种营养素，达到既合理营养，又节约食物资源的目的。

2）采用合理的加工工艺制作菜品。宴会菜品应该是美食与营养的统一体，它既可口诱人，有助于刺激食欲，又含有多种营养素，能被人体消化吸收和利用，有利于健康的。在编排宴会菜品组合时，要从营养的角度，对原料的性状、原料的选用、加工烹调方法得当等方面进行考虑。

要设计最合理的加工工艺流程，使美食性与营养性统一于菜品之中。

3）要从顾客实际的营养需求的角度设计菜品。顾客对宴会营养需要的期望因人而异，不同性别、不同年龄、不同职业、不同经济状况、不同身体状况的顾客，对营养的认识与需要不尽相同。宴会菜品的营养设计，不是针对某一顾客个体，而是针对某一群体的基本需要，所以，应从总体上把握营养结构平衡和营养的合理性。

（6）以实际条件为依托的原则

宴会菜单设计建立在市场原料供应、饭店生产设备和厨师技术水平等条件基础上。

1）市场原料供应情况是宴会菜单设计的物质基础。市场上可供应哪些原料品种？其品质、价格水平如何？能否及时保障供应？不同季节里有哪些时令性原料？这些都是在菜单设计前需要充分了解和掌握的情况，因而在设计菜单时，应选用符合货源供应的合适原料、应时应季的原料，以及相应的菜品，去迎合顾客的需要。

2）饭店的生产设施设备是满足宴会菜单设计的必要条件。菜品的生产需要配备相应的设施设备。在进行宴会菜单设计时，要根据设备条件，充分发挥设备的功能，选择与其功能相配匹的菜品。

3）厨师的技术结构、技术水平是决定宴会菜单设计的关键性因素。有原料，有设备，还必须要有技术精湛的厨师，才能生产出菜单设计所需要的菜品。菜品质量是宴会菜单的生命线，厨师的技术水平是菜品质量的保证。所以，在宴会菜单设计时，必须根据企业厨师队伍的技术结构与技术水平的实际状况，选择厨师能够保证制作质量的菜品、最拿手的菜品，编排到菜单中去。

（7）风味特色鲜明的原则

宴会菜单设计必须彰显自己的风味特色。如果菜单上的菜品是人有我也有的，那是没有特色的菜单，没有特色的菜单就没有市场号召力。菜单上的菜品不仅要做到"人有我优"，更要做到"人无我有"。要让顾客既能感觉到，又能实际体验到；不仅要赞赏它，还要折服于它。当然，风味特色鲜明并不是说宴会菜单上的菜品，每一个都是特色菜、品牌菜，设计成"名菜荟萃"式。风味特色鲜明，首先是要有主线，要靠主线将所有的菜品串起来。其次是要分主次，次要的是铺垫，体现的是多样性；主要的是亮点，亮点要光芒四射，凸显的是精彩性。

（8）菜品多样化的原则

宴会菜单直接体现的是菜品的有机联系，这种联系的最基本特征就是"和而不同"的丰富性。换言之，在宴会菜单设计时要从不同的方面去选择菜品。首先是原料多样化，这是菜品多样化、膳食平衡的原料基础；其次是加工方法的多样化，要从刀工、原料配伍、制熟调味方法等方面对原料进行多种加工处理，这样才能形成菜品风味的多样化；最后是菜品在色彩、造型、香味、口味、质感等感观质量方面的多样化：在色彩方面，采用单一色彩、对比色彩、相似色彩和多种色彩构成法，呈现色彩的丰富与和谐；在造型方面，遵循美学法则，采用不同的手法，塑出或抽象或具象美观大方的多种造型；在香味方面，有浓有淡，有隐有显；在口味方面，更有多种味型的精彩纷呈；在质感方面，有软、烂、脆、嫩、酥、滑、爽等多种组合的丰富多彩。

三、宴会菜单的设计过程

宴会菜单设计的过程，分为菜单设计前的调查研究、菜单菜品设计和菜单设计的检查三个阶段，现分述如下：

1. 宴会菜单设计前的调查研究

在着手进行宴会菜单设计之前，必须做好与宴会相关的各方面的调查研究工作，以保证菜单设计的可行性、有针对性和高质量。调查研究主要是了解和掌握与宴请活动有关的情况。调查越具体，了解的情况越详尽，设计就越能与顾客的要求相吻合。调查的方法主要采用询问法，即向宴会活动的经办人或主人直接询问，询问的形式通常为面洽，也可通过电话、电传、信函、电子邮件等方式进行询问。

（1）调查内容的主要项目

1）宴会的目的、性质、主办人或主办单位。

2）宴会的用餐标准。

3）出席宴会的人数，或宴会的席数。

4）宴会的日期及宴会开始的时间。

5）宴会的类型，即是中餐宴会、西餐宴会、冷餐会、鸡尾酒会还是茶话会等，如是中餐宴会，是婚寿宴会、庆祝宴会、团圆宴、迎送宴会、表彰宴会，还是商务宴会等。

6）宴会的形式（是设座式还是站立式；是分食制还是共食制，或是自助式）。

7）出席宴会宾客的风俗习惯、生活特点、饮食喜好与忌讳，有无特殊需要。

8）结账方式。

（2）高规格宴会、大型宴会调查的内容

对于高规格的宴会，或者是大型宴会，除了解以上几个方面情况外，还要对以下情况做调查询问，以便掌握更详尽的宴会信息：

1）宴会的主题和正式名称。

2）宾客的年龄、性别、人员构成情况。

3）主办人或主办单位对宴会活动内容、形式及程序的安排；对饭店礼宾礼仪的要求。

4）是否需要席次卡、座位卡、席卡。

5）对宴会餐厅设施设备、环境布置的要求，如致辞祝酒用的致辞台，供演奏音乐、文艺表演的舞台、乐池，及对灯光、音响的要求；对餐厅内环境布置如会标、台面台型设计、鲜花和盆栽绿花等的要求。

6）其他特殊要求。

（3）相关资料内容

在调查宴会情况的过程中，为了让顾客了解饭店有关宴会菜品、服务项目及有关规定，宴会设计或预订人员还必须迅速准确地回答顾客有关宴会方面的问询，提供相关资料，其主要内容有：

1）不同档次的各类宴会的菜单，特色宴会菜单，可变换和替补的菜单，介绍菜单中菜品的内容，特别是主要菜品如特色菜、时令菜、名菜以及推荐的菜品内容，说明菜品的价格，提供菜品的彩色照片。

2）可供不同费用选择的酒单、实物彩色照片。

3）宴会消费标准，如中西餐宴会、酒会、茶话会等的消费标准，高级宴会人均消费标准，大型宴会消费标准，宴会厅或宴会间的收费标准。

4）宴会厅或宴会间的规模、风格及各种设备设施情况，宴会厅或宴会间的彩色照片，以及宴会厅或宴会间是否有空。

5）不同费用标准的宴会，饭店提供的服务规格，提供的配套服务项目。

6）中西餐宴会、酒会、茶话会的场地、环境布置和台型摆放的实例和彩色照片。饭店为宴会所能提供的所有配套服务项目和设备。

7）宴会主办人或主办单位提出的有关宴会设想以及在宴会上安排活动的要求，能否得到满足。

8）宴会预订金的收费规定，提前、推迟、取消宴会的有关规定。

（4）信息材料的分析研究

在充分调查的基础上，要对获得的各方面的信息材料加以分析研究。

首先，对饭店有条件或通过努力能办到的，要给予明确肯定的答复，让顾客放心，对实在没条件又不能办到的要向顾客做出解释，使他们的要求和饭店的现实可能性能相互协调一致起来。

其次，要将与宴会菜单设计直接相关的材料，和与宴会其他方面设计相关的材料分开来处理。

再次，要分辨宴会菜单设计有关信息的主次、轻重关系，把握缓办与急办的相互关系。例如，有的宴会预订的时间早，菜单设计有充裕的时间，可以做好多种准备，而有的宴会预订留下的时间只有几小时，甚至是现来现办的，菜单设计的时间仓促，因此必须根据当时的条件和可能，以相对满足为前提设计宴会菜单。又如，对于高规格的豪华型宴会或政府及政府部门的指令性宴会，宴会菜单设计要保证能满足提出的全部要求。而对于常规的普通宴会，虽然相应的要求较低，但一定要能满足顾客的要求。

总之，分析研究的过程是一个协调饭店与顾客关系的过程，是为有效地进行宴会菜单设计廓清疑惑，明确设计目标、设计思想、设计原则和掌握设计依据的过程。

2. 宴会菜单菜品设计

（1）确定设计目标体系

目标是宴会菜单所期望实现的状态。宴会菜单的目标状态，由一系列的指标来描述，它们构成了指标的体系，反映了宴会的整体状态。例如，构成宴会菜单的菜品，要用原料、成本、工艺加工要求、质量、价格等一系列技术的经济指标来表述。这些指标在反映目标状态的特征方面不是等同的。所以，宴会菜单设计目标的确定，就是要从这些指标体系中挑选出最能反映本质特征的指标。显然，只有这种指标体系才能反映宴会菜品的整体特性，体现目标的全部意义。

宴会菜单设计目标是一个分层次的目标体系结构，即在核心目标之下有好几个层次的分级目标。各个层次的指标相互联系、相互制约、共同反映宴席菜品的整体特征。

如何确定宴会菜单设计的核心目标，即一级目标？一级目标如何在分级目标中得到落实？分级目标体系如何构成？这里提供一种可资参考的分析和解决问题的方法。

首先，一级目标的确定应是由宴会的价格、宴会的主题及菜品风味特色共同构成的。例如，桃红柳绿之季，扬州某酒店承接了每席为 888 元人民币的结婚宴会 50 桌的任务。根据提供的情况，此宴会菜单设计的一级目标应确定为：888 元的春季淮扬风味"结婚喜宴"。这是因为，婚宴主题、888 元的标准和淮扬风味特色，都是影响宴会菜单中所有菜品选用的核心要素，缺少其中一项，宴会菜单都将是不完整的，甚至是不能实现的。

其次，二级目标是在一级目标的指导下，根据优化原则，按照主次、从属关系来决定的。所以，二级目标应确定为反映菜品构成模式的宴会菜品格局。现代中式宴会菜品的构成模式有好多种，比较通行的一种模式是由冷菜、热菜、甜菜、点心、水果五个部分组成。也有的将热菜分成热炒菜和大菜两个类别；也有的将汤菜单独列出；也有的不把甜菜单独作为一个部分来看待，或将其纳入到大菜中去考虑；也有的将主食与点心分开单列；也有的在五个部分之外再加上香茗美酒等。当然有的地区有相对固定的宴会格局，如川式宴会菜品格局即是由冷菜、热菜、点心、饭菜、小吃、水果六个部分组成的；广式宴会菜品格局则是由开席汤、冷菜、热菜、饭点、水果五个部分组成的。尽管宴会菜品格局有不同，但一个宴会在绝大多数情况下只能选择一种菜品格局。

有了宴会菜品格局，接着就能确定三级目标，这就是各部分菜品组成的菜品数目或道数、荤菜素菜的比例、味型的种类和成本比重。以菜品道数为例，冷菜有什锦拼盘的形式，有 6～8 个单菜单盘的形式，有 6～8 个单盘对拼或 4～6 个三拼或四拼的形式，有主拼带 6～8 个围碟的形式等；热炒菜有 2～4 道的形式；大菜有 6～10 道的形式；甜菜有 1～2 道的形式；水果有 1 道拼盘的形式，有 1～2 个品种水果直接上席的形式。总之，不管选用何种组合方式，确定每一部分菜品的道数，及其相互间的均衡与合理，是三级目标中不可缺少的内容。

又如，每一部分菜品的成本占整个宴会菜品成本的比重应均衡配置，防止某一部分菜品成本比重过大，而影响其他部分菜品的选用。

再次，第四级目标应该是单个的具体菜品的确定，这是对上三级目标的具体分解和细化。作为单个菜品，其目标构成有菜品名称，原料、原料数量及构成比例，烹饪加工方法及其标准，成品质量风味特色，菜品成本等。第四级目标实际上是具体菜品及其内容的组合。

建立目标体系对于宴会菜单设计是至关重要的，因为有了明确的目标，才能实现期望的状态。至于建立什么样的目标体系，会有不同的方式，但是有两条原则应该遵循：一是要优化筛选目标，即尽量减少目标的个数，把不需要优化的目标变为约束条件，使目标系统形成一个单一的综合目标。二是分析各目标的重要性，区别"必须达到的"和"期望达到的"两类目标，按照主次、轻重的关系有顺序地排列。

（2）确定菜品组合

确定菜品组合是设计目标体系的具体落实，是一项重要设计。任何一份宴会菜单都是由一道道的具体菜品组成的，然而，具体的菜品有很多很多的品种，如何从这许许多多菜品中挑选出有限的最合适的菜品，把它们有机地组合起来呢？这就需要在宴会菜单设计原则的指导下，围绕宴会菜单目标体系，采用最适合的组合方法。现将常用的几种组合方法介绍如下：

1）围绕宴会主题选菜品。宴会主题确定后，菜品原料、加工工艺、菜品色彩搭配、造型形式及菜品的命名，都随之受到一定的影响。如"天赐良缘宴"（即婚宴），"蟹粉鱼翅"又可称为"鸿运当头"，此菜装盘时，要将蟹粉覆盖在鱼翅上，这样其色、形、意与"鸿运当头"更为贴切。由此可见，紧扣宴会主题选菜品方法的重要性。

2）围绕价格标准选菜品。菜品价格不同，直接决定的是有原料差别的不同价格的菜品。设计时，要始终围绕宴会的价格标准，选用根据不同价格水平制作的菜品，即价格标准低的宴会，要多选用价格水平低的菜品；价格标准高的宴会，则要多选用价格水平高的菜品。在设计时，还要注意结合顾客的需要，综合菜肴配伍、烹调方法、味型等因素选用菜品。

3）围绕主导风味选菜品。宴会菜品主导风味是由菜品反映出来的一种倾向性特征。例如，淮扬菜品主导风味是清淡平和，川式宴会菜品主导风味是刚柔相济，广式宴会菜品主导风味是清新华丽，山东宴会菜品主导风味是厚重质朴。要确立最能反映主导风味的主要菜品，并且围绕主导风味这根主线去选用"和而不同"的其他菜品,这就是围绕主导风味选菜品方法的基本含义。

4) 围绕主干菜选菜品。所谓主干菜就是指在宴会菜品中能够起支撑作用的菜品。围绕主干菜选择菜品,就如同砌房造屋的框架结构一样,在不同档次宴会的每一部分菜品里,都有若干个菜品将这一部分菜品支撑起来。以大菜为例,其主干菜应该是头菜、二菜、甜菜、座汤这四种菜。在设计宴会菜单时,首先要定的就是这四种菜,四个主干菜确立后,再按头菜的规格标准配其余几个菜,就完成了大菜部分的设计。在具体组合设计时,特别要注意荤素菜的比例和宴会饮食习俗。例如,有的地方婚宴要有全鸡、全鸭,有的地方有"无鱼不成席"的习俗等。

5) 围绕时令季节选菜品。应时当令的菜品,是满足顾客尝新尝鲜欲望的调节器,是宴会菜品引人注目的一部分。所以,在宴会菜品设计时,选用时令菜的意义和地位十分显著。当然,一个宴会的菜品不必都是时令菜,但是在不同部分的菜品里都应见到时令菜。例如,春季以扬花萝卜、莴苣、鸡毛菜、苋菜、春笋、嫩蚕豆米、韭芽、蒲菜、鳜鱼、鮰鱼、刀鱼、鲫鱼、鲤鱼、鳓鱼、对虾、海蟹等原料制作的时令菜品,应该成为在这一季节里宴会菜品选用的对象,组合到冷菜、热菜、点心中去。选用时令菜时,要把一段时间内品质最鲜嫩肥美、货源紧俏、价格高的时令菜放到高档宴会菜单中,而把货源较为充足或渐成大路货或接近落市的原料做成的菜品,放在普通宴会菜单中。

6) 围绕特色菜选菜品。特色菜是宴会菜单中的点睛之笔。虽然有些餐饮企业的宴会菜品,每一款都做得很不错,让顾客挑不出什么毛病来,但吃过之后,菜品没有给顾客留下特别的印象。究其原因,就在于每一道菜品虽好,都是一般意义上的好。在设计时,采用围绕特色菜选择菜品的方法,是要求在一般好菜之中,安排能显示出特别好的菜品,让其他的菜品成为衬托"红花"的"绿叶",这样的设计才是成功的。宴会菜品中的特色菜,可以是一道,也可以是二三道。例如,某周年庆典宴会的菜单是:"冷盘、雏凤吞翅、珍珠虾排、蟹黄带子、奶汁三文鱼、罐焖牛肉、清炖双菜、点心、水果、核桃酪",其中"雏凤吞翅"是最有特色的菜,它打破了一般以大的母鸡为原料的常规,而用生长不过 15 天的雏鸡,整料去骨,然后塞入鱼翅蒸炖。其原料的独特性、品质的独特性,使其成为所有菜品中最超乎人们想象的菜品,给赴宴者留下了深刻的印象。

7）以菜为主，菜点协调。从宴会菜品构成的总体倾向来看，大都采用以菜肴为主的组合模式。在这种模式下，突出强调以菜为主、菜点协调的组合方法具有很强的操作意义。以菜为主，即菜肴是主体部分，以点为辅，即点心是从属部分。菜点协调，即菜点虽然主从有别，但却是互为依存，相互辉映的。俗话说："无点不成席"。一席丰盛美味的菜品，是由菜肴与点心共同发挥作用的，没有点心的宴会菜品是不完整的，况且点心在制作、造型、多样化、表现宴会主题、适应宴饮习惯等方面都有菜肴无法替代的作用。点心要用巧功跟进配合，使之与菜肴相伴相随，两者协调平衡。

至于点心全席，著名的有西安饺子宴、上海城隍庙点心宴、南京秦淮河小吃宴、扬州包子宴、云南紫米席等，这类宴会菜品的设计原则、设计方法与以菜为主的宴会共通，不再赘述。

8）迎合顾客喜好选菜品。在宴会菜品设计时，要把顾客对菜品的喜好作为设计的导向。既要考虑喜好的共同性，又要考虑喜好的特殊性，在两者不相冲突特别是在不影响共同性的情况下，要兼顾到特殊性。循着这样的思路选菜品，一定会收到顾客满意的饮宴效果。在高规格的宴会菜单设计中，如果主要宾客有特殊喜好，在不影响其他赴宴人接受的情况下，可采用适应主宾的设计；如果主要宾客的特殊喜好影响其他赴宴人时，应采用专门设计的方法，选用一两道主要宾客特别喜欢的菜品供其专用。

以上介绍的七种组合方法，在宴会菜单菜品设计中，有的可以单独应用，更多情况下是几种方法综合应用。宴会菜单及其菜品组合，复杂多变，设计方法也不是一成不变，相信在设计实践中，还有更适合更实用的方法，也会产生新的设计方法。

宴会菜单中的菜品是从成百上千的菜品中选择出来后有机组合在一起的，在这一过程中，启发式搜索机制和择优选择机制的介入极为重要。

启发式搜索是指在充分理解和领悟宴会设计任务、目标要求的情况下，在给定目标所确定的范围内，循着某种解题途径，加上恰当的提示，采用正确的办法，寻找和发现解决问题答案的过程。在这一过程中，对设计任务和目标要求理解和领悟得越深刻、细致，受到的启发就越多；在目标确定的范围内，搜索的空间越小，搜索时相对难度就越小，如果把搜索空间扩展得无边无际，那就是一种极为笨拙的搜索策略，反到会在设计中举棋不定。所以，巧妙的搜索策略是要让搜索空间远小于问题空间，大大地缩减搜索量，把似乎不容易解决的组合问题简化成比较容易解决的组合问题。什么样的搜索策略才是巧妙的搜索策略？研究表明，在解决菜点组合时，给出某种提示或某种限制，然后一步一步地试探，每一步都是针对看起来符合核心目标下的分目标（或称子目标）来选择菜点的。如作出以饭店现供品种为主、要有季节性原料、主料不重复、烹调方法和味型可少量重复的提示，搜索的空间就变小了，发现符合目标要求的菜品就会多起来。这种设计方式，通常称之为"手段—目的分析"，即在菜点组合进程中，任何一个分目标，对上一步搜索而言，是一个目标；对下一步搜索而言，则为手段。这种分析搜索和目标体系形成的树状结构相吻合。

择优选择是一种评价机制，是以"满意原则"为准则，介入到设计过程的各个阶段的搜索活动中，去进行选择和评价的机制。为了缩小搜索空间，虽然加上了设计提示或设计限制，使搜索过程减少了盲目性增加了启发性，但即使这样，当涌现出一串菜品时，在众多不同的组合并且与目标要求都相吻合时，没有择优评价机制的介入，就会陷入取舍不定的境况中。因此，所谓择优选择实际上只依赖于满意标准的高低程度和它在菜单中所占的份额大小作出评价，"满意"又是相对而言的，只要不违背目标给定的约束条件，不违背菜品整体有机联系的规定性，保证顾客要求能得到满足的前提下，可以人为地调整"满意"度。由此可见，择优选择的评价机制，在宴会菜单设计过程中对如何确定菜品组合起着十分重要的作用。

启发式搜索和择优选择机制在宴会菜单组合设计过程中的应用方法是：一是符合目标要求的菜品直接确定下来；二是当发现已经挑选出来的菜肴或点心，与给定的目标条件相抵触时，必须放弃，退回到原来的出发点重新进行搜索和评价；三是随着设计进程的发展，可能发现已经确定的菜肴或点心组合和将要选定的菜肴或点发生了明显冲突（例如味型冲突），这时就要重新考虑和评价它们各自在不同部分组合中的作用、满意程度以及对整席菜品组合的影响，经评价之后，或撤换或采用调整变通的方法处理；四是在设计完成后，如果又发现有与目标条件相抵触的菜肴或点心，或相互间不相协调的菜肴或点心，或者采用先放弃后再设计的方法，或者可采用局部变通的方法。

（3）确定宴会、菜品的名称和菜目编排顺序与样式

1）确定宴会名称。宴会名称，简称宴名。宴名的确定应遵循："主题鲜明、简单明了、名实相符、突出个性"的原则。现举例说明如下：

①国宴的名称。国宴名称一定要庄重大方，说明宴会性质。例如，自 1980 年起我国国庆宴会改用酒会形式，宴名可称之为"国庆招待会"。为欢迎外国元首、政府首脑访问我国举行的宴会，则将宴会性质，宴请对象的国别，身份和姓名，我国领导人的身份，设宴时间和地点等在宴会名称中交代得清清楚楚，例如，李先念主席宴请英国女王的宴名全称是："为欢迎大不列颠及北爱尔兰联合王国女王伊丽莎白二世陛下和爱丁堡公爵菲利普亲王殿下访华　李先念主席举行宴会　一九八六年十月十三日　北京"。

②喜庆类宴会名称。这类宴名有的很直朴，不加缀饰，有的则采用比拟附会的方法加以命名，如婚宴，称之为"天赐良缘宴""百年好合宴""龙凤和鸣宴""比翼双飞宴"等；如寿宴，称之为"千秋宴"等；如团圆宴，称之为"合家欢乐宴""满堂吉庆宴"等；如庆祝获奖、上大学类的喜庆宴会，有"琼林宴""谢师宴""金榜题名宴""庆功宴"等。

③商务宴会的名称。这类宴名有的比较夸张，以迎合生意人图吉利、祈求商务顺利、讨个好口彩的心理。如"生意兴隆宴""事事如意宴""恭喜发财宴""百事大吉宴""开市大吉宴"等。

④岁时节令宴会的名称。这类宴名一般都比较简朴，直截了当，如"新年招待会""请春酒""重阳宴""除夕宴"等。有的和游戏活动结合起来，称之为"元宵节赏灯宴""赏荷宴""中秋赏月宴"等。

⑤特色宴席名称。为了张扬特色，显示个性，这类宴名比较响亮。有的突出名特原料、名菜和地方特色，如"燕翅席""全体乳猪鲍鱼翅席""扬州三头宴""南通刀鱼宴""西安饺子宴""淮安长鱼宴""洛阳水席""四川田席"等；把古代有特色的宴会及名人参加的宴会与现代文明相融合的仿古宴会，一般都比较直接明了，如"满汉大席""仿唐宴""孔府宴""红楼宴""随园宴"等；有的突出菜点造型特色，如"西湖十景宴""西安八景宴"等；有的突出举宴场所和环境特色，如"太湖船宴""秦淮河船宴""烛光宴""海滨野餐宴"等；有的突出菜点道数，如"四六席""十大碗席"等。

宴名种类很多，定名方法也有多种，或俗或雅，或谐或庄，或拙或巧，或简或繁，或显或隐，各呈风采。但无论确定什么样的宴名，都应与宴会主题、宴会特色相表里，名实相符。

2）确定宴会菜品名称。菜品名称的确定原则是雅俗得体，名实相符。其方法有三种：

一是直朴式命名法，即看到名称就基本上知道菜肴、点心和食物类别及其概貌，例如，某宴会的菜单为："冷盘、茉莉鸡糕汤、佛跳墙、小笼二样、龙须四素、清蒸鳜鱼、桂圆杏仁茶、点心、水果、木司"，其菜名质朴无华，菜式及内容也是一目了然。

二是隐喻式命名法。这种方法是利用菜肴点心某些方面的特征，借助于谐音、比喻、夸张、借代、附会等文学修辞手法拟构的。这种命名法，应用在特定主题的宴会菜单菜名中，使菜肴点心名称与宴会主题相契合。这些名称往往是含有祝福、祈富、求贵、吉祥、喜庆、兴旺的意思，读起来顺口，令人有舒心怡神的感觉。例如，2001 年 10 月 21 日，在上海 APEC 会议上有亚太地区 20 位世界政坛领袖人物参加的宴会，其菜单是："相辅天地蟠龙腾（迎宾龙虾冷盘）、互助互惠相得欢（翡翠鸡茸珍羹）、依山傍水鳌匡盈（清炒蟹黄虾仁）、存抚伙伴年丰余（煎银鳕鱼松茸）、共襄盛举春江暖（锦江品牌烤鸭）、同气同怀庆联袂（上海风味细点）、繁荣经济万里红（天鹅鲜果冰盅）"。菜单中的菜名是首藏头诗，每句首字相联，便是"相互依存，共同繁荣"的会议宗旨和目标，这样的菜名别具匠心，充分体现了中国文化的丰厚底蕴。

三是拙巧相济命名法。拙为直朴，巧为隐喻，两者结合，见拙见巧，拙巧相济，别具一格。在如下的婚宴菜单不难发现其中有用这种方法命名的菜名："金玉满堂、红烧蟹肉翅、香橙焗肉排、彩凤鲜带子、红粉俏佳人、婆参鲜鲍片、清蒸双喜斑、幸福伊面、鸳鸯美点、百年好合"等。

3）确定菜目编排顺序与样式

①菜目的编排顺序。宴会菜单中的菜目排列，可以按两种顺序方式编排：一种方式是按照菜品上席的先后顺序依次排列。另一种方式是按照菜点的类别和兼顾上席先后顺序编排，如：冷菜→热菜→甜菜→点心→水果的排列顺序。这种菜单有纲目分明、类别清楚的形式效果。

②菜目的编排样式。呈现给顾客的宴会菜单，很讲究菜目编排样式的形式美。其总的原则是：醒目分明，字体规范，易于辨读，匀称美观。

例如，中餐宴会菜单中的菜目有横排和竖排两种。竖排有古朴典雅的韵味；横排更适应现代人的识读习惯。菜单字体、字号要合适，让人在一定的视读距离内，一览无余，看起来疏朗开放，整齐美观。

附外文对照的宴会菜单，要注意外文字体及字号、字母大小写、斜体的应用、浓淡粗细的不同变化。其一般视读规律是：小写字母比大写字母易于辨认，斜体适合用于强调部分，阅读正体和小写字母眼睛不易疲劳。

3. 宴会菜单设计的检查

宴会菜单设计完成后，需要进行检查。检查分两个方面：一是对设计内容的检查，二是对设计形式的检查。

(1) 宴会菜单设计内容的检查

1) 是否与宴会主题相符合。

2) 是否与价格标准或档次相一致。

3) 是否满足了顾客的要求。

4) 菜点数量是否足够食用，质量是否有保证。

5) 风味特色是否鲜明，是否具有丰富多样性。

6) 有无顾客忌讳的食物，有无不符合卫生与营养要求的食物。

7) 原料是否能保障供应，是否便利于烹调操作和服务操作。

(2) 宴会菜单设计形式的检查

1) 菜目编排顺序是否合理。

2) 编排样式是否布局合理、分明醒目、整齐美观。

3) 是否和宴会菜单的装帧、艺术风格相一致，是否和宴会厅风格相一致。

在检查过程中，发现有问题的地方要及时改正过来，发现遗漏的要及时补上去，以保证设计质量的完美性。宴会菜单设计完成后，一定要让顾客过目，征求意见，得到顾客的认可。指令性宴会的菜单设计，要得到有关领导的同意。

技能要求

一、中式套宴菜单的设计步骤

1. 根据市场消费水平，确定宴会的不同消费标准。

2. 确定不同宴会消费标准的具体目标要求。

3. 确定宴会菜品的结构。中餐宴会菜品一般是由冷菜、热菜、甜菜、点心、水果等组成。

4. 确定宴会菜品的数量：一是确定每位食客食用的总量（以净料量计或以熟料量计）；二是确定宴会菜品的总的道数、不同类型菜品的道数及每道菜品的量。其基本规律是，在总量不变的情况下，菜品道数多则每道菜品的量就要少，菜品道数少则每道菜品的量就要多。

5. 确定每道菜品的原料构成、加工程序、质量标准、装盘规格，开出标准菜谱。

6. 计算宴会菜品成本，并对照宴会标准进行相应的调整。

7. 印交宴会预订单、厨房餐厅培训计划，准备使用。

二、中式高规格宴会菜单的设计步骤

1. 充分了解参加宴会的客人组成情况及其需求，特别是主要宾客的饮食习惯、喜好和禁忌。

2. 根据宴会规格，确定宴会的设计目标和具体要求。

3. 确定菜品结构比例与道数。

4. 紧扣宴会主导风味，拟定菜单具体品种。

5. 制定标准菜谱，开出用料标准，初步核算成本。

6. 上报宴会菜单，调整完善菜单。

7. 将审定后的宴会菜单通知宴会有关部门，精心组织宴会菜品生产。

三、中式冷餐会菜单的设计步骤

1. 设计前要清楚地掌握冷餐会的主题、规格、规模、就餐形式（即座餐还是立餐）等。

2. 确定冷餐会菜单的食品结构比例。中式冷餐会以冷菜为主，热菜为辅，配以点心、水果、酒水。其基本规律是，宴会规模越大则热菜用得越少，宴会规模较小则热菜可适当增加。

3. 确定菜品数量。冷餐会平均每人所用熟食品的量为 1 000～1 500 g。菜品道数一般是 20～30 种，特殊需要时亦可增加至 60～80 种。

4. 设计菜品组合，做到"三突出"，即突出大多数人都能喜欢的菜品及其风味，突出能进行批量生产的菜品，突出能较长时间保持质量不下降的菜品。

5. 制定标准菜谱，注明数量、配份比例、制作程序、质量标准、盛装和装饰的需求。

6. 设计好菜品陈列的顺序，如有现场切割的食品，要注明切割的品种、切割的要求。

7. 核算菜品成本。设计好的菜单交宴会厨房、餐厅等相关部门。

四、宴会菜单设计实例

1. 寿宴主题菜点的设计

主盘：松鹤延年

凉菜：八仙过海（八味凉菜）

热菜：鸿运高照（片皮鸭）

　　　福如东海（冰糖团鱼）

　　　年年有余（龙须鳜鱼）

　　　吉祥如意（火腿如意卷）

　　　万年常青（银杏菜胆）

　　　泽惠子孙（竹荪鱼圆汤）

点心：齐眉祝寿（寿桃、寿面）

甜品：合家团圆（奶香汤圆）

2. 商务宴会菜点实例（1999年世界财富论坛）

风传萧寺香（佛跳墙）、际天紫气来（烧牛排）、会府年年余（烙鳕鱼）、财运满园春（美点笼）、富岁积珠翠（西米露）、鞠躬庆联袂（冰鲜果）。

五、中式冷餐会菜单设计实例

以50人坐餐形式为例。

1. 冷餐类

酱卤牛肉、凉拌黄瓜、盐水鸭、叉烧肉、炝鲜笋、脆皮烧鹅、素皮鸡、红油鸡丝、蒜泥海带、醋香海蜇、桂花糖藕、糖醋烤夫。

2. 热菜类

酥炸小黄鱼、五彩炒虾仁、红焖小排、香菇菜心、宫保鸡丁。

3. 点心

生煎包、萝卜丝酥饼、春卷、蟹黄蒸饺、扬州炒饭、肉丝炒面。

4. 甜品

冰糖银耳、枣泥汤圆、藕粉圆子。

5. 杂粮

清水玉米、蒸芋头、红豆馒头、窝头。

6. 水果

西瓜、香蕉、木瓜、葡萄、苹果、草莓。

7. 酒水饮料

白酒、啤酒、葡萄酒、鲜果汁、酸奶。

六、注意事项

1. 宴会菜品设计注意事项

（1）烹饪原料的选择与利用

设计宴会菜单，进行菜品组合，烹饪原料的选择和利用是首先要考虑的问题。以下几点是值得注意的基本事项：

1）选用市场上易采购到的原料。

2）选用易储存且能保持质量的原料。

3）选用能够保持和提高菜品质量水准的原料。

4）选用易烹调加工的原料。

5）选用有多种利用价值的原料。

6）选用有利于提高卫生质量和对人体健康无害的原料。

7）及时选购时令性原料。

8）选用有助于稳定菜点价格的原料。

（2）关于菜点的选择和组合

宴会菜品的选择和组合空间很广，组合的方式也很多，但必须以顾客对菜品的喜好为基础，顾客对菜品的喜好既有共性的方面，也有特殊性的方面，以下是应该注意的共性问题：

1）不选用绝大多数人不喜欢的菜品。

2）慎用含油量太大的菜品。

3）不选用质量不易控制的菜品。

4）不选用顾客忌食的食物，例如，不给佛教徒吃荤腥，不给信奉伊斯兰教的人吃猪肉等。

5）慎用色彩晦暗、形状恐怖的菜品。

6）不选用厨师不熟悉、无法操作的菜品。

7）不选用重复性的菜品。

8）不选用有损饭店利益与形象的菜品。

2. 大中型中式宴会菜品设计注意事项

（1）选用工艺流程不太复杂、加工费时少的菜点，诸如蛋烧卖、八宝鸡、松子肉、花色缔子菜之类的菜品，最好不选用。要选用宜于批量制作的菜品。

（2）选用有场地准备和设备加工的菜品。

（3）选用有助于控制菜温、保持外观质量的菜品，例如，拔丝类菜品就不宜选用。

（4）选用口味精致醇和的菜品，不选用口味过于厚重的菜品，不选用顾客吃后满嘴荤腥味不易散发掉的菜品，如带生洋葱、生大蒜头之类食用的菜品。

（5）选用顾客取食方便且能优雅地进食的菜品，那些让顾客难以在公众场合轻巧而优雅地吃下去的菜品，如螃蟹及带骨的鸭掌、鹅掌，以及太过坚韧需要撕咬的食物，最好不选。

（6）选用刺激味不甚强烈的菜品。因为过于强烈的刺激味，如辣味、麻味很强烈，一是很多顾客受不了这种刺激，二是会令顾客吃后满脸汗如雨注，有观之不雅之嫌，且频频发出的啧嘴声，也是不礼貌的。

（7）多用实惠丰足的大件菜，少用量少道数多的小件菜。

3. 不同规格的宴会菜品设计注意事项

（1）价格高低是宴会规格或档次的决定性因素，没有价格标准无法进行宴会菜品设计。因为宴会价格决定了菜品原料的选用、菜品的数量、加工工艺的选择及成品的规格要求，菜单的成本核算也必须是在确定了售价，规定了毛利率的前提下进行的。所以，在宴会菜品设计前要清楚地知道所要设计的宴会标准。

（2）准确地掌握不同部分菜品在整个宴会菜品中所占比例的多少。

（3）准确地掌握每一个菜品的成本与售价，清楚地知道它们在宴会菜品中的价格水平，适用于何种规格档次、何种类型的宴会。

（4）合理地把握宴会规格与菜肴质量的关系。无论何种水平的宴会价格，在菜肴制作质量上是没有区别的。

（5）规格高的宴会使用高档原料时，可以在菜肴中当主料用，不用或少用辅料。宴会规格低时，高档原料换为一般原料，并增加辅料的用量。

（6）高规格宴会要设计"粗菜细做，细菜精做"的菜品，数量不宜过多，以体现"精"的效果，低规格宴会每份菜的菜量要足些，口味要做到位，总数量相对要多些。

（7）高规格宴会菜品中可适当插入做工讲究的菜肴、花色菜，用品位高、形制好的盛器装盛菜肴，并适当增加餐盘装饰。

4. 不同季节的宴会菜品设计注意事项

（1）熟悉不同季节的应时原料，知道应时原料上市下市的时间，在应市时间范围内哪一段时间原料品质最好，了解应时原料价格的涨跌规律。

（2）了解应时原料适合制作的菜品，掌握应时应季菜品的制作方法。

（3）在设计宴会菜品时，要根据时令菜的价格及适合性，将其组合到不同规格、不同类型宴会菜单的各部分菜品中。

（4）准确地把握不同季节人们的味觉变化规律。古人云："春多酸，夏多苦，秋多辛，冬多咸，调以滑甘"，即做到味的调配要顺应季节变化。

（5）了解人们在不同季节由于味觉变化带来对菜品色彩选择的倾向性，其一般规律是，夏季的菜品以本色为主，使人有清爽的感觉；冬季要增加色彩浓厚的菜品，使人有温暖的感觉。

（6）了解人们在不同季节对菜品温度感觉的合适性。一般而言，夏季应增加有凉爽感的菜品，冬季则增加砂锅、煲类、火锅之类能保温或持续加热的菜品。

5. 受不同风俗习惯影响时，宴会菜品设计注意事项

（1）了解并掌握本地区人们的饮食风俗、饮食习惯、饮食喜好。

（2）掌握不同目的、性质宴会，其菜品应用的特定需要与忌讳。

（3）了解不同地区、不同民族、不同国家、不同宗教信仰的人们的饮食风俗习惯和饮食禁忌，在接待他们时做到有针对性地设计宴会菜品。

6. 接待不同饮宴对象时宴会菜品设计注意事项

（1）宴会饮宴对象的构成很复杂，因此在接受宴会任务前，要了解

饮宴对象的基本构成（如年龄、性别、职业、来自何地等），选择与饮宴对象基本构成情况相适应的菜品组合方法和策略。

（2）了解饮宴对象的饮食风俗习惯、生活特点、饮食喜好与饮食禁忌，在设计菜品时，选择与之相适应的菜品，不选与之相冲突的菜品。

（3）在菜品设计时，正确处理好饮宴对象共同喜好与特殊喜好之间的关系。

（4）一般情况下，把主要宾客的饮食喜好和需求，作为菜品设计时需要注意的主要方面加以考虑。

（5）最后，也是最重要的，要了解举办宴会者的目的要求和价值取向，并把它落实到宴会菜品设计中。

第四章

菜点制作

第一节　菜　肴　制　作

➢ 了解中国菜系形成的主要因素，掌握中国菜点的总体特色。
➢ 掌握七大地域的饮食特点和烹饪特色。

知识要求

一、中国菜点的总体特色

1. 历史悠久，内涵丰富

中国菜肴发展的历史几乎同中国的文明史一样悠久。早在五千多年前，我国古代就有了烤肉、烤鱼和羹汤类菜品。就菜肴发展历史而言，商周至秦汉这一时期为形成期，魏晋南北朝至今这一时期为发展期和繁荣期。

商周秦汉时期，随着生产的发展，动植物原料、调味料的增多，铜制炊具的使用和铁制炊具的问世，使烹饪技艺得以提高，中国的菜肴有

12个大的品类：

(1) 炙（烤肉）。

(2) 羹（烧肉、肉汁、带汁肉或肉菜制作成的浓汤）。

(3) 脯（用盐腌制的干肉片）。

(4) 脩（用姜、桂等腌制的条形干肉）。

(5) 醢（用肉制成的肉酱）。

(6) 臡（用带骨肉制作的肉骨酱）。

(7) 菹（加盐整腌的蔬菜、鱼）。

(8) 齑（切碎的腌菜）。

(9) 脍（细切的生鱼丝或生肉丝）。

(10) 鲊（将鱼块用盐腌后再加调料、米饭拌和酿制而成）。

(11) 杂烩（用鱼、肉等料混合烧煮而成，如"五侯鲭"等）。

(12) 濯（将肉在开水里氽涮，如濯豚、濯鸡等）。

每一个大的品类又可派生出许多菜肴品种。从秦汉以后，中国菜肴有过三次大的发展。

首先是魏晋南北朝时期，由于铁制炊具的广泛应用，菜肴烹饪方法已达20多种，尤其是炒的烹饪方法的出现，对中国菜肴的发展起了很大的推动作用。据北魏时期的《齐民要术》记载，当时的菜肴就达200种以上。名品有蒸熊、鸭臛、莼羹、鹿肉、炙豚、胡炮肉、酿炙白鱼等。同时，由于运用豆豉、豉汁、酱、酱清、饧、蜜、盐、醋、葱、姜、椒、酒等作调料，使菜肴出现了咸、甜、辣、酸以及糖醋、酸麻、辣香、咸中透甜等多种味型。

其次是隋唐两宋时期，在继承前代的基础上，中国菜肴进入到一个新的发展高潮，主要反映在：

1) 名菜增多，隋代谢讽《食经》和唐代韦巨源《食单》中记有用虾制的光明虾炙，用鳜鱼制的白龙臛，用鱼白制的凤凰胎，用鳖加羊油、鸭蛋制的遍地锦装鳖以及长安的驼峰炙、驼蹄羹，江苏的金齑玉脍，四川的甲乙膏等都是当时颇为著名的，据宋代的《东京梦华录》《梦粱录》《武林旧事》和《山家清供》等记载的宋五嫂鱼羹、群鲜羹、黄雀鲊、糟猪蹄、醉虾、醉蟹、拨霞供、炉焙鸡、生炒肺、南炒鳝等也在中国烹饪史上产生过较大的影响。

2) 花色菜肴发展迅速。唐代有用羊、豕、牛、熊、鹿肉精细加工后拼成的五牲盘，用多种荤素熟料拼摆的大型组合式风景冷盘——"辋川小样"和用鱼鲊片拼成的玲珑牡丹鲊，均表现了巧妙的构思和高超的工艺水平。宋代有将螃蟹肉填在掏空的橙子中蒸成的蟹酿橙和将鳜鱼肉块填在掏空的莲蓬中蒸成的"莲房鱼"包等，均堪称古代花色菜的代表作。

最后是元明清三代，突出反映在：各地菜肴风味特色显著，正如《清稗类钞》所说："肴馔之有特色者，为京师、山东、四川、广东、福建、江宁、苏州、镇江、扬州、淮安。"至此，中国菜肴的主要风味流派已经形成。

现代烹饪技术和菜肴的发展，是从 20 世纪 80 年代初期开始的，这是中国烹饪发展速度最快的一个时期，菜肴在继承传统的基础上不断创新。由于种植业和交通业的发展，菜肴在原料的选用上打破了时间和空间的局限，为菜品的创新提供了物质基础。随着菜系之间的交流、融合，各地的菜肴风味也发生了很大的变化。特别是人民生活水平的提高，餐饮市场的快速发展，推动了菜肴的发展和创新。近年来各地结合自身的特色和传统，创制了一大批适合市场需求，深受消费者喜爱的新菜点，这些菜点也是中国名菜名点的重要组成部分。

2. 用料广泛，搭配灵活

中国菜肴异常丰富多彩，主要表现在如下方面。

(1) 菜肴的原料极其多样

中国幅员辽阔，物产丰富。菜肴除一般选择动植物原料外，还喜用山珍海味，诸如熊掌、飞龙、猩唇、驼峰、驼蹄、鹿筋、哈士蟆油、猴头、燕窝、鱼翅、鱼唇、鱼肚、海参、贝类、竹笋等，某些花卉（牡丹花、菊花、芙蓉花等）、昆虫（蝉、蝗虫等）、中药（冬虫夏草、枸杞、天麻等）亦可入馔。而豆腐、百页、豆腐皮、素鸡以及豆芽菜、面筋、松花蛋等更是中国菜肴的优良原料。甚至许多被西方人视为弃物的东西，都是中国菜肴极好的原料，如西方不少人认为鸡脚食之无肉不能充饥，故将其与鸡骨、鸡毛同列而弃之。而中国人则认为鸡脚活动量最大，视为鸡身上相当贵重的部位，选作菜肴的原料。

(2) 科学合理的组配是中国菜品的重要特色

西餐菜肴的组配一般比较单一，特别是烹饪过程中很少将几种原料一同烹制，即使是炸牛排时旁边放两块炸田芋、一小撮煮青豆，也是彼此无关系，只是分别烧出放在一个盘子里而已。相反，中国菜则讲究菜肴的配伍，既恪守"清者配清，浓者配浓，柔者配柔，刚者配刚"的一般规律，又能按时令性味、荤素以及色泽、质地、形状等不同情况挥洒自如进行搭配，使菜风味、色泽、口感、营养都达到完美结合，做出丰富多彩的菜肴。

（3）刀工精细，风味多变

中国菜肴讲究刀口形态，目的在于使形状规则、美化，利于烹制、入味。其刀口技法很多，刀口形态各异，尤以食品雕刻誉满全球，具有很强的技术性和较高的艺术性。中国菜肴不仅装盘形象多姿，而且在刀工处理上极其多样，同一种原料可处理成丁、末、条、片、块、丝、段、茸、泥、球、丸及至菊花形、蓑衣形等多种多样形态。且无论是哪种形态，又都要求做到成形划一、精细薄厚均匀、大小一致、长短相等。例如，扬州名菜"大煮干丝"，须先将特制的豆腐干切成均匀薄片，再切成如火柴梗般的细丝，加各种配料与调料烧煮，既能入味，形状也美。剞刀技法更是中国菜品制作的一绝，在原料表面剞上花刀，利用原料受热后变形的原理，达到预定的花形。如"麦穗腰花""菊花鱼""荔枝墨鱼"等。整料脱骨技法是中餐技艺中难点较大的刀工技法，不仅要有娴熟的刀工，而且要了解原料的肌肉和骨骼结构，使加工后的原料既没有骨骼，也不失原形。

有人将中餐与西餐进行比较，认为西餐是用眼睛吃菜，注重菜品的颜色和装盘，中餐是用舌头吃菜，注重菜品的风味。不管这种比喻是否恰当，但味肯定是中国菜点的核心和灵魂。同样一种原料，只因使用的调味品和调味手段不同，菜肴口味也就迥然各异。如同样用肉丝做主料，并用滑炒的烹调方法，选用烧豆瓣鱼的调味品调味，便成为口味辣、甜、咸、香的鱼香肉丝，而以盐为主要调味料，就成为口味咸鲜的炒肉丝。又如，同样是黄鱼，运用烧的烹调方法，选用盐、郫县豆瓣、姜、蒜、醪糟汁等调味，便成为口味醇香、微带辣甜的"干烧黄鱼"；用酱油、盐、糖调味，则成为咸中带甜的"红烧黄鱼"。由于味的组合多变，故中国菜肴有"百菜百味，一菜一格"的说法。

二、中国菜点的构成

中国菜点的构成十分丰富，不同的分类体系有不同的构成内容，按区域分有菜系、地方风味等，按原料分有水产类、畜类、禽类、果蔬类等，按民族分有汉族菜、满族菜、清真菜等，按社会形式分有宫廷菜、官府菜、寺院菜、民间菜、市肆菜等。当然，不同类别的菜点其特色也不完全独立，它们之间相互交融、相互渗透，只是分类的主线不同。我们以社会形式分类为例，通过对其特色的了解，也能基本知道中国菜点的构成和特色。

1. 宫廷菜

宫廷菜是奴隶社会王室和封建社会皇室王、帝、后、世子所用的馔肴。现在只是根据记载保留下来的部分菜点。宫廷菜的选料十分严格，时间、场合的不同，应选择何种原料都有一定的法则，而且天下最好的原料都可任其挑选，为烹饪原料提供了较大的选择空间。烹饪精湛完美是宫廷菜的另一特色，首先能在宫廷中司厨的厨师，都是在全国挑选出来的顶尖厨师；其次宫廷菜在制作时分工细、管理严、要求高，每一道菜点都必须达到最佳效果。所以，宫廷菜给我们留下了许多精美的特色菜点，是中国菜点构成的一个重要组成部分。

2. 官府菜

官府菜是封建社会官宦之家所制的馔肴。其特点是用料广泛，制作奇巧，变化多样。首先官宦之家经常相互斗势，菜点的制法也成了斗势的手法之一，而且饮食的程序上也没有宫廷那么多的制约，所以官府菜除了争斗豪华的目食耳餐之品外，还有许多奇巧和变化的菜点。孔府菜、谭家菜是官府菜代表，孔府菜中的"花篮鳜鱼""酿豆莛"，谭家菜中的"黄焖鱼翅""清汤燕菜"等菜品都是制作奇巧的代表菜品。

3. 寺院菜

寺院菜是泛指道家、佛家宫观寺院烹饪的以素为主的馔肴。寺院菜的特色是就地取材，擅烹蔬菽，以素托荤。寺院一般都在偏静的山中，交通不便，原料以寺院周围的果蔬野菜或自制的原料为主，如泰山的斗姆宫，民间谚云："泰山有三美，白菜豆腐水"。但它们可以素菜荤做，利用素的原料做成鸡、火腿、鱼的形态，巧妙利用调味技术使菜品具有以假乱真的效果。袁枚在《随园食单》中有"扬州定慧庵僧能将木耳煨二分厚，香蕈煨三分厚""朝天宫道士制芋粉团、野鸡馅极佳"。说明寺院的烹饪水平相当高。

4. 民间菜

民间菜是指乡村、城镇居民家庭日常烹饪的馔肴。民间菜是中国菜点的主体，是中国烹饪的根。民间菜的特点是取材方便，制作易行，调味适口，朴实无华。民间菜的选料范围一般都在某个区域之内，靠海的以海鲜为主，靠河、湖的以淡水生物为主，内陆地区以禽畜为主，所谓"靠山吃山，靠水吃水"，原料的地方特色很明显。调味方面也根据地方的气候、环境、习俗自我调节，是形成中国菜品风味特色的主要原因。

5. 市肆菜

该菜指餐馆菜，是饮食市肆制作并出售的馔肴的总称。市肆菜的特色是技法多变，品种繁多，应变力强，适应面广。市肆菜的构成中有民间菜、官府菜以及前朝留下的宫廷菜，而且市肆菜在风味上也有较强的包容性，除以本地方的特色为主外，还兼有其他地方的特色菜品，以适应不同顾客的需要。市肆菜馆的经营品种也出现了专业化，有专门的包子店、鸭子店、素菜店、羊肉店等，服务形式也多样化，有上门服务的专职厨师，展示了市肆菜的灵活性、多样性，是丰富中国菜品构成的重要因素。

此外，还有民族菜，少数民族的风俗习惯和宗教信仰，形成了民族菜的特色，其中以清真菜为主要代表。清真菜在饮食上有严格的限制，特别是选料十分严格，许多原料是不能入馔的，清真菜自身的烹饪风格、宴席规格也比较独特。

三、菜系的形成因素

菜系是指在一定区域内，菜点烹制手法、原料使用范围、菜品特色等方面出现相近或相似的特征，自觉或不自觉地形成的烹饪派别。菜系的形成主要有以下几个因素。

1. 地域物产的制约

不同地域的气候、环境不同，出产的原料品种也有很大的差异，元代于钦《齐乘》指出："今天下四海九州，特山川所隔有声音之异。土地所生有饮食之味。"沿海盛产鱼虾，苏、浙、闽、粤等对水鲜海产烹制擅长。内地禽畜丰富，湘、鄂、徽、川、陕等对家禽野味利用精细。三北地区畜牧业发达，牛羊肉长期充当餐桌主角。总之，一方水土养一方人，地理环境和以乡土为主的气候特产就成为许多地方流派形成的先决条件。

2. 政治、经济与文化的影响

菜系的形成与政治、经济、文化的关系十分密切。例如，扬州在隋唐时就是交通枢纽、盐运的集散地，有钱商人和大批名厨云集此地，推动了该地域淮扬风味流派的形成。清代，扬州的经济、交通、文化都相当发达，是淮扬菜发展的又一个顶峰，奠定了淮扬菜成为全国主要菜系的基础。

广东菜系的形成主要是鸦片战争后，国门大开，欧美各国传教士和商人纷至沓来，西餐技艺随之传入。20 世纪 30 年代时期，广州街头已是万商云集、市肆兴隆，促使粤菜兼收并蓄，得到迅猛的发展。

3. 民俗和宗教信仰的束缚

中国地广人多，俗有"百里不同风，千里不同俗"之说。不同的风俗及其嗜好反映在饮食习尚方面尤为明显。

《清稗类钞》记述清末饮食风俗情况是："食品之有专嗜者，食性不同，由于习尚也。则北人嗜葱蒜，滇黔湘蜀嗜辛辣品，粤人嗜淡食，苏人嗜糖"。至今各地仍然保留这种习俗。中国又是一个多宗教的国家，宗教信仰的不同，饮食风俗也相应受到一定的约束。

4. 菜系形成的主观因素

首先是地方烹饪师的开发创新。地方风味形成与地方烹饪师的开发、创新能力密切相关。

其次是消费者的喜爱。菜系有区域性，消费者对菜点认可最集中的区域，也就是菜系划分的范围。

当地群众对本地菜的深厚情感，是一个地方风味流派赖以生存的肥沃土壤。人们对它的喜爱程度往往决定了其生命力的长短。

技能要求

菜系是一个大的概念，菜系里面又包含了许多地方风味，如果以省级作为地方风味等级单位的话，则每个地方风味里面又包含了若干个地方风味流派，表现出来的菜点特色更是丰富多彩。我们很难对中国的所有地方风味菜点特色进行归纳和总结，只将几大地域的主要特色菜肴介绍给大家。

一、东北地区

东北地区位于我国的东北部，史称"关东"。其东南部与朝鲜为邻，东部和北部同俄罗斯接界，西部及西南部与华北区和蒙古相连。

1. 饮食特点

这里的烹饪原料极为丰富，大田作物有大豆、小麦、玉米、甜菜、水稻、高粱、谷子；园林作物有苹果、葡萄、沙果、海棠、山楂、核桃、草莓、松子、榛子、元枣、菇蓤、稠李、西瓜、香瓜；山珍有熊、狍、犴、鹿、飞龙（榛鸡）、野鸭、野猪、獐子、松鸡、沙半鸡、林蛙；菌耳有猴头蘑、元蘑、白蘑、榛蘑、花脸蘑、木耳、短裙竹荪、榆黄蘑；水鲜有大马哈鱼、鳇鱼、鳌花鱼、鳊花鱼、鲫花鱼、哲罗鱼、雅罗鱼、大鲤鱼、白鱼、甲鱼、对虾、海参、黄花鱼、带鱼、鲈鱼、牡蛎、文蛤、鲍鱼、贻贝、海带；还有蕨菜等山菜。素有"北有粮仓，南有鱼场，西有畜群，东有果园"的美称。

东北地区一日三餐，杂粮和米麦兼备，高粱米饭和黏豆包最具特色。主食还爱吃窝窝头、饺子、蜂糕、冷面、豆粥和面包；满族的宴席茶点久享盛名。蔬菜以白菜、土豆、大豆、粉条、黄瓜、菌耳为主，近年来引进不少南北时令鲜菜，市场供应充裕。爱吃白肉、鱼虾和野味，嗜肥肉，喜腥膻，口味重油偏咸。制菜习惯用豆油与葱蒜，或是紧烧、慢煮，使其酥烂入味，或是盐渍、生拌，取其酸脆甘香。由于兴安岭上多山珍，渤海湾内出海味，故宴席大菜档次颇高，各式火锅尤见功力。

2. 烹饪特色

东北地区的烹饪有满、蒙民族的特色，《奉天通志》记，金时"富人享客，或食全羊，即筵间不设杂肴，惟羊是需"之食俗，可见食羊之法甚精。元代陶宗仪《辍耕录》中记载的"八珍"，就是东北满、蒙烹饪之精华。清代入关后满食成为御膳，导致各地官场盛行"满汉席"之风。东北菜在技法上吸收了鲁菜的特长，以烧、烤、扒、炖、煮等烹饪方法为主，菜品脂滋偏咸，汁宽芡亮。

（1）特色菜肴类

特色菜肴有：白肉火锅、李记罈肉、鸡丝拉皮、猴头飞龙、红油犴鼻、冰糖蛤士蟆油、冬梅玉掌、镜泊鲤丝、游龙戏凤、两味大虾、馨香灌肠肉、苹果梨泡菜、辣酱南沙参、刨花鱼片、焖子、烤明太鱼、人参鸡、虎眼肉、烧地羊、神仙炉、烧大马哈鱼、酒醉猴头黄瓜香、鹿茸三珍汤之类。

（2）特色点心类

特色点心有：萨其玛、包子、马家烧麦、羊肉饸饹、牛肉锅贴、阿玛尊肉、李连贵熏肉大饼、老边饺子、参茸馄饨、稷子米饼、冷面、打糕、海城老山记馅饼、松塔麻花之类。

（3）地方宴席类

地方宴席有：盖州三套碗、关东全羊席、大连海鲜席、长白山珍宴、朝鲜族贺寿宴、赫哲族鳇鱼席、鄂伦春族狍子宴、满族白肉火锅席、营口九龙宴、沈阳八仙宴、锦州八景宴之类。

二、华北地区

华北地区位于我国的中北部，史称"中原"和"塞北"。它的东北部与东北地区相邻，西、南两面分别与西北地区、华中南地区和华东地区接壤，北部与蒙古人民共和国及俄罗斯为界。

1. 饮食特点

华北地区的食物资源丰富。农作物中主产小麦、玉米、高粱、谷子、土豆、水稻、莜麦和豆类；畜产品则以羊、牛、马、骆驼为大宗；家庭饲养的猪、狗、兔、鸡、鸭也较多。此外还有山林出产的板栗、核桃、白梨、山杏、苹果、磨盘柿、鲜桃、大枣、红果、文冠果、榛子、花椒以及号称"山菜之王"的蕨菜；河海出产鲤鱼、带鱼、梭鱼、鲳鱼、墨鱼、对虾、梭子蟹、文蛤、蛏蚶、紫菜、石花菜等。其中，内蒙古的口蘑、黄羊和青羊；北京的填鸭、板栗和小枣；天津的小站稻、萝卜和对虾；河北的肉牛、小豆和葡萄；河南的鲤鱼、冠蚌和泌阳驴；山东的大葱、苹果和寿光鸡；山西的百合、党参和陈醋，在全国都负有盛名。华北地区民风俭朴，饮食不尚奢华，讲求实惠。多数地区一日三餐，以面食为主，间吃小麦与杂粮，偶有稻米；馒头、面条、玉米粥、烙饼、素饺子、窝窝头等是其常餐。其中，山西的"面食"冠绝全国，有"一面百样吃""七十二样家常便饭"之说，许多家庭主妇都有"三百六十天，餐餐面食不重样"的本领。至于北京、天津、山东、河南的面制品小吃和蒙民的"白食"、回民的"面摊"，也享有很高的声誉。这一带农村盛面都用特大号"捞碗"（可装 250～400 g 面条），人手一碗，指缝间夹上葱蒜或馍饼，习惯于在户外的"饭场"上多人围蹲就食，形成一"景"。这里的蔬菜不是太多，食用量亦小，但过冬有"储菜"的习惯。肉品中，元代重羊，清代重猪，现今是猪、羊、鸡、鸭并举，这与封建王朝的更迭和五方杂处的环境有关。水产品中淡水鱼鲜较少，看得比较贵重；海水鱼鲜较多，有"吃鱼吃虾，天津为家""青岛烟台，海鱼滚滚而来"等说法。

2. 烹饪特色

华北地方菜以京鲁菜为主，春秋战国时期，孔子、孟子论著中都有关于饮食的文字记载，俞儿、易牙善辨五味，是烹饪理论与实践在山东的重要发展。南北朝时，北魏贾思勰《齐民要术》，对包括山东在内的黄河流域的烹饪作了系统论述，对以后鲁菜的发展影响较大。明清时期，鲁菜自成体系，影响整个黄河流域和以北地区，被称为"北方菜"。山东菜在海外也颇有一定的影响，胶东仅福山、蓬莱、黄县、招远四地，在海外的侨民近万人，其中一半在国外从事饮食业。在烹调方法方面，擅长烤、涮、扒、熘、爆、炒，喜好鲜咸醇浓口味，葱香突出，善于制作汤和用汤，菜品大多酥烂，火候很足；同时装盘丰满，造型大方，菜名朴实，敦厚庄重。由于历史原因所致，蒙古族、满族、回族的食风在此有较深的影响；京、津地区的一些百年老店多为来此谋生的山东人或河南人开的；传承百代的宫廷菜（仿膳）和风靡京华的"谭家菜"留下名品甚多，引人注目。

（1）特色菜肴类

特色菜肴有：北京的烤鸭、涮羊肉、三元牛头、罗汉大虾、潘鱼、八宝豆腐；天津的玛瑙野鸭、官烧目鱼、参唇汤、锅巴菜；内蒙古的扒驼蹄、奶豆腐两吃、清炒驼峰丝、烤羊腿；河北的金毛狮子鱼、改刀肉；河南的软熘黄河鲤鱼焙面、铁锅蛋、道口烧鸡；山东的葱烧海参、脱骨扒鸡、九转大肠、清汤燕菜、奶汤鸡脯、青州全蝎、博山烧肉、原壳鲍鱼；山西的过油肉、五香卤驴肉、金钱台蘑、金丝吊葫芦等。

（2）特色点心类

特色点心有：北京的小窝头、芸豆卷、豆汁、龙须面、爆肚、炒疙瘩；天津的狗不理包子、十八街麻花、驴打滚、耳朵眼炸糕；内蒙古的哈达饼、奶炒米；河北的一篓油水饺、金丝杂面、扛打面、杏仁茶；河南的油茶、贡馍、羊肉辣汤、小菜盒；山东的福山拉面、伊府面、糖煎酥饼、状元饺、潍坊的朝天锅、油旋；山西的刀削面、头脑、拨鱼儿、猫耳朵、羊杂烙、十八罗汉面等。

（3）地方宴席类

因受中原文化、齐鲁文化、秦晋文化、旅游文化、宫廷文化的交叉影响，地方宴席更为多彩多姿。有北京的满汉全席、仿膳宴、烤鸭席和红楼宴；天津的海鲜席和八大扒席；内蒙古的全牛席和昭君宴；河北的避暑山庄迎宾宴和秦皇岛海味全席；河南的洛阳水席和仿宋席；山东的孔府宴、泰安白菜席和青岛渔家宴；山西的太原全面席和礼馍宴等，闻名遐迩。

此外，这一地区宴客情文稠叠，有一套又一套的酒令与席规，至诚大方，注重礼仪。近年来受中外饮食文化交流的影响，许多习俗都开风气之先，不仅引进巴黎大菜、罗松小吃、东洋料理和韩国烧烤，而且傣家风味、蒙古风味北上南下，使整个饮食市场流光溢彩，日新月异。

三、西北地区

西北地区位于我国西北边陲。它的东面与南面分别与华北地区、华中南地区、华西地区连接，西南面与克什米尔、阿富汗接壤，西、北面与独联体、蒙古人民共和国为界。

1. 饮食特点

大西北的自然条件虽差，但也不乏名特物产，如肉禽类有秦川牛、天祝白牦牛、青海大牦牛；关中马、河曲马、伊犁马；关中驴、新疆小毛驴；奶山羊、同羊、高山细毛羊、藏羊、河套滩羊、青羊、盘羊、岩羊、新疆细毛羊；关中白猪、关中黑猪、八眉猪；洛阳乌鸡、青海雪鸡、固原鸡；新疆鹅、斑头雁；马鹿、香獐；青海湟鱼、鸽子鱼、兰州鲤鱼；冬虫夏草等。果蔬类有秦椒、潼关酱笋、镇安板栗、临潼石榴、火晶柿、商洛核桃；甘肃发菜、薇菜、蕨菜、民乐大蒜、李广杏、白兰瓜、黄金瓜、陇原洋芋、陇南甜柿、甘谷辣椒、康县木耳；宁夏枸杞、小油菜、人参果（蕨麻籽）、循化苹果、白蘑菇；宁夏山杏、大青葡萄、宁夏发菜；哈密瓜、无核葡萄、库尔勒香梨、新疆石榴、无花果、巴旦杏、洋葱、胡萝卜、土豆、孜然（野茴香）等。粮谷类有洋县黑米、香米；青海蚕豆、绿色草原豌豆；宁夏大瓣蚕豆；新疆紫稻米等。这都为西北地区的食风增添了特色。

与其他大区相比，西北一带的食风显得古朴、粗犷、自然、厚实。这里的主食是玉米和小麦并重，也吃其他杂粮，小米饭香甜，油茶与莜麦饸饹脍炙人口。家常食馔多为汤面辅以蒸馍、烙饼或是芋豆小吃，粗料精作，花样繁多。受气候环境和耕作习惯限制，令用青菜甚少，农家用膳常是饭碗大而菜碟小，一年四季有油泼辣子、细盐、浆水（自制的醋汁）和蒜瓣足矣。

该地区的少数民族，有相当一部分是遵循伊斯兰教的食规，故清真菜点占据主导地位。在陇海铁路沿线，星罗棋布地缀满穆斯林饮食店，多达数十万家，别具风情。在饮食风味上，这里的肉食以羊、鸡为大宗，间有山珍野菌，而淡水鱼和海鲜甚少，果蔬菜品亦不多。

2. 烹饪特色

陕西菜是西北地区的代表风味。陕西菜又称秦菜，周、秦、汉、唐等十一个王朝在秦地建都。西周"八珍"，始于秦地，秦汉之时，都城长安"熟食遍列，骰旅成市"。唐代中期，曲江宴盛极一时，烹饪水平极高。其烹调技法多为烤、煮、烧、烩，嗜酸辛，重鲜咸，喜爱酥烂香浓。爱饮白酒，喝花茶与奶茶，还有乳汁。多抽旱烟和莫合烟。有抓食的遗风。

（1）特色菜肴类

特色菜肴有：陕西的葫芦鸡、商芝肉、金钱发菜、带把肘子；甘肃的百合鸡丝、清蒸鸽子、兰州烤猪、手抓羊肉；青海的蜂尔里脊、虫草雪鸡、人参羊筋、糖醋湟鱼；宁夏的凤凰暖雏、丁香肘子、烧蹄花、羊肉汤；新疆的烤全羊、曲曲海参、八宝镶香梨、绣球雪莲、烤羊肉串等。

（2）特色点心类

特色点心有：陕西的牛羊肉泡馍、油泼面、石子馍、甑糕；甘肃的拉面、泡儿油糕、一捆柴、高担酿皮；青海的焜锅馍、甜醅、马杂碎、羊肉炒面片；宁夏的羊肉夹馍、炒胡饽子、烩羊杂、白水羊肉；新疆的抓饭、馕、托克逊炒面、烤羊肉串等。

（3）地方宴席类

地方宴席有：陕西的仿唐宴、饺子宴；甘肃的巩昌十二体、金鲤席；青海的烤羊席、野味席；宁夏的全羊席、开斋节宴；新疆的葡萄宴、天山归等。

这一地区夏季喜凉食，冬季好进补，待客情意真，筵宴时间长，常有歌舞器乐助兴，一家治宴百家忙，绝不怠慢进门人。《中华全国风俗志·新疆》记载：回民"宴客，总以多杀牲畜为敬，驼、牛、马，均为上品。羊或至数百只。各色瓜果、冰糖、塔儿糖、香油。以及烧煮各肉、大饼、小点、烹饪、蒸饭之属，贮以锡铜木盘，纷纭前列，听便取食。乐器杂奏，歌舞喧哗，群回拍手以应其节，总以极醉为度。""所陈食品，客或散给于人，或宴罢携之而去，则主人大喜，以为尽欢。"这是清代的风尚，至今仍无大变。

四、华东地区

华东地区位于我国东南部，地形酷似一只"高跟靴"。它东临黄海与东海，西、北、南三面分别与华北地区、华中南地区接壤。

1. 饮食特点

华东地区主要由宽平肥沃的长江中下游平原构成，水网密集，占尽地利。这里既有暖温带半湿润季风气候，又有温暖湿润、四季分明的亚热带湿润气候，无霜期长，降水量多，适于动植物繁衍，得天独厚。全区的食物资源丰实，有不少优良品种，如畜类有太湖猪、金华乌猪、玉山黑猪、上海水牛、崇明白山羊、湖州湖羊；禽蛋类有浦东鸡、狼山鸡、泰和鸡、萧山鸡、江山白羽乌骨鸡、三河麻鸭、绍兴麻鸭、浙东白鹅和高邮双黄蛋；水产类有四鳃鲈鱼、鳗鱼、凤尾鱼、鲥鱼、太湖银鱼、鲫鱼、琴鱼、冰鱼、阳澄湖大闸蟹、祁蛇、文蛤；粮豆类有香粳稻、青浦薄稻、万年贡米、龙牌贡面、嘉定白蚕豆、玉山青豆、葡萄豆豉；蔬菜类有黄狼南瓜、芦笋、嘉定白蒜、香芋、莼菜、苔干、天目笋干、湖州雪藕、大别山木耳、枞阳大萝卜、黄山石耳、宁国竹笋、黟县香菇、兴国生姜等。

华东地区以大米为主食，偶食面粉，杂粮很少，擅长制糕、团，其中以宁波汤圆颇具特色。一日三餐，有荤有素，干稀调配。四时蔬果、鸡鸭鱼肉供应充裕，嗜好海鲜与野味，还有吃零食的习惯。口味大多清淡（徽、赣两省山区和浙江沿海渔村偏咸），略带微甜，一般少吃或不吃大葱、生蒜和老醋；有生食、冷食之古风，炝虾、醉蟹、煮毛蚶、生鱼片都受欢迎。家庭饭菜丰俭视经济状况而定，一般是菜、汤、主食结合的格局，饭碗小而菜盘大，餐具精致。这一带的烹调水平较高，全国十四个地方菜系中华东地区占据其四；苏菜跻身四大菜系，浙菜风行南宋，徽菜随着徽商的足迹传遍千山万水，沪菜后来居上，头角峥嵘。制菜技法全面，组配谨严，刀工精妙，以烧、炒、蒸、炖见长，调理鱼鲜和禽畜均见功力，尤以色调的秀雅、菜形的艳丽和菜品中蕴含的文化气质而著称。

2. 烹饪特色

华东地区的菜品以淮扬菜为主体，兼安徽、福建等地方风味。淮扬菜在前面已经做了介绍，安徽菜擅长烧、炖，重色、重火工。福建菜，以清鲜、醇和为特色，擅长熘、蒸、炒、炖等方法。

（1）特色菜肴类

特色菜肴有：上海的虾子大乌参、八宝鸭、生煸草头、贵妃鸡；江苏的松鼠鳜鱼、三套鸭、清炖蟹黄狮子头、水晶肴肉、大煮干丝、梁溪脆鳝；浙江的东坡肉、龙井虾仁、西湖醋鱼、蟹酿橙；安徽的毛峰熏鲥鱼、凤阳酿豆腐、无为熏鸡、金雀舌；江西的三杯鸡、石鱼炒蛋、金丝甲鱼、泥鳅钻豆腐，福建的佛跳墙、鸡汤氽海蚌、淡糟香螺片等。

（2）特色点心类

特色点心有：上海的南翔馒头、排骨年糕、阳春面、擂沙圆；江苏的三丁包子、茶馓、黄桥烧饼、苏州大方糕、文蛤饼、藕粉饺；浙江的宁波汤圆、千张包子、五芳斋鲜肉粽子、吴山油酥饼；安徽的乌饭团、萱叶粿、示灯粑粑、蝴蝶面；江西的萝卜饺、猪血汤、酒酿、黄元米果等。

（3）地方宴席类

地方宴席有：上海的福寿宴、菊花蟹席；江苏的京苏大菜席、红楼宴、太湖船宴；浙江的仿宋席；安徽的八公山豆腐席、黄山游宴；江西的浔阳全鱼席、十碗三个头等。

华东地区特别尚美食，重养生。著名的饮食街有上海城隍庙、南京夫子庙、苏州观前街、杭州西湖、安徽的迎江寺、江西的九江船码头等；居家宴客注重艺术性和食用性的统一，讲究"少酒多滋味"，突出节令，注重时尚，强调"冰盘牙箸，美酒佳肴""疏泉叠石，清风朗月"，这是其他地区难以比拟的。这种集文化艺术、水乡园林、珍馐佳肴于一体的饮食文化和乡风食俗，使人们在进餐时不仅得到物质上的享受，而且在精神上还有美的陶冶、情的欢悦。

五、华中地区

华中地区位于我国中部偏南的适中部位，东、北、西三面分别与华东地区、华北地区、西北地区、华西地区为界。

1. 饮食特点

物产丰富，得天独厚。畜类有宁乡猪、陆川猪、中堡黄牛、富川水牛、山牛；禽蛋类有河田鸡、桃源鸡、黄孝鸡、霞烟鸡、金定鸭、洪湖野鸭、沙湖咸蛋、黄石皮蛋；水产类有武昌鱼、鲴鱼、春鱼、杂交鲤鱼、细鳞斜颌鲴鱼；蔬果类有宜橘、湘莲、枇杷、龙眼、文旦柚、凤梨、橄榄、甘蔗、脆藕、红菱、马蹄、板栗、白果；山珍有黑木耳、香菇、猴头蘑、黄花菜、桂皮、油茶、凤尾菇；粮豆类有马坝油占米、孝感太子米、东兰墨米、葛仙米、苡米、木薯等。

华中地区的主食多为大米，部分山区兼食番薯、木薯、蕉芋、土豆、玉米、小麦、高粱。鄂、湘的小吃均以精巧多变取胜；壮、苗、黎、瑶、毛南、仫佬、土家族善于制作粉丝、粽粑和竹筒饭，京族习惯用鱼汁调羹。

2. 烹饪特色

华中地区以湖南、湖北地区的风味为主。湖北早在先秦时期，楚汉饮食文化已有相当水平，《诗经》《楚辞》都有关于鄂菜的记载。汉代枚乘《七发》中对鄂菜进行了详细记述。湖南菜也有悠久的历史，《吕氏春秋·本味篇》对洞庭湖的水产赞道："鱼之美者，洞庭之鳟。"烹调方法有蒸、煨、煎、炒、焗、煲、糟、拌；湘鄂两省喜好酸甜苦辣，其他地区偏重清淡鲜美，以纯正、平和、醇厚、爽口为佳。追求珍异，喜爱新奇，依时而变，崇尚潮流，是中国烹饪的中心地带之一，常出新招。

(1) 特色菜肴类

特色菜肴有：湖北的清蒸武昌鱼、红烧鲴鱼、冬瓜鳖裙羹、菜苔炒腊肉、沔阳三蒸、瓦罐鸡汤；湖南的腊味合蒸、五元神仙鸡、发丝牛百页、组庵鱼翅、麻辣子鸡、红椒镶肉；福建的佛跳墙、七星丸、太极芋泥、烧桔巴、淡糟香螺片、芙蓉鲟；台湾的松茸牛肉、咪噜羊排、火把鱼翅、苦珍珠等。

(2) 特色点心类

特色点心有：湖北的三鲜豆皮、江陵八宝饭、东坡肉、四季美汤包；湖南的火宫殿臭干子、姊妹团子、牛肉米粉、团馓。

(3) 地方宴席类

地方宴席有：楚乡全鱼席、沔阳三蒸席；组庵全席、熏烤腊全席；中秋宴、海鲜席；团年围炉宴等。

这一地区的菜品对传统和民间特色保存得比较好，菜式朴实无华，实用性强，现在许多地区已开始流行湘菜，湘菜在台湾很受欢迎。鄂菜烹鱼的技法在国内十分有特色。

六、华南地区

华南地区主要有广东、广西、海南及港澳地区。它们地处热带、亚热带，气候温暖，雨量充沛，烹饪原料十分丰富。

1. 饮食特色

食性普遍偏杂，有"天上飞的除了飞机，水上游的除了木船，地上站的除了板凳，什么都吃"的夸张说法。由于"花草虫鱼，可为上菜；飞禽走兽，皆成佳肴"，所以该地区居民几乎不忌嘴，食物选料之广博全国罕见。《广东新语》中讲："天下所有之食货，粤东几尽有之，粤东所有之食货，天下未必尽有也"。在禽类原料中有：清远鸡、黑棕鹅、梅花猪、潮汕狮头鹅、溆浦鹅；海鲜有石斑鱼、没六鱼、油鱼、嘉鱼、虱目鱼、海蚌、扇贝、鲍鱼、泥蚶、牡蛎、金剑蚶、桃花水母、蕲蛇、断板龟、山瑞、甲鱼、膏蟹、海龟、大龙虾、海蜇、田螺、田蟹、虹鳟、蛏贝、鳗、乌鱼子、海参；珍馐类有万宁燕窝、蛤蚧；果蔬有椰子、菠萝、沙田柚等。

在膳食结构中，每天必食新鲜蔬菜，人均 500 g 左右；水产品所占比重较高，尤为喜爱淡水鱼品和生猛海鲜；饮食开支大，烹调审美能力亦强。由于早起晚睡、午眠和生活节奏紧张，不少人有喝早茶与吃夜宵的习惯，一日三至五餐。

这一带"吃"具有比较丰富的社会意义，是人们调适生活、社会交际的重要媒介。它不仅体现人与人之间的情感，有时还是身份、地位、金钱的象征，故尚食之风甲全国。其中，广州与香港被誉为"东方食都"，有"食在广州""食在香港"的美称，可与巴黎、东京相抗衡。目前，岭南食风正在向北扩展，"港式粤菜"和"羊城早茶"风靡大江南北。

2. 烹饪特色

广东菜选料广，技法新，博采众长，口味讲究清、鲜、脆、爽、滑，烹饪技法擅长炒、泡、炸、焗、煲等，海南菜基本与广东菜相同。广西菜口味醇厚、酸辣，乡土气息和民族特色浓郁。港台地区的基本口味与广东菜相似，在原料和调味品的使用上范围更广，中西结合的菜式较多。

（1）特色菜肴类

特色菜肴有：广东的烤乳猪、鼎湖上素、三蛇龙虎凤大会、白云猪手、烧鹅、炖禾虫、大良炒鲜奶、红烧大群翅、爽口牛肉丸、东江酿豆腐；海南的琼岛椰子盅、清蒸大龙虾、文昌白斩鸡、东山羊、和乐蟹；广西的纸包鸡、南宁狗肉、马蹄炖北菇、荔芋扣肉；港澳的一品燕菜、麻鲍烤海参、海鲜大拼盘、清蒸鲥鱼、沙律大龙虾、千岛汁乳鸽等。

（2）特色点心类

特色点心有：台湾的虱目鱼粥、棺材板、蛤子煲饭、摊仔面；广东的沙河粉、艇仔粥、云吞面、广州月饼、水晶虾饺、叉烧酥；海南的竹筒饭、椰子堆；广西的马肉米粉、尼姑面、蛤蚧粥、太牢烧梅；港澳的马拉糕、高汤粉果、椰茸饼、巧克力蛋糕；高山族用大米、小米、芋头、香蕉混合炊饭也有特色。

（3）地方宴席类

地方宴席有：杯乡宴；广州黄金宴；竹筒宴、椰子宴；漓江宴、银滩宴；满汉全席、海鲜大席等。

此外，华南地区食俗变异性较大，越往南走越是明显，它常常"引领"国内的饮食潮流。究其原因，主要是该地区的饮食观念比较新，易于接受"西方来风"；再加之鸦片战争之后成为通商口岸，现今又建设经济特区，与海外接触较多，大胆地吸收西方的饮食文化。因此，其食俗广集各民族、各地区、各国家食文化之精华，显得广博、深厚、新颖别致。

七、西南地区

西南地区位于我国西南边陲。它的东、北两面分别与华中南地区、西北地区接壤；西、南两面依次与印度、尼泊尔、锡金、不丹、缅甸、老挝、越南等国交界。

1. 饮食特点

西南地区号称"动物王国"和"植物王国"，烹调资源取用不竭。四川有荣昌猪、德昌牛、建昌马、牦牛、铜羊、麻鸭、雅鱼、岩鲤；桃花米、大白豆、海椒、花椒、鲜笋、榨菜、魔芋、豆瓣、豆豉和井盐。贵州有香猪、关岭黄牛、黔西马、沿河山羊、金黄鸡、三穗鸭；香菇、竹荪、香禾、黑糯、党参、独山腌酸菜和铜仁绿豆粉。云南有抗浪鱼、弓鱼、裂腹鱼、螺黄、宣威火腿；香茅草、普洱茶、象牙芒果、接骨米、紫米、鸡枞、虎掌菌、玫瑰大头菜、曲靖韭菜花和乳扇。西藏有瘦肉猪、亚东奶山羊、牦牛、亚东鲑鱼、雪鸡；青稞、酥油花、人参果、冬虫夏草和藏红花等。这都是构成本地食俗的重要因素。

西南地区重视大米和糯米，兼食小麦、玉米、红苕、蚕豆、青稞、荞麦、大豆、红稗和高粱。米制品小吃很有名气，米线鲜香，糌粑特异，糍粑、粽粑、荷叶包饭都用于待客，天府小吃席驰誉一方。一年四季都吃蔬菜，或鲜炒，或腌渍；肉类制品平时只是点缀，年节消耗量大；野生草木利用充分，擅长粗料细做；膳食结构较为合理，吃得香美而不奢靡。菜路广，佐料多，家庭治膳大多运用小炒、小煎、干煸，以麻辣香浓的民间菜点著称于世，有"料出云贵""味在四川"的评语。其饮食特点是：①普遍嗜辣，"宁可无菜，不可缺辣"。②大多喜酸，"三天不吃酸，走路打转转（不稳之意）"。③肴馔具有平民的饮食文化色彩，价廉物美，杂烩席、火锅席风靡南北。

2. 烹饪特色

以川菜为代表。川菜发源于古代的巴国和蜀国，在唐代川菜就有了较大的发展，明清时，川菜运用辣椒调味，继承了巴蜀时就形成的"尚滋味""好辛辣"的调味传统，有了进一步发展，形成了地方风味极其浓郁的菜系。烹调方法以干煸、小炒、干烧、泡、熘、煮、蒸等见长。注重调味是川菜的最大特色，菜肴味多、味广、味厚、味浓，并独创出家常味、鱼香味、陈皮味、荔枝味等 23 种味型。云南有二十多个民族，菜品风味中有浓郁的民族特色，在技法上擅长蒸、炖、卤、炒，在口味上兼有北方的清醇，又带川菜的麻辣。

（1）特色菜肴类

特色菜肴有：四川的毛肚火锅、樟茶鸭子、麻婆豆腐、宫保鸡丁、河水豆花、家常海参、夫妻肺片、五香牛肉干；贵州的竹香青鱼、盐酸蒸肉、八宝龙鱼、竹荪银耳汤、酸汤菜、坨坨肉（即块块肉）；云南的红烧鸡枞、酥烤云腿、大理砂锅鱼、油炸竹虫；西藏的火上烧肝、赛蜜羊肉、油松茸等。

（2）特色点心类

特色点心有：四川的龙抄手、担担面、叶儿粑、红油水饺；贵州的肠旺面、苦荞粑；云南的过桥米线、紫米粑粑、牛干巴、饵块；西藏的人参果拌酥油大米饭、校果馍馍、酥油茶等。

（3）地方宴席类

地方宴席有：四川的田席、小满汉席；贵州的酸鱼全席、野味全席；云南的紫米全席、鸡棕席；西藏的藏北三珍宴、柳林宴等。

与其他地区相比，西南食风有三大特点：一是由于地形参差、气温殊异、物产丰寡不均和少数民族众多等原因，促成了食俗风情的多样性。二是因为山川阻隔、交通闭塞的影响，又出现食俗风情的局部封闭性，不少相当古老的习俗得以保存。三是在一些原始宗教祭祀风习和中世纪佛教禁欲主义长期桎梏下，不太容易接受外来的影响，限制了饮食文化的交流。目前后两种情况正在逐步改变。

第二节　点　心　制　作

学习目标

➤ 了解点心在宴会中的地位和作用，掌握各种面团的成型原理。

➤ 了解宴会点心馅心的种类和特点，掌握常用咸味、甜味、复合味馅心的调配方法，掌握面皮的成形方法，以及调制馅心的基本要求。

➤ 掌握常用面团的调配方法以及发酵面团、油酥面团、米粉面团、杂粮面团等点心的制作步骤，能够制作宴会点心。

知识要求

一、点心在宴会中的地位和作用

1. 点心在不同规格宴会中的比重

首先，宴会的主题不同，点心的比重也就不同，一般主题的宴会点心比重在10％左右。如果是特色宴会，如包子席、饺子席、面点全席等，则面点的比重应在80％左右。

其次，宴会面点的比重还取决于宴会的规格档次。宴会的规格有高档、中档、普通三种档次，因此宴会面点的配备有三档之别。

高档特色宴会可以配备面点六道，其用料精良、制作精细、造型别致、风味独特。中档宴会可以配备面点四道，其用料高级、口味纯正、成形精巧、制作恰当。普通宴会配备面点两道，其用料普通、制作一般、具有简单造型。面点只有适应宴会的档次，才能使席面上菜肴质量与面点质量相匹配，达到整体协调一致的效果。

2. 点心在宴会中的作用

宴会的主要内容是由经过精选后面点与菜肴组合形成具有一定规格、质量的一整套菜点构成的，面点是其中的重要组成部分，它在选料、制作、口味等方面都必须与宴会的要求及菜品的特色相一致。面点的口味、口感必须与菜品的口味、口感相配合。另外，点心的上桌时机、与什么口味的菜品配合，都对宴会的效果起到很重要的作用。同时宴会面点还能以面塑和点缀的形式出现，其精美的工艺能给顾客以美的享受，烘托宴会的主题氛围，并与宴会的其他内容配合达到最佳效果。

二、宴会点心的工艺特点及技术要求

1. 面团的特点及工艺要求

（1）发酵面团

发酵面团是用冷水或温水，添加适量的鲜酵母或者酵种（又称老肥、面肥等），与面粉调制而成的面团。发酵面团是面点制作中最常见的一种，调制工艺也是最重要的技术之一。

面团发酵过程是面粉中的淀粉、蔗糖分解成单糖，提供酵母繁殖的养分，酵母繁殖利用这些养分，进行呼吸作用和发酵作用，并同时产生大量的二氧化碳气体、水和热量。二氧化碳气体被面团中的面筋网络包住无法逸出，从而使面团出现蜂窝组织，膨大、松软，并产生酒香味。用面肥发酵还会产生酸味，这就是发酵的机理。发酵面团适宜制作包子、馒头、花卷等品种，其制品体积膨大、形态饱满、口感松软、营养丰富。

（2）油酥面团

用油脂与面粉调制时，因油脂具有一定的黏度，便黏附在粉粒表面，与此同时油脂具有表面张力，其表面有自动收缩的趋势，油脂的收缩力把面粉颗粒吸附住，形成了油酥面团。

油酥面团中的油脂颗粒与面粉颗粒并不是真正的结合，不像水调面团那样蛋白质吸水生成面筋网络或淀粉因糊化膨润产生黏性。而是依靠油脂黏性粘结起来的。所以，油酥面团仍较松散，从而形成了有别于水调面团的不同性质，即具有起酥性。起酥性主要是指面粉颗粒被油脂颗粒包围、隔开，面粉颗粒之间的距离扩大，使空隙中充满了空气。这些空气在制品加热时产生膨胀，从而使成品变得酥松。另外，面粉颗粒被油脂封闭，吸水被抑制而不能膨润，在加热中易"炭化"而松脆。

油酥面团利用干油酥、水油面这两种面团的特性：干油酥具有酥性，适宜作心；水油面酥中有韧，适宜作皮。干油酥、水油面经过多次擀、卷、叠制成油酥性面团。因干油酥和水油面是层层相隔，成熟时，皮层中的水分在烘烤时气化，使层次中有一定空隙。又因为，干油酥有油层而不粘连，使制品结构层次清楚，薄而分明。也就是说，利用油膜使面筋不发生粘连，起到分层作用，这就是油酥面团制作酥皮点心起层的机理。

（3）米粉面团

米粉面团系指米制品调制的面团。主要原料是糯米、粳米与籼米。米粉团分米团与粉团两大类。米团系指米经蒸煮后抓捏的面团，如"糍饭团""枇杷团"等，较为简单，不单独介绍。粉团系指用粉料加水调制的面团，各种粉料可单独亦可混合制成粉团，是各种糕、团点心的主要原料。

在制作松质糕米粉面团时，首先，掌握好掺水量，粉拌得太干则无黏性，影响成形；粉拌得太软则黏糯无空隙，易造成夹生现象。掺水量的多少应根据情况而定，一般干磨粉比湿磨粉多，粗粉比细粉多，用糖量多则掺水量相应减少。其次，要掌握静置时间，静置是将拌制好的糕粉放置一段时间，使粉粒能均匀、充分地吸收到水分。静置时间的长短应根据粉质、季节和制品的不同而不同。静置后的糕粉需过筛才可使用，静置后的糕粉肯定不会均匀，若不过筛，粉粒粗细不匀，蒸制时就不易熟。过筛后糕粉粗细均匀，既容易成熟又细腻柔软。松质糕团因不经揉制过程，韧性小，质地松软，遇水易溶，所以成品吃口松软、粉糯、香甜易消化。品种有松糕、方糕、黄松糕等。

在制作黏质糕米粉面团时，糕粉要蒸制成熟，检验糕粉成熟度的方法为将筷子插入糕粉中取出，若筷子上粘有糕粉则表示还未熟透；若筷子上无糕粉，则表示已成熟。还要掌握揉制方法，糕粉成熟后需立即用力反复揉制，揉制时手上可抹凉开水或油，若发现有生粉粒或夹生粉粒应摘除。揉制时尽量少淋水，揉至面团表面光滑不粘手为止。黏质糕粉团为成熟后的米粉揉合在一起制成，因而韧性大、黏性足，入口软糯，适合制作桂花糖年糕、赤豆糕、玫瑰百果蜜糕等品种。

在制作团类米粉面团时，首先是掌握好用水量，水多粉团稀软粘手不易包捏，水少粉团干硬不易成形。其次是控制好水温，制团类米粉面团，不宜全用沸水，更不能用凉水。全用沸水易使粉团黏性高，易沾手，不利于制作；凉水制作的粉团黏性差、松散，制品表面也不光洁。团类米粉面团由淀粉糊化产生黏性而形成面团。因此，面团软糯有黏性，可包制多卤的馅，成品有皮薄、馅多、卤汁多、吃口黏、糯润滑、黏实耐饥的特点。油氽团子、双馅团子、擂沙团子等就是这类面团制成的。

（4）水调面团

水调面团的种类一般分冷水面团、热水面团、温水面团三大类，其调配的原理与蛋白质溶胀、蛋白质变性及淀粉糊化有关。在不同的水温下，面粉中的淀粉与蛋白质产生如下一些变化：淀粉在常温下基本没有变化，吸水率低。水温在30℃左右时，颗粒不膨胀，大体上仍保持颗粒状态。水温在50℃左右时，吸水和膨胀率也很低，黏度变动也不大。当水温升至53℃以上时，淀粉物理性质就发生了明显变化，而逐渐膨胀，水温在60℃以上时即进入糊化阶段，颗粒体积比常温下胀大好几倍，吸水量增大，黏性增强，并部分溶于水。到了67.5℃以上时，大量溶于水，成为黏度很高的溶胶。至水温90℃以上时，黏度越来越大。蛋白质在常温下不会发生热变性，主要发生蛋白质的溶胀作用，吸水率高。当水温为30℃时，蛋白质能结合水分150%左右。经过揉擦，能逐步形成柔软而有弹性的胶体组织，即面筋。当水温升至60～70℃以上时，蛋白质开始发生热变性，表现为逐渐凝固，筋力下降，弹性和张力减退，吸水率低，黏度增加。蛋白质的热变性随着温度增高而加强。温度越高，变性越大，筋力和亲水性越衰退。

冷水面团所以具有质地硬实、筋力足、韧性强、拉力大的特性，是因为在调制过程中，用的是冷水，水温无法引起蛋白质热变性和淀粉膨胀糊化所致。所以冷水面团的本质，主要是蛋白质的溶胀所起的作用，故能形成致密面筋网络，把其他物质紧紧包住。

热水面团恰恰与冷水面团相反，因为用的是80℃以上的热水，水温使蛋白质变性又使淀粉膨胀糊化。所以，热水面团的本质，主要是淀粉所起的作用，即淀粉遇热膨胀和糊化，大量吸水并和水溶合成为面团。同时，淀粉糊化后黏度增强，因此，热水面团就变得黏、柔，略带甜味（淀粉糊化分解为低聚糖和单糖）。蛋白质热变性的结果是：面筋胶体被破坏，无法形成面筋网络，这又形成了热水面团筋力、韧性变差的另一特性。

温水面团掺入水的温度与蛋白质热变性和淀粉膨胀糊化温度接近，因此，温水面团本质是淀粉和蛋白质都在起作用，但其作用既不像冷水面团，又不像热水面团，而是在两者之间。蛋白质虽然接近变性，又没有完全变性，还能形成面筋网络，但因水温较高，面筋形成又受到一定的限制，因而面团能保持一定的筋力，但筋力不如冷水面团；淀粉虽已膨胀，吸水性增强，但还只是部分糊化，面团虽较黏柔，但其黏柔性又比热水面团差。

2. 宴会点心的工艺要求

宴会点心的制作工艺比一般点心的制作工艺要求高，选料精细、制作精美、口味多变、造型美观是宴会点心的基本要求。选料时要避免与宴会菜品的原料重复，在原料的部位、季节方面要能体现特色。制作时点心的规格应比普通点心小，点心的馅心、面皮都必须专门调配，并不是普通面点的简单缩小。在造型上应纹路或层次清晰，大小一致，装盘美观大方。口味上更应能体现特色，才能对宴会菜品的口味进行补充。同时宴会点心的工艺还必须体现地方特色。要利用各地的名优特产、风味名点组配宴会，如广东的虾饺、蜂巢芋角；扬州的三丁包、翡翠烧卖；苏州的糕团；上海的生煎包；淮安的汤包；北京的豌豆黄等。

三、制馅的种类及技术要求

面点的馅心品种繁多、种类复杂，一般是以口味不同进行分类，主要分为咸馅、甜馅和复合味馅三大类。从馅料制作方法上分，馅心又分为生馅、熟馅两大类。从馅心所用原料分，馅心又可分为荤馅、素馅、荤素馅等。咸馅是使用最多的一种中式馅心，用料广、种类多，按馅心制作方法划分为生咸馅、熟咸馅两大类；按原料性质分，咸馅常见的有菜馅、肉馅和菜肉馅三类。素馅指的是只用蔬菜不用荤腥原料，只加适当的调味品所调成的馅心；肉馅多是用牛、羊、猪、鱼、虾等原料，经加工制成的馅心；荤素馅是将肉类原料与蔬菜原料经加工调制而成的荤素混合馅，是一种大众化的馅心，在口味、营养成分上的配合比较合适，在水分、黏性等方面也适合制馅的要求。

1. 生咸馅

生咸馅是用生料加调料拌和而成的。生咸馅能保持原汁原味，具有清鲜爽滑、鲜美多卤的特点。生咸馅制作的一般原则是：

（1）选料加工要适当

生咸馅用料主要为动物性原料，其次是时令鲜蔬。在选料上要注意选择最佳部位，如猪肉最好选用猪前腿肉，也叫"夹心肉"或"蝴蝶肉"，此部位肉的肉丝络短、肥瘦相间、肉质嫩、易吸水，搅拌过的馅心鲜嫩味香、无腥味。

若用牛肉，应选择较嫩的部位，如果肉质较老，则应适当加点小苏打和嫩肉粉使其变嫩；带有不良气味的、有苦涩味的蔬菜都应处理后方可制馅。

（2）馅料形态要正确

馅料形态大小要根据生咸馅及制品的特点来确定。肉末有粗、细、蓉等不同规格，如天津包子的馅，猪肉需要剁得较粗些，因为粗馅经搅拌成熟后较松散。而一般的饺子馅则要稍细点。

各种鱼蓉馅、虾蓉馅需要剁成蓉，细小的形态可增加原料的表面积，扩大馅料颗粒之间的接触面，增强蛋白质的水化作用，提高馅吸附水的能力，因而使馅心黏性增强、鲜嫩、多卤。

（3）馅心打水要适宜

掌握好生咸馅的水分含量，这关系到馅心的口感，是保证馅质量的一个关键因素。肉馅根据肥瘦的比例调制，肥肉吃水少，瘦肉吃水多，水少黏性小，水多则泻水。

为保证馅稠浓、易包捏，在打水的基础上，需要将馅静置冷藏后才能使其黏稠。南方制作咸馅时习惯加皮冻，称"掺冻"，作用同样是增加馅心的黏性，增进馅心的口味，增加馅心的卤汁量。

（4）调味要鲜美

调味是保证馅心鲜美、咸淡适宜、清除异味、增加鲜香味的重要手段。各地由于口味和习惯的不同，在调味品选配和用量上存在差异，北方偏咸，江浙喜甜。各地应根据本地的具体特点、食用对象来进行调味，味薄的要加入各种鲜味料如鸡汤、味精、鸡精粉及各种调料，使味道更鲜美。北方喜用葱、姜、香油提味，南方喜用胡椒、大油（猪油）、糖来提鲜。馅心调味时，各种作料的配合比例要正确，加入调料的顺序、入味的时间应掌握得当，使馅心鲜美可口、咸鲜适度。

2. 熟咸馅

熟咸馅即馅料经烹制成熟后，制成的一类咸馅。其烹调方法近似于菜肴的烹调方法，如煸、炒、焖、烧等，此类馅的特点是醇香可口、味美汁浓、口感爽滑。熟咸馅运用的烹调技法较为复杂，味型变化多样，是制作特色面点常用的馅。熟咸馅制作的一般原则如下。

（1）形态处理要适当

熟咸馅要经过烹制，其形态处理要符合烹调的要求，便于调味和成熟，既要突出馅料的风味特色，又要符合面点包捏的需要，如叉烧馅应切成小丁或指甲片等形状，切得过碎小就难体现出鲜香的风味；鸡肉馅常切成丝或小丁，才可突出鲜嫩的口感。

在煸炒馅时如形态过大，则难入味，达不到干香的口味。因此在馅料形态要细碎的原则下，合理加工，选择适当的形态是十分重要的。

（2）合理运用烹调技法

熟咸馅口味变化丰富，有鲜嫩、嫩滑、酥香、干香、爽脆、咸鲜等，要灵活地运用烹调技法，结合面点工艺合理调制，方能达到较好的效果，如素什锦馅的各种原料，需用的火候不一样，且先后顺序要根据质地来决定。如动物性原料较难熟，而植物性原料又易过火，所以要选好烹调方法，把握火候，才能制出味美适口、丰富多彩的各式馅心。

（3）合理用芡

熟咸馅常需在烹调中勾芡。勾芡是使馅料入味、增强黏性、防止过于松散、提高包捏性能的重要手段。

常用的方法有勾芡和拌芡两种。勾芡指在烹调馅料时在炒制中淋入芡汁。拌芡指将先行调制入味的熟芡拌入熟制后的馅料中。勾芡和拌芡的芡汁粉料可用淀粉或面粉。

3. 生甜馅

生甜馅是以蔗糖为基本原料，配以各种果仁、干果、粉料（熟面粉、糕粉）、油脂，经擦搓而成的馅。果仁或干果在拌之前一般要进行适当的熟处理。生甜馅的特点是甜香、果味浓、口感爽。生甜馅制作的一般原则如下。

（1）擦拌要匀、透

生甜馅制作中要用搓擦的方法拌制。擦糖是指将绵白糖"打潮"，与粉料粘附在一起，俗称"蓉"，从而使馅料黏成团，不易松散便于包制。白糖、粉料的比例要适当，还要适量加入少许饴糖、油或水，使其有点潮性，再搓擦。

因粉料有吸水强的特点，故蒸熟后糖溶化而不软塌、不流糖。为了使生甜馅内容较为丰富，在馅心中可掺入炒熟的碎麻仁、蜜饯、鲜果、香精香料等。

（2）选料要精细

生甜馅所用果料品种多，各具备不同的特点，在制馅中正确选配原料是直接关系到馅的质量的关键。若选用含油性较强的小料，如核桃、花生、腰果、橄榄仁等，由于它们吸潮性较大易受潮变质，又因含油大、易氧化而产生哈喇味，并易生虫或发霉，所以必须选新鲜料，不能用陈年的老货，只有这样炒熟后味才香。

如果选用质量不好的原料，制成的馅心的质量也较差。为保持原料的新鲜，购进的料要存放在干燥的地方。

（3）加工处理要合理

生甜馅的加工处理包括形状加工和熟化处理。形状加工要符合馅的用途要求，如核桃仁形体较大，在制馅时应适当切小，但也不能切得过碎。

配馅时用烤箱烘香味道会更好。芝麻在炒制时火候要合适，若是黑芝麻则较难辨别，只有注意观察炒香，调出的馅才能香气扑鼻。合理的加工处理，就是要最大程度地发挥原料应有的效能，使香气突出、口味更美。

（4）软硬要适当

生甜馅中粉料与水量的比例，直接影响到馅的软硬度。加入粉料和水有黏结作用，便于包馅且有填充作用，使馅熟制后不液化、不松散。但过多掺入粉料却会使馅结成僵硬的团块，影响馅的口味和口感。检验的方法是用手抓馅，能捏成团不散，用手指轻碰不开为好。捏不成团、松散的为湿度小，可适当加水或油、饴糖再搓擦，使其捏成团而碰不散。粘手则为水分过多，应加粉料擦匀。

4. 熟甜馅

熟甜馅是以植物的果实、种子及薯类等为原料，经熟化处理后制成的一类甜馅，因大多数原料都制成蓉状，也称为泥蓉馅。这类馅心南北方使用都较普遍，虽制作方法有所不同，但其原理基本相似，在面点工艺中使用范围较宽。常见的有豆沙馅、枣泥馅、莲蓉馅、薯蓉馅、奶黄馅等。熟甜馅制作的一般原则如下。

（1）加工处理要精细

熟甜馅的原料要精心选择，红小豆要选个大饱满、皮薄的；莲子要选用质好的湘莲；红枣要选用肉厚、核小的小枣；薯类要选用沙性大的。在加工过程中一般应去皮、澄沙或去核，只有原料加工得细腻，炒出的馅心才符合标准。

（2）炒制火候要恰当

熟甜馅都要经炒制或蒸制成馅，与烹制菜肴一样，火候是决定质量的关键。熟甜馅炒制的主要作用：一是炒干水分，使馅内水分蒸发，以便于入味和稠浓，容易包捏成形；二是炒制入味使香味突出。糖油的香味和甜味只有在原料成熟的过程中才能逸出，因此，炒制可使原料在熟化处理过程中更为香甜。

但此种馅心在炒制时很易产生煳味，因为含糖量高，糖易焦化变色；淀粉易吸水糊化产生粘锅现象。因此炒馅时要掌握好火力，先用旺火，使大量水分蒸发后一定改用小火慢慢炒制，将其炒浓、炒香、炒变色。应防止煳锅现象，一点煳味将会影响整锅馅的质量。

（3）软硬要适度

各种蓉馅的软硬度一定要根据品种特色而定，馅太软，对成形要求严格的点心不利于包捏；馅如果过硬，则吃口干粗、不细腻。对于点缀用的点心，馅需要稍软点。在配料时，主料、糖、油比例要正确。一般0.5 kg红小豆炒制后可出1.5 kg左右的馅。0.5 kg枣出1 kg左右的馅。总之，馅的软硬度对馅的口味、成品的形态都起着决定性作用。

5. 复合味馅

复合味馅是口味在二种或二种以上的馅心，一般甜咸各占50%。有的则是多味的，如椒麻馅、鱼香馅、辣咸甜馅。总之，复合味馅大多具有地方特色。

四、面点制品的成形手法

1. 搓

搓是一种基本的、比较简单的成形技法。它是用双手互相配合，将下好的剂子搓揉成圆形或半圆形的团子。一般用于制作寿桃、高桩馒头、面包等。揉搓的方法有双手揉和单手揉，面团的形状一般有半球形、蛋形、高桩形等。

2. 卷

卷是面点制作中一种常用的成形方法。一般是将擀制好的坯料，经加馅、抹油或直接根据品种要求，卷合成不同形状的圆柱状，并形成间隔层次的成形方法。然后可改刀制成成品或半成品。这种方法主要用于制作花卷、凉糕、葱油饼、层酥品种和卷蛋糕等。

3. 包

包是将制好的皮子上馅后使之成形（或借助其他薄片形原料，如粽叶、豆腐皮等使坯馅料成形）的一种技法。包的手法在面点制作中应用极广，很多带馅品种都要用到包法，诸如各式包子、馅饼、馄饨、烧卖、春卷、汤团以及包法特殊的粽子等。包法往往与上馅结合在一起，如包入法、包拢法、包裹法、包捻法等，也常与其他成形技法如卷、捏等结合在一起。

4. 捏

捏是将包馅（也有少数不包馅）的坯料，按成品形态要求，经双手的指上技巧制成各种形状的方法，是比较复杂多样、富有艺术功夫的一项操作。所有的成品或半成品，要求形象逼真，注重形似，如各种花色蒸饺、象形船点、糕团、花纹包、虾饺、油酥等。捏常与包结合运用，有时还须利用各种小工具进行成形，如花钳、剪刀、梳子、骨针等。制作的品种很多，使用的方法、动作也多种多样，有一般捏法和捏塑法两大类。

5. 擀

擀是运用面杖（有长短之分）、橄榄杖、通心槌等工具将坯料制成不同形态的一种技法。因涉及面广，品种内容多，历来被认为是面点制作的代表性技术，具有坯皮成形与品种成形双重作用。

很多面点成形前的坯料制作都离不开擀，而且由于擀制面点的工具繁多，并且形状、长短、大小、性能均不一样，使用时的方法和技巧也不大相同，因而擀制方法也多种多样，如饺皮、烧卖皮、馄饨皮、层酥等擀制方法均不同（详见制皮）。

6. 叠

叠常与擀相结合，是将经过擀制的坯料按需要经折叠形成一定形态半成品的技法，常与折连用。最后成形还需与卷、切、擀、剪、钳、捏等结合，坯料制作中常常用到，一般作为坯料或半成品的分层间隔时的操作，如制酥皮、花卷、千层糕等。叠的次数多少要根据品种而定，有对叠而成的，也有反复多次折叠的，如蝴蝶夹、蝙蝠夹、麻花酥、荷花酥等。

7. 摊

摊是将稀软面团或糊浆入锅或铁板上制成饼或皮的方法。这种成形具有两个特点：一个是熟成形，即边成形边成熟；另一个是使用稀软面团或糊浆用于制作成品，如煎饼、鸡蛋饼等，也可用于制作半成品，如春卷皮、豆皮、锅饼皮等。

8. 抻

有的地区叫拉，是我国在面点制作中一项独有的技术，为北方面条制作之一绝。抻是将调制成的柔软面团，经双手反复抖动、抻拉、扣合，最后扣合抻拉成条丝等形状制品的方法。抻出的条口感"筋道"，柔润滑爽，为广大人民喜爱。抻的用途很广，不仅制作一般拉面、龙须面要用此种方法，制作金丝卷、银丝卷、一窝丝酥、盘丝饼等都需要将面团抻成条或丝后再制作成形。抻出的面条形状有：扁条、圆条（包括空心条）等，按粗细分为：粗条、中细条、细条、特细条（龙须面）等。操作时，其步骤主要有三步即和面、溜条、出条。

9. 切

切是以刀为主要工具，将加工成一定形状的坯料分割而成形的一种方法。常与擀、压、卷、揉（搓）、叠等成形手法连用，主要用于面条、刀切馒头、油酥（如兰花酥、佛手酥等）、花卷（如四喜卷、菊花卷等）、糍粑等，以及成熟后改刀成形的糕制品如三色蛋糕、千层油糕、枣泥拉糕、蜂糖糕等的成形，也是下剂的手法之一。

10. 削

削是用刀直接削制面团而成长条形面条的方法。用刀削出的面条叫刀削面，这是北方一种独特的技法。刀削面吃时口感特别"筋道"、劲足、爽滑，为一种别有风味的面条，很受群众欢迎。也分为机器削和手工削两种。

11. 拨

拨是用筷子将稀糊面团拨出两头尖中间粗的条的方法。拨出后一般直接下锅煮熟，这是一种需借助加热成熟才能最后成形的特殊技法。因

127

拨出的面条圆肚两头尖，入锅似小鱼入水，故叫拨鱼面，又称拨拉剔尖。这是一种山西省别具风味的面条。

五、制皮工艺

制皮是将面团或面剂，按照品种的生产要求或包馅操作的要求加工成坯皮的过程。

1. 按皮

按皮是一种基本的制皮方法。操作时，将下好的剂子揉成球形，或直接将摘下的剂子截面向上，用右手掌边、掌跟按成边上薄、中间较厚的圆形皮子。按时，不可用掌心，否则按得不平且不圆整。一般豆沙包、糖包等即采用此法制皮。

2. 拍皮

拍皮也是一种简单的制皮方法。即把下好的剂子戳立起来，用右手指撤压一下，然后再用手掌沿着剂子周围着力拍，边拍边转动，把剂子拍成中间厚、四边薄的圆皮。也适用于大包子等品种。可单手拍，拍一下，转动一下；也可用双手拍，左手转动，右手拍。另外，可将面剂放在左手掌上，用右手掌拍一下即可，做烫面炸糕、糯米点心一般用此法。

3. 捏皮

捏皮一般是把剂子用双手揉匀搓圆，再用双手捏成圆壳形，包馅收口，俗称"捏窝"。适用于米粉面团制作汤圆之类的品种。

4. 摊皮

摊皮是比较特殊的制皮方法。主要用于浆、糊状或较稀软的面团制皮。需借助加热和锅具。摊皮的过程包括分坯。典型的摊皮方法有制春卷皮法和制锅饼皮法。

（1）制春卷皮法

平锅架火上（火力不能太旺），右手持柔软下流的面团不停地抖动（防止流下），顺势向锅内一摊，锅上就被沾上一张圆皮，等锅上的皮受热成熟，取下再摊第二张。摊皮技术性很强，摊好的皮要求形圆、厚薄均匀，没有气眼，大小一致。

（2）制锅饼皮法

铁锅架于火上（火力不能太旺），将部分稀面糊倒入锅中，趁势转动铁锅，使稀面糊随锅流动，转成圆形坯皮状，受热凝固，即形成一张平整的坯皮。要求厚薄均匀，大小一致、圆整。

5. 压皮

压皮也是一种特殊制皮方法，一般用于没有韧性的剂子或面团较软，皮子要求较薄的特色品种的制皮。剂子一般较小，广式点心制作澄粉制品时常用。将剂子截面向上，用手略摁，右手拿刀（或其他光滑、平整的工具）放平，压在剂子上，稍使劲旋压，成为圆形皮子。要求压成的坯皮平展、圆整，厚薄、大小适当。

6. 敲皮

敲皮是一种较特殊的制皮方法，操作时，用敲皮工具（面棍）在面团原料上轻轻敲击，使坯剂子慢慢展开成坯皮。要求用力均匀，轻重得当，使皮子平整、厚薄均匀，如鱼皮馄饨等的制皮方法即属此法。

7. 擀皮

擀皮是当前最主要、最普遍的制皮方法，技术性较强。由于适用品种多，擀皮的工具和方法也是多种多样。擀皮的方式一般有"平展擀制"与"旋转擀制"两种。按工具使用方法，分单手擀制、双手擀制两种。典型的擀皮方法有饺子皮擀法、烧卖皮擀法、馄饨皮擀法。

六、上馅工艺

1. 包馅法

包馅法一般用来制作包子、饺子等，是最常用的方法。由于这些品种成形方法并不相同，如无缝、捏边、提褶、卷边等，因此上馅的多少、部位、方法也就随之不同。

（1）无缝类

此类品种如糖包、水晶馒头等，馅心一般放在坯皮的中间，包成圆形。关键是不能把馅上偏。

（2）捏边类

此类品种如水饺，打馅要稍偏一些，馅心将坯皮分成40％和60％部分，这样60％部分覆盖上去，合拢捏紧，馅心正好在中间。而像大包子、糖三角等，馅心则仍放于坯皮中间。

（3）提褶类

此类品种如小笼包子等，馅心放于中间，不沾坯边，便于提褶成圆形。提花之类品种，一般与提褶上馅相同，但是花式种类很多，有的要根据花式变化而定。

（4）卷边类

此类品种如酥合等，是用两个边皮，一张放在下面，把馅放在上面，铺放均匀，稍留些边，然后覆盖上另一张皮，上下两边卷捏成形。馄饨的上馅方法有两种，大馄饨和水饺类似，小馄饨的馅心很小，是用筷子挑馅放在皮子上端，往下卷起，再捏成形。

2. 拢馅法

上馅时的操作常与成形同时进行，如烧卖类上馅后，用手拢起皮捏住，不封口、不露馅。

3. 夹馅法

夹馅法主要适用于糕类制品，制作时上一层坯料加上一层馅，再上一层坯料。可以夹一层也可以夹多层。如果面团为稀糊状，上馅前先要蒸熟一层，再铺上一层馅，再铺另一层，如三色糕等。操作时上馅必须均匀、平展、厚薄均匀、规格适当。

4. 卷馅法

卷馅法就是将坯料擀成片状或在片形熟坯上抹上馅心（一般是细粒馅或软馅）然后卷拢成形，再制成生坯或成品。一般馅心外露，如：蛋糕卷、花卷、黏质糕卷等。要求上馅平整、厚薄均匀、馅量适当。

5. 滚沾法

滚沾法是一种特殊的上馅方法，常与成形方法连用：既是上馅，又是成形，一次完成，如元宵、藕粉圆子等即是把馅心切成小块或搓成小球，放于干粉中滚动，蘸上水或放入开水中烫，再滚上粉而逐步成形的。也有馅料存在于坯料之外的。

6. 酿馅法

此类品种如四喜饺子等，成形后在四个眼中酿装不同的馅（装饰料）。

技能要求

一、发酵面团的调配方法及实例

1. 酵种制作

把当天剩下的酵面加水抓开，兑入面粉揉和在发酵盆内，进行发酵，即成为第二天使用的酵种。饮食业中一般天天如此,保证肥源不断。制面肥要参照天气冷热,掌握用量和发酵时间。有以下定量规律:夏天每 25 kg 面粉可掺"面肥"1~1.5 kg,发酵 4~5 h,温度约 30℃;春秋天每 25 kg 面粉可掺"面肥"1.5~2 kg,发酵时间 7~8 h,温度约 15~20℃;冬天每 25 kg 面粉掺"面肥"2.5~3 kg,发酵 10 h 或更长,温度约-10~0℃。一般来讲,用面肥发酵的面团应稍软一些,每 500 g 面粉可掺水 250~300 g。

如因计划不周,酵面用尽,则需重新培养。培养酵种的方法很多,如酵母培养法、白酒培养法、酒酿培养法等,常用的是白酒培养法、酒酿培养法。具体方法如下:

(1)白酒培养法是在面粉中掺入酒、水,拌和,经一定时间,即可胀发成酵种。

(2)酒酿培养法是在面粉中掺酒酿、水,揉成面团,放入盆内盖严,经过一定时间,即可胀发成酵种。

2. 酵面制作

酵面是指面粉中加水和酵种催发出适用于各类面点的发酵面团。由于面点品种多,要求不同,发酵面团又分为大酵面、嫩酵面、碰酵面、戗酵面等几种。具体制法如下:

(1)大酵面又称全发面、大发酵面。制法是把酵种撕碎掺到面粉中,加水拌匀,揉成面团,进行发酵而成。

(2)嫩酵面又称小酵面、嫩发面。调制方法和大酵面一样,只是发酵时间短,一般为大酵面发酵时间的一半或 1/3。即是说,稍稍发起,使其既有发面的一些膨松性质,又有水面的一些韧性性质。

(3)碰酵面又称抢酵面。它是大酵面的快速调制法,随制随用,因节省时间,已被广泛使用;但从成品质量讲,不如大酵面好。制法是面粉中掺入较多的酵种,一般为 4∶6,即四成酵种,六成面粉(也有 5∶5 的,又称半发面),再掺入水和适量的碱,调制均匀,即成碰酵面。因为容易继续发酵,所以,面团调好后要立即使用。

(4)戗酵面又称戗发面、拼酵面。它是指在酵面中,戗入干面粉揉搓而成的面团。戗制法分为两种:一种是用对好碱的大酵面,戗入 30%~40%的干粉,即 10 kg 大酵面戗 3~4 kg 干粉调制而成。用此面团做出的成品,吃口干硬、筋道、有咬劲,如戗面馒头、高桩馒头;另一种是用面肥戗入 50％的干粉，即 5 kg 面肥，戗入 2.5 kg 干粉，调至成团，进行发酵，发酵时间与大酵面同，要求发足发透。做出的成品，表面开花、柔软、香甜，但没有咬劲，如开花馒头。

3. 加碱中和

又叫下碱、兑碱、放碱、扎碱、揣碱、搭碱、吃碱等。这是"面肥"发酵面团的关键技术。碱与面团中杂菌产生的酸类结合，生成二氧化碳和水，从而既去除了酸味，又辅助发酵，使面松发。虽然加碱会破坏部分维生素，但全面看，仍有较大的实用价值，目前仍被广泛使用。

面团要做到"正碱"，受许多变量关系影响，十分困难。目前饮食业中尚采用变量配置的方法加工。一般情况下，碱量应依据面团发酵程度而定。酵面的多少、酵力的强弱、天气的热与冷与碱量的多与少成正比。以 5 kg 大酵面为例，春秋需用碱面 50 g 左右。嫩酵面则递减为 25 g 左右。开花馒头的硬酵面又大又足，则用碱稍多，约用 60 g 碱面。热天"跑碱"快，冷天"跑碱"慢。所谓"跑碱"是指加碱后的面团仍在发酵，不断产生新的酸味。所以，在炎热的夏天需即时补碱，每 5 kg 大酵面团需用 75 g 碱面；而冬季则略减为 40 g 左右。如果在恒定的温度下，则加碱多少就不受四季气温的影响。而仅以酵面多少、强弱来决定了。

加碱一般在和面机或压面机中进行，连同面团与相对量碱水一起搅合压匀，但质量仍不如手工加碱强。手工加碱一般用"揣碱"法。揣碱时，均匀地撒一层干粉于案面，置酵面于其上，向四周摊开一坑塘，倒入酵水，将四周面团均匀向坑内沾水，然后折叠起，转 90°角，双手交叉用拳将面团向四周揣，再叠起，再揣开，反复多次，直至碱水均匀分布于面团中，已看不见"花碱"现象为止，经鉴定如果碱小，则可摊开面团，用一小块面团沾碱水均匀抹在面上继续揣揉。每次占少量碱水，分几次进行，此谓之"补碱"。直至面团碱正光润、质地细腻。检验酵面使碱量，目前只能凭丰富的实践经验来检验，一般有嗅、尝、看、拍、揉、试等方法。嗅酵是将酵面揪下一块，放在鼻前闻一闻，有面香气味为正常，有酸味是碱轻，有碱味则是碱重。尝酵是取一小块酵面放入嘴里，用舌尖品尝，有甜滋味为正常，带有酸味是碱轻，发涩则是碱重。看酵是用刀将酵面切开，看其截面孔洞，多而均匀为正常；大而不匀者则是碱小；小而少，面茬发亮则是碱大。拍酵是用手轻轻拍打揉好的酵面，听其声音，发出"膨膨"熟西瓜声为正常，发出"扑扑"娄西瓜声是碱轻，发出"叭叭"生西瓜声则是碱重。揉酵是凭揉制面团时手上的感觉来确定。软硬适宜，不粘手，有筋力的为正常，松软、没劲、发虚、粘手的为碱轻，筋力大、顶手的为碱重。试酵是取一块酵面，通过蒸、烧、烙等方法使其成熟，根据颜色进行检验。色白则为正常，灰暗则为碱轻，色黄则为碱大。这种办法较为可靠，饮食业较常用。

【实例 4—1】

三 丁 包

坯料：面粉 350 g，酵母 7 g，温水 200 g，白糖 8 g。

馅料：猪肉 400 g，熟鸡肉 50 g，虾籽 5 g，熟笋适量，酱油 50 mL，盐适量，白糖 35 g，鸡汤 500 mL。

制作工艺：

● 面粉放于案板上，将干酵母、白糖放入塘中，加入约 45℃ 的温水拌匀，揉成光滑柔软的面团，饧面。

● 将猪肉洗净入汤锅煨七成熟，捞起切成丁，熟鸡肉、熟笋也切成丁。

● 炒锅上火，放入少许热精炼油将葱姜米煸香，然后放入肉丁、鸡丁、笋丁略煸，再放虾籽、酱油、盐、白糖、鸡汤，大火烧沸，中小火略焖，再移旺火收稠汤汁，勾芡。

● 将发起的面团搓条，下剂 20 只，左手托皮，掌心略窝起，右手上馅，用右手拇指和中指捏住皮子边缘，食指和拇指自右向左依次捏出 30 个左右的折纹，再用右手拇指、食指、中指将包口捏拢。

● 上笼足汽蒸 6 min 即熟，装盘。

二、油酥面团的调配方法及实例

1. 酥皮面团调制工艺

（1）水油酥调制工艺

水油酥是用适量的水、油和面粉拌和调制而成。它既有水调面团的筋力、韧性和保持气体的能力（其能力仍比水调面团小），又有油酥面团的润滑性、柔顺性和起酥性（起酥性不如干油酥）。它的作用是使油酥面团具有良好的造型和包捏性能，与干油酥相互间隔，起着分层和起酥的作用，它能把干油酥层层包围，使之成熟时不致破碎，并且使制品膨松体大。

调制方法是先将面粉倒在案板上，将搅匀的油和水同时加入面粉中，进行搅拌，然后揉搓成面团。如果先加油后加水，或先加水后加油，都影响面粉和水、油的结合。一般情况下，面粉与水加油的比例是每500 g面粉掺油与水约300 g，其中油占1/3，水占2/3。水温一般以30～40℃为宜，随着季节气温变化须略作调整。面团要反复揉搓，要求揉匀搓透，否则，制成的成品容易产生裂缝。揉好的面团要覆盖湿布，以防结皮、破裂。

（2）干油酥调制工艺

干油酥是全部用油、面粉调制的面团，特点是起酥性好，但面团松散、软滑、缺乏筋力和黏度，不能单独制成成品。干油酥在油酥制品中与水油酥层层间隔，形成层次，在成熟后可使成品发松起酥。干油酥的调制与一般面团不同，是用"擦酥"方法。具体做法是：油掺入面粉后，拌匀，放在案板上，用双手推擦。即先把面粉加油拌和，滚成团，用双手的掌跟一层一层向前推擦，擦成一堆后，再滚到后面摊成团，仍旧用前法反复操作，直到擦透为止（用手指触到面团产生弹性即表明已擦透）。擦增加了油脂颗粒和面粉颗粒的接触面，使油与面粉颗粒的结合紧密，形成了"团状"。这是油脂对面粉颗粒吸附能力增大的缘故。

一般500 g面粉加250 g油（可用猪油或素油），当然也有例外。如广式的干油酥，其配料比例是500 g面粉加300 g油。但所用油脂要一定是凉油，否则黏结不起，制品易脱壳或炸边。调制油脂，猪油比植物油好。因为猪油常温下呈固态，用它和油酥面时，呈片状；而植物油呈现液态，和油酥面时，呈圆球状。所以用同量的油，猪油润滑面积比较大，制成成品更酥一些，色泽也好。干油酥面所用的面粉，一般均用生粉，有的也用熟粉。如用熟粉，最好用蒸熟的，不用炒熟的，因为炒熟的色泽较差。

（3）油酥面团的包制方法

1）大包酥。大包酥又称大酥。首先是把水油酥揉光，搓成长条，擀成长方形片，厚薄均匀；干油酥也搓成和水油酥长短一样的长条，放在水油酥当中，用手按开按匀，占水油酥的 1/3，成为酥心，擀成长方形片；再从左向右叠 1 层，从右向左叠 1 层，又变成 3 层继续擀成长方形片；然后，从外向里卷成圆筒形，卷时要紧而匀，粗细一致，即可按照成品要求，切或揪成面剂。这种大包酥法一次可做几十个剂坯。优点是：速度快、效率高。适用于一般油酥制品大批生产；缺点是酥层不易起得均匀，质量稍差。

2）小包酥。小包酥又称小酥。制法是把干油酥包入水油酥内，封口，按扁，然后擀成长方形薄片。经折叠后擀开，反复几次，擀成薄片，即成为小包酥的坯子。这种小包酥法，用面团较少，一般是几个剂子一起做或一个一个做。优点是：酥层均匀，层次多，皮面光滑，不易破裂；缺点是较费工时，速度慢，效率低，适用于特色品种。

（4）油酥面团的酥型与成熟方法

油酥面团不管是大包酥还是小包酥，在制作成品时又有三个酥型，即明酥、暗酥和半暗酥。

1）明酥。制成酥层外露，清晰可见。因酥层纹路的不同又有圆酥与直酥之分。圆酥是酥层纹路呈现螺旋纹，从卷筒上直切成段，将刀切面向上，擀成圆形皮子进行包捏的酥形。"酥盒子""眉毛酥"即此酥形；直酥是酥层纹路呈现直线纹，将卷筒剖为两半，再切成段，将剖面向外包捏的酥形。"马蹄酥""燕窝酥"即此酥形。

2）暗酥。酥层藏在内而不外露。一般采用叠成长方形或方形坯皮包捏的酥形。也可将卷筒剖开切段，光面向外包捏而成。入油炸时因内部油酥受热溶化，气体外逸，胀发性强，因此，暗酥常作为花式酥点的包酥酥形。

3）半暗酥。酥层半藏半露。采用大包酥法，将卷筒切成段，刀面向两侧，光面向上按扁，擀制坯皮呈现中间稍厚，四边稍薄，圆形正齐，形成酥层多少的两面。将酥层外观多的一面向外，少的一面向内包捏即成半暗酥形。制品经油炸后，因仅有一部分酥层外现，而大部分酥层藏在内，其胀发性比暗酥更强。

在三种类型酥面中，明酥与半暗酥通常要包馅，而暗酥则很少用于包馅，包馅时要做到纹路清晰，包层均匀，完整正中，形式适当，不包馅则应快刀切段，厚薄适当。

油酥制品的成熟方法以炸、烤为主。炸制时，制品浸入油中，酥皮中水油面比例略多一些，可防止制品在油炸时发生松散、掉块、漏馅的现象。一般炸制品的酥皮常选用6∶4的比例。烤制品在成熟过程中，不存在上述现象，所以烤制品中的水油面用量，要比炸制品少一些，一般为5∶5。

2. 擘酥面团调制工艺

擘酥是广式面点最常使用的一种油酥面团。它由两块面团组成，一块是用凝结猪油掺面粉调制的油酥面，另一块是由水、糖、蛋等调制的水面，然后折叠在一起，成油酥面团，其中水面起皮的作用，油酥面起酥心的作用。擘酥类制品的特点是饼皮分层飞酥，入口酥化。

擘酥与水油酥皮不同之处：一是制作方法不同，水油酥皮是水油酥包酥心，而擘酥则相反，酥心包水面皮；二是擘酥用油量较多，而且用的油料多是硬性脂肪，还需要经过冷藏；三是起酥方法不同，水油酥皮采用包酥方法，而擘酥用叠酥法。

（1）油酥面调制

猪油熬炼。先将猪油洗净，切成小块，放入锅内，同时加清水煮，水干炼至出油时，改用小火熬好倒入盆内，徐徐搅拌，使之冷却凝结。熬炼凝结的油，叫做凝结板猪油。凝结板猪油中掺入少量面粉，拌和一起，搓揉均匀，压成板形。将压成板形的油酥面放入特制器具（铁箱）内，加盖密封，再放到冰箱内，冷冻4～6 h，至油脂发硬，成为硬中带软的结实板块体，即为油酥面。

（2）水面调制

取面粉放在案板上，中间挖坑，将调匀的鸡蛋液、白糖、清水倒入，抄拌均匀，用力搓揉，揉至面团光滑上劲为止。和油酥面一样，也要投入铁箱，置入冰箱冷冻。

（3）折叠合酥

把冰硬的油酥面取出，平放在案板上，用大通槌擀压，压平压薄；再取出水面也擀压成和油酥面大小相同的扁块，放在油酥面上，对好对正，接着，用通槌擀压成日字形，即可进行折叠合酥。第一次折叠，即将两头向中间折入，轻轻压平，再折成四层。第二次折叠，即在第一次折的基础上，再用通槌擀压成日字形，仍按上述方法折叠。第三次折叠与第二次相同，一般都要折叠擀压三次。三次折叠后，再擀成扁板形。放入冰箱，再入冰箱中冷冻半小时即成擘酥面团。

【实例4—2】

酥　盒

原料：面粉280 g，熟猪油95 g，温水55 g，红枣100 g，白糖50 g，精炼油10 g，糖桂花1 g。

制作工艺：

● 将红枣煮烂，去皮、核，锅烧热加油糖，熬至上劲，加入糖桂花即成。

● 面粉120 g与熟猪油70 g擦成干油酥；面粉140 g与熟猪油25 g、温水55 g擦成水油面。

● 水油面包上干油酥，按扁，撒上少许干粉，擀成长方形薄片，由两边向中间叠3层，成小方形，再擀成大方形薄片，由外向里卷成筒状，接口用蛋清粘牢，切成20只圆坯。

● 将圆坯截面向下，按扁，轻轻擀成圆皮。然后左手托住一张皮子，圆边上涂上蛋清，右手放入事先搓成球的馅心，盖上另一张同样大小的皮子，捏薄边皮，用右手拇指与食指绞出绳状花边，拢圆正即可。

● 油锅上火，放入精炼油，当油温约80℃时，放入生坯，在小火上浸养2 min，然后开始翻小泡，原有的酥层逐渐模糊，生坯开始膨胀，酥层再次出现时，上中火，油温约130℃翻大泡炸制，不断翻身，当酥层清晰，制品色白变硬，油温约升到150℃时出锅，装盘。

三、米粉面团的调配方法及实例

1. 糕类米粉面团

糕类米粉面团指用米粉为主要原料，经加糖、水或油拌制而成的面团，根据成品的性质，其又可分为松质糕米粉面团和黏质糕米粉面团。松质糕米粉面团是先成形后成熟的糕类粉团，黏质糕米粉面团是先成熟后成形的糕类粉团。

（1）松质糕米粉的调制

根据制品要求将糯米粉、粳米粉按一定比例掺和后，加入糖或糖油（糖油制法为将锅洗净，放入 1 kg 糖、400 g 清水，在火上熬制并不断搅动，待糖溶化泛起大泡，即可离火，稍冷后，用纱布滤去杂质即成）、水拌和后擦匀，直到糕粉能捏得拢、散得开时，盖上湿布静置一段时间，再筛入各模具中，即可进行下一道工序。

（2）黏质糕米粉的调制

先将糯米粉、粳米粉按制品要求的比例掺和，再加入水、糖、香料等拌粉。静置一段时间后上笼蒸熟，蒸熟后立即将粉料放在案板上搅拌，揉搓至表面光滑不粘手为止。

2. 团类米粉面团

团类米粉面团是将糯米粉、粳米粉按一定比例掺和后采用一定的方法（烫粉、煮芡）揉制成的米粉面团。

（1）团类米粉面团的调制

团类米粉面团的调制方法一般有沸水烫粉调制法、煮芡法、熟白粉调制法三种。沸水烫粉调制法是将米粉放入缸内，冲入沸水，利用沸水的高温将部分米粉烫熟，使淀粉糊化产生黏性，再将米粉揉制成团。沸水用量为米粉的 20%～25%。煮芡法是取米粉的 1/3，按 1 kg 米粉掺水约 200 g 的比例，调制成粉团，上笼蒸熟，然后与余下的米粉一起揉制成光滑不粘手的米粉面团。熟白粉团调制法是将米粉加水拌成糕粉，上笼蒸熟后，再反复揉成团。

（2）船点的调制

船点是米粉制品中的精品，是苏州、无锡地区的特色名点。它是将粉团染色后，包入各种馅心，然后经精工捏制成的各种花卉、飞禽走兽、瓜果、植物等形状的精细面点，现在一般在高档宴席上或节日期间供应。制作船点一般经过制面团、面团着色、捏制等工序。

船点用粉是经 100 目绢筛筛过的极细米粉，糯米粉和粳米粉的比例是 5∶5（饮食行业称为镶粉），面团以煮芡的方法制成。船点面团最好是随制随用，时间长了易脱芡。

船点着色所用的色素有两类：一类是化学合成的食用色素，另一类是动植物中的自然色素。饮食行业提倡使用自然色素，常用的自然色素有，用红曲米制成红色，用南瓜、蛋黄制成的黄色，用咖啡制成的褐色等，使用时也可将两种色素混合使用。

船点面团的着色一般采用卧色法，即先将粉团染上色素，制成各种彩色粉团，然后根据制品需要配上着色的面团制成半成品。着色是船点制作的重要步骤，着色使制品色彩鲜艳，制出的船点美观、生动、艺术性强。船点着色一般宜淡些，因为色素经蒸制成熟后还会加深。面团着色后即可运用一定的手法包捏成各种形状。

3. 发酵米粉面团

发酵米粉面团仅对籼米粉而言，它是将籼米粉加水、老酵、糖、膨松剂等经保温发酵而制成的面团。此类面团在广式面点中经常使用，具体制法是：先取籼米粉米浆的1/10调成稀糊蒸熟、晾凉和剩余的生米粉浆和均匀，加老酵再搅拌均匀，放置温暖处发酵。发酵时间一般夏季为6～8 h，冬季为10～12 h。至起发有酸味为准。发酵后再放入糖拌和，溶化后加入发酵粉、枧水（作用同碱，从草木灰中提取），搅拌均匀即可使用。

发酵米粉面团体积膨大，内有蜂窝状组织，制成的成品松软可口，用此种面团制成的棉花糕、黄松糕等皆是有名的品种。

【实例4—3】

松子枣泥拉糕

原料：细糯米粉700 g，细粳米粉500 g，红枣（也可用黑枣）750 g，猪板油丁250 g，松子仁50 g，绵白糖850 g，熟猪油250 g。

制作工艺：

● 先将枣洗净，用清水浸泡30 min，上笼用旺火沸水蒸至酥烂，取出待凉，然后去皮、核，放入网眼筛中擦成枣泥。

● 用锅置旺火上烧热，加熟猪油100 g，放入一半绵白糖，炒至起色，再倒入枣泥炒至干厚。最后将枣汤、白糖、熟猪油100 g及清水熬至溶化，离火待稍凉后放入糯米、粳米粉、猪板油丁拌匀成厚糊状。

● 取长方形盆一只，盆壁底涂抹熟猪油，倒入糕糊捋平整，表面均匀撒上松子仁，上笼用旺火沸水蒸约45 min至熟取出，待凉后将糕从瓷盆中取出，切成菱形块即成。

四、水调面团的调配方法及实例

1. 冷水面团的调制工艺

冷水面团是用冷水（水温在30℃以下）与面粉调制的面团。其特点是筋性好、韧性强、劲大，因此便于按皮、切条、成形包捏。它适宜于一些煮、烙的品种，如水饺、面条、馄饨、油饼等。

冷水面团调制方法是，先将面粉倒在案板上，在中间用手扒个圆坑，加入冷水，用手从四周慢慢向里抄拌，至呈"面穗"状后，再反复揉成面团，揉至面团光滑有筋性为止（要求达到面光、手光、板光），然后将面团放在案板的一边，盖上一块洁净的湿布，静置饧面。

一般每500 g面粉掺水250 g左右。同时根据不同品种、温度和湿度、面粉的含水量等灵活掌握。不同品种要求加水量有所不一样。水饺面要求软硬适中，每500 g面粉掺水200～250 g；刀削面稍硬，每500 g面粉掺水150 g；抻面稍软，每500 g面粉掺水250～300 g；特殊品种春卷皮面，每500 g面粉掺水350～400 g。掺水时要分次加入。一般是第一次掺水占掺水量的70%～80%，第二次20%～30%，第三次只是少许洒点水，把面团揉光。调制冷水面团时，还要反复地使劲揉搓，促使面筋较多地吸收水分，从而产生较好的延伸性和可塑性。此外，有些品种如抻面，揉搓以后，还要摔面、揣面。使劲揉搓是调制冷水面团的一个关键。

静置饧面。所谓饧面，是指将揉搓好的面团，静置一段时间，使面团更加柔软、滋润、光滑、具有弹性。饧面时间一般是10～15 min，有的也可达到30 min左右。

2. 热水面团的调制工艺

又称沸水面团，俗称烫面，是用80℃以上的热水和面粉调制而成的面团。热水面团是一种非筋性面团，其特点是柔软没劲，塑性好，用于包馅制品，不易穿底漏馅，容易成熟。其制品色泽较暗，微带甜味，质地软糯，吃口细腻，易于消化。适宜于制作烫面饺、烧卖、春饼、炸糕等。

热水面团调制：水温为80～100℃，先将面粉摊于案板成坑状，热水缓缓地浇于粉上，边浇边拌和，使面粉均匀吸水膨胀糊化，再洒些冷水（增加面团性韧），用力揉搓成团。揉团后摊开或切开面团散热，再进一步揉合。一般来说,热水面团须一次性用足水量,不宜再补。热水量一般为面粉的 50%,如"烧卖"面团每 500 g 面粉用沸水 250 g。揉成的面团如不散热,则易使面团粗糙,从而严重影响成品质量。

3. 温水面团的调制工艺

温水面团的特点是色白有韧性,富有可塑性、延伸性,做出的成品不易走样。温水面团适宜制作各种花色饺子、饼类。

温水面团调制:水温多在 50~60℃ 之间,一般可制作成"加料"面团。如可增加蛋,或可可粉、奶粉等。面团的吃水量和加工过程与冷水面团相同,但因面团尚有热气,因此也需散热,然后再揉匀、醒透即可。

【实例 4—4】

月 牙 蒸 饺

原料:面粉 250 g,温水 115 g,猪前夹心肉 450 g、葱 5 g,姜 5 g,黄酒 5 g,盐 5 g,酱油 30 g,白糖 20 g,味精 3 g,麻油 15 g,水 180 g,皮冻 200 g。

制作工艺:

● 猪前夹心肉绞泥,加葱姜末、黄酒、酱油、盐搅匀上劲,分次加水搅打上劲,再加入白糖、味精、麻油、皮冻搅匀。

● 面粉放在案板上,中间扒一塘坑,倒入温水,先调成雪花片状,再加适量水和成面团,饧面。

● 搓条,下剂(25 只),擀成直径为 10 cm,中间厚边上薄的圆皮,左手托皮,右手用竹刮子刮入 35 g 馅心,成一长枣核形,将皮子分成 2/5、3/5 部分,将皮子放于左手虎口上,用拇指顶住 2/5 部分,食指顺长围住皮子的 3/5 部分,中指衬住坯底。用右手的食指和拇指将 3/5 部分的边捏出瓦楞形褶皱 12 个,贴向 2/5 部分皮子的边沿,捏合成月牙形饺坯。

● 生坯入笼足汽蒸 8 min 左右,视成品鼓起不粘手、有光泽即成,装盘。

【实例 4—5】

翡 翠 烧 卖

原料：面粉 250 g，热水 125 g，小青菜 600 g，熟猪油 100 g，白糖 160 g，精盐 5 g，熟火腿 25 g，麻油 15 g。

制作工艺：

● 面粉倒在案板上，中间扒一塘坑，加入沸水调成麦穗面，淋少许冷水揉成光滑柔软的面团，饧面。

● 将小青菜洗净、焯水，用冷水浸凉，挤干水分，剁成细茸，放入布袋中压干水分，在菜茸中放入少许精盐拌透，加入白糖擦化，最后加入熟猪油、麻油拌匀。

● 将面团搓条下剂逐只压扁，圆剂上撒干粉，橄榄杖放于圆剂上，两手的拇指按住两头，先将面剂擀成厚薄均匀的圆皮，再将着力点移近边，将皮子的边缘推压成菊花瓣形的直径约 7 cm 的烧卖皮。左手托皮，右手上馅，边上馅边朝掌心收拢，再放于左手虎口中拢成石榴形，在烧卖坯的开口处点缀上几粒火腿末。

● 上笼足汽蒸 4 min 即熟，装盘。

五、其他面团的调配方法及实例

1. 澄粉面团

澄粉是小麦的淀粉，澄粉面团是用沸水将澄粉烫熟揉制成的面团。调制澄粉面团的方法是用沸水将澄粉烫熟，倒在抹有猪油的案板上，揉匀成团后即用干净的湿布盖好。也可在盆中调制后加盖盖严，以防表面水分蒸发起皮、粗糙和干裂而不好包捏制作。

调制澄粉面团的方法：第一，面团必须烫熟，否则吃口不爽。第二，面团揉好后需趁热盖上半干半湿的洁净布，以防面团干硬。第三，掌握好用料比例，一般澄粉 500 g，生粉 50 g，油 25 g，水 700 g。

澄粉面团爽而带脆，无筋力，色泽洁白。成品呈半透明状，细腻软糯，口感嫩滑，入口即化，易于消化。澄粉面团的蒸制品爽口，炸制品香脆，在广式面点中应用广泛，如炸制虾饺皮、粉果饺皮、娥姐粉果等。

2. 薯类、豆类、瓜果类面团

薯类面团是指以薯类为主要原料去皮制熟，加工成蓉泥，再加入面粉、米粉、澄粉等调制成的面团。此类面团松散带黏、软滑细腻，成品软糯适宜、甘美可口、有特殊香味，常见的制品有山芋沙方糕、玫瑰土豆饼等。

豆类面团就是用各种豆类加工成粉，单独调制或与其他原料共同调制的面团，这类面团色彩自然、豆香浓郁。如绿豆磨成粉加水调制成团，不筋不黏、香味浓郁，可制作绿豆饼、绿豆糕等。

瓜果蔬菜类面团是指以瓜类、果类以及其他蔬菜为主要原料加入澄粉、面粉、猪油等原料调制而成的面团。

【实例4—6】

马 蹄 糕

原料：马蹄粉300 g，白糖250 g，马蹄300 g，猪油25 g。
制作工艺：

● 马蹄粉用清水调匀，过筛去杂质。将马蹄磨碎成细泥，加入白糖、猪油，放入水锅中烧沸，加入过筛后的湿马蹄粉，先加2/3，边加入边搅拌，熟后离火，将剩余的马蹄粉拌入搅匀。

● 将马蹄粉团倒入抹过油的方盘内上笼蒸熟，取出冷透后切块即可。

六、生馅心的制作

1. 三鲜馅

三鲜馅是馅心中较为上乘、讲究的馅心，用其可制饺子、包子、馅饼等食品，是南北方人们都喜爱的一种馅。三鲜馅一般有肉三鲜、海三鲜、鸡三鲜、半三鲜等。调配时可以一种原料为主，配以两种鲜味突出的辅料，构成三鲜馅，也可以用三种同量但不同品种的原料调配而成。

【实例4—7】

制作三鲜馅

原料：猪肉末（最好是前腿肉，肥瘦比例为7：3）500 g，海参丁100 g，虾仁100 g，炒熟鸡蛋100 g，韭菜末250 g，植物油50 g，香油75 g，酱油60 g，水约150 g，葱姜末、盐、味精、胡椒粉各适量。

制作工艺：

●将虾仁丁放在盆内，加少许酱油、盐、味精、香油，搅匀静置10 min左右。

●猪肉放盆内，放姜末、酱油（可分三次加入）搅匀，加盐、味精、胡椒粉和水。水可分数次加入，一边加水，一边用筷子朝一个方向搅动，待肉馅搅稀、肉质起黏性时，再加第二次水，以此类推。

●肉馅吸足水，有黏性时再静置20 min备用。

●将海参丁、虾仁丁放入搅好的肉馅中，搅匀后放菜末，最后加葱花、香油和炒好的鸡蛋末，拌均匀即可。

2. 鲜肉馅

鲜肉馅是江浙一带人们喜食的一种馅心，也是一种使用比较广泛的馅心，与北方肉馅的区别在于北方制肉馅时打水，南方在肉馅中掺冻，目的都是使馅鲜嫩有汁。

【实例4—8】

制作肉馅

原料：猪肉末500 g，酱油25 g，盐5 g，香油25 g，皮冻250 g，姜20 g，味精4 g，葱50 g，水100 g，植物油30 g。

制作工艺：

● 将肉末放在盆内加姜、酱油、少许水、盐、味精搅拌至有黏性，加入植物油继续搅均匀，放葱、香油调搅成馅。

● 将剁好的皮冻放在肉馅中搅拌均匀即可。但需要注意，皮冻要根据馅品种而选用不同的原料，既可高档，也可一般。视面点品种、口味来确定掺冻的比例，膨松坯皮，其发度较大，皮薄馅多且讲究造型，馅心应少掺冻。

注意：各种汤包，因坯皮是冷水面或半发面的，掺冻要稍多点，吃时一包汤，突出了地方特色，如文楼汤包馅，馅心全是汤冻。

3. 虾饺馅

虾饺馅是以鲜虾肉为主要原料，配以肥膘皮、扭干笋等调制而成的，是广东点心中较有代表性的一种馅心，鲜嫩爽口。

【实例 4—9】

虾 饺 馅

原料：生虾肉 400 g，熟虾肉 100 g，肥肉 125 g，扭干笋丝 100 g，猪油 75 g，味精 10 g，胡椒粉 1 g，白糖 15 g，精盐 10 g，生粉 5 g，鸡蛋清 20 g。

制作工艺：

● 将虾肉洗净，用洁布吸干虾肉的水分，一部分剁成泥，一部分切粒。熟虾肉切粒，肥肉（熟）切成细粒，扭干笋丝与猪油拌匀备用。

● 将剁烂的虾肉和切粒的虾肉与生粉拌匀，再与精盐拌打，打至起胶时，放入鸡蛋清、白糖、味精、猪油、胡椒粉、熟虾肉、熟肥肉一同再拌，放进笋丝一齐拌匀即成。

● 将制好的馅放入冰箱内冻一下，使用效果极佳，但应注意所选用的虾一定要新鲜。

注意：此种馅心不需要加酒、葱、姜等调料。

4. 生素馅

生咸馅中的素馅是以新鲜蔬菜、干菜、豆类及制品为原料制成的馅心，如韭菜馅、白菜馅、茴香馅、翡翠馅等，适合制作包子、饺子、春卷等。

【实例 4—10】

韭菜鸡蛋馅

原料：韭菜 500 g，鸡蛋 150 g，粉皮 100 g，虾皮 50 g，盐 5 g，味精 4 g，植物油 20 g，香油 20 g，葱、姜各 5 g。

制作工艺：

● 将韭菜择洗干净、控净水、切成末，鸡蛋炒熟，粉皮切成丁备用。

● 锅内加少许油，将葱、姜炝香，放虾皮炸香倒在韭菜盆内，拌上鸡蛋、粉皮及盐、味精、香油，搅拌均匀即可。

5. 五仁馅

五仁馅是以糖为主料配以五种果仁等拌制成的一种馅心。

【实例 4—11】

五　仁　馅

原料：核桃仁 50 g，瓜子仁 20 g，松子仁 20 g，花生仁 30 g，芝麻仁 50 g，白糖 250 g，熟面粉 50 g，果脯丁（什锦）100 g，猪油 50 g，香油 40 g，饴糖 30 g。

制作工艺：

● 核桃仁、瓜子仁、松子仁，入烤箱烤熟至香，芝麻炒香碾碎，花生去皮炸香。五种果仁用刀切成粒。

● 将五仁丁加白糖、熟面粉、香油、猪油、饴糖、果脯丁一起搓擦均匀即可。

6. 麻蓉馅

麻蓉馅是以芝麻、白糖为主料，经搓擦而成的一种馅心。

【实例 4—12】

麻 蓉 馅

原料：白糖 250 g，芝麻 150 g，香油 50 g，猪油 30 g，青红丝各 20 g，熟面粉 25 g。

制作工艺：

● 芝麻（黑白均可）炒香碾成末，青红丝切成颗粒。

● 将白糖、芝麻末、猪油、香油、面粉、青红丝放在盆里加少许水，搓潮即可。

7. 蜜饯馅

蜜饯馅是以各种蜜饯配以白糖、香油等原料制成的一种馅心，是北方制作月饼的常用馅。

【实例 4—13】

蜜 饯 馅

原料：白糖 250 g，青梅 20 g，瓜条 10 g，苹果脯 20 g，葡萄干 20 g，杏脯 10 g，核桃仁 20 g，糖渍油丁 50 g，香油 50 g，熟面粉 30 g，饴糖 10 g，桂花酱 20 g。

制作工艺：

● 将各种果脯切成小方丁放在香油盆内拌均匀，静置 1 h，然后将糖渍油丁、果脯丁拌匀备用。

● 将白糖、果脯丁、饴糖、桂花酱、面粉等原料拌在一起搓均匀即可。

8. 水晶馅

水晶馅因其馅洁白透明似水晶而得名。该馅是以猪板油、白糖等原料拌制的一种生甜馅，各地的制法不同，油糖比例不一样，但可根据本

147

地习惯配制此馅。

【实例 4—14】

水 晶 馅

原料：白糖 500 g，猪板油 150 g，熟面粉 100 g，青红丝 50 g，桂花酱 50 g。

制作工艺：

● 先将猪板油去皮放在白糖上拍成厚片，切成小方丁，腌渍。

● 再将白糖、油丁、桂花酱、面粉、青红丝等原料拌和在一起即可。

七、熟馅心的制作

1. 叉烧馅

叉烧馅是以叉烧肉为主要原料，加以面捞芡拌制而成的馅心，是广东点心中有特色的馅心品种。

【实例 4—15】

叉 烧 馅

原料：叉烧肉 500 g，面粉 75 g，猪油 75 g，白糖 75 g，酱油 50 g，精盐 2.5 g，葱 20 g，清水 250 g。

制作工艺：

● 将叉烧肉切成指甲片状备用。

● 将猪油放入锅内烧热，加入葱炸干捞出，取其葱香味；再将面粉倒入锅内搅匀，炒制呈淡黄色。

● 锅内加入清水、白糖、酱油、精盐等原料搅匀，炒至光滑熟透，倒入碗中作为面捞芡备用。

●将叉烧肉与面捞芡拌和均匀即成。但应注意叉烧肉不宜烧得太烂，面捞芡不宜过于清薄，拌芡应掌握好用量，不宜多或过少。

2. 三丁馅

三丁馅是以三种原料为主，经烹制而成的馅。各地三丁馅的选料有差异，调味也略有不同，以扬州市"富春茶社"传统的三丁大包久负盛名。

【实例 4—16】

三 丁 馅

原料：猪肋条肉 500 g，熟鸡脯肉 250 g，熟冬笋 250 g，虾子 6 g，酱油 90 g，绵白糖 20 g，湿淀粉 25 g，葱 8 g，姜 8 g，料酒 5 g，鸡汤 400 g，盐 10 g。

制作工艺：

●先将葱、姜洗净，放入碗内捣碎后加清水 100 g，浸泡成葱姜汁。将猪肉放入锅内加水烧开，焯水后捞出。切成大块，放入清水锅中煮至七成熟后捞出，晾凉。

●用刀将肉切成 0.7 cm 见方的小丁；鸡肉用水煮过，晾凉切成同样的丁；冬笋切成 0.5 cm 见方的丁备用。

●锅内加少许的油，烧热放入肉丁、鸡丁、笋丁稍加煸炒，加料酒、葱姜水、酱油、虾子、白糖、鸡汤、盐等，用旺火煮沸入味，用湿淀粉勾芡。

●待卤汁渐稠后出锅，装入馅盆即成三丁馅。

3. 咖喱牛肉馅

咖喱牛肉馅是以牛肉、洋葱，调入咖喱粉经熟制而成的一种香辣味的馅心，可制作咖喱酥饺、咖喱包子等。

【实例4—17】

咖喱牛肉馅

原料：牛肉500 g，洋葱250 g，咖喱粉10 g，盐4 g，白糖20 g，黄油15 g，味精3 g，淀粉适量，烹调油40 g，鸡汤25 g。

制作工艺：

● 牛肉剁成末，洋葱切成小粒。

● 锅内加油烧热，放少许洋葱炝锅，放咖喱粉小火煸香，放牛肉末煸松散，烹黄油，加鸡汤、盐、味精、白糖、洋葱粒，炒出香味，勾淀粉芡盛出即可。

4. 三丝春卷馅

春卷馅的品种较多，口味多样，有咸有甜，有荤有素。三丝春卷馅是江浙一带人们较喜食的一种馅，是选用三种动、植物原料切成细丝，经炒制而成的一种馅心。

【实例4—18】

三丝春卷馅

原料：猪肉丝250 g，笋丝150 g，冬菇丝150 g，韭黄100 g，黄油40 g，酱油20 g，盐2 g，味精2 g，白糖5 g，水淀粉、葱姜丝适量，烹调油40 g。

制作工艺：

● 将锅坐在火上，打底油、烧热，葱姜丝炝锅，放肉丝煸炒。

● 烹黄油、酱油、盐、味精、白糖，再放笋丝、冬菇丝炒出香味，勾水淀粉芡。

● 将韭黄拌在炒熟的馅里即可。

5. 熟素馅（南方）

素馅是人们喜爱的大众馅心，南方素馅炒制时要加少许的白糖，使其口感柔香。素馅因不加入荤馅料，故具有清素的特点。

【实例 4—19】

熟　素　馅

原料：青菜 250 g，烤麸丁 50 g，香菇丁 25 g，油面筋丁 100 g，水发金针菜丁 50 g，笋尖丁 40 g，植物油 50 g，香油 25 g，葱姜末、水淀粉适量，白糖 20 g，粉毕（水发）100 g，豆腐干丁 50 g，酱油 30 g，鸡汤 100 g。

制作工艺：

● 植物油炝锅加葱姜，放以上多种素料煸炒，加入酱油、味精、白糖，添少许鸡汤，勾少许水淀粉芡后盛在盆内备用。

● 青菜切碎，挤去水分，与炒好的素料拌好即成素馅。

6. 素什锦馅（北方）

【实例 4—20】

素　什　锦　馅

原料：油面筋 100 g，香干 50 g，香菇（水发）50 g，水发金针菜 50 g，粉皮 50 g，木耳 30 g，绿豆牙菜 400 g，香菜 50 g，酱油 20 g，面酱 20 g，麻酱 30 g，酱豆腐 30 g，烹调油 50 g，香油 25 g，葱姜末各 10 g，大料（大茴）2 瓣。

制作工艺：

● 将各种原料切成小丁，绿豆芽掐去根，切成小断。将面酱、麻酱、酱豆腐、香油拌在一起放在碗里备用。

● 勺内放烹调油烧热，炝大料至出香味后捞出弃之，放葱姜末、酱油、盐、味精，离火倒在酱碗内拌均匀。将调好的酱、绿豆芽菜、各种料丁拌均匀即成素馅。

7. 豆沙馅

豆沙馅是以赤豆为主料，配以白糖、桂花等原料炒制成熟的一种馅心。豆子经熟化成细沙故称之为豆沙馅。

【实例4—21】

豆 沙 馅

原料：红小豆 500 g，白糖 600 g，花生油 150 g，桂花酱 30 g。

制作工艺：

● 红小豆去杂质、去沙、洗净、蒸烂、去皮、澄沙（澄沙过程如前面所述）。锅内放少许油和 1/2 的白糖，炒一会儿加少许水将糖炒化，炒出香甜味后放入豆沙，用木铲边炒边铲。

● 豆沸后改用小火，炒至豆沙基本浓稠时再放其余的糖和油。

● 待油炒进馅内、色泽变红亮时将桂花酱倒入，炒均匀呈浓厚状态不粘手时即可。

---

8. 莲蓉馅

莲蓉馅是以莲子为主要原料，配以白糖等辅料炒熟的一种甜味馅。

【实例4—22】

莲 蓉 馅

原料：白莲 250 g，白糖 300 g，大油 75 g，花生油 35 g，澄粉 50 g。

制作工艺：

● 先将白莲加水蒸酥烂，磨成蓉泥状。

● 放入铜锅内，加入白糖，上火烧沸后，降低火力，边煮边铲，铲至浓稠状，将花生油和大油分数次加入（每次需将油全部

炒入莲蓉后再加下一次），最后将澄粉筛入锅中，炒至均匀、不粘手即成。

●炒馅时要先用旺火，水沸之后改用慢火，否则莲蓉易焦糊，冷却后会发硬、"翻沙"。油要分几次加入锅内，每次要等油全部与莲蓉融合后，再加下一次的，使水分逐渐蒸发，油脂逐渐渗入馅中。

9. 枣泥馅

枣泥馅是以枣为主料（红小枣、大枣、黑枣），加入糖、油等原料经熟化处理后的一种馅。此馅口味上乘、营养丰富，是制作各类点心的熟甜馅。

【实例 4—23】

枣 泥 馅

原料：红枣 500 g，白糖 300 g，澄粉 250 g，大油 15 g，桂花酱 30 g。

制作工艺：

●红小枣加工成枣泥。铜锅或不锈钢锅上火，放入枣泥、白糖、大油、桂花酱用中火煮沸，边煮边铲炒至浓稠状，筛入澄粉，铲匀至光润即成馅。

●炒制时注意火候的调整。根据不同的面点品种掌握好软硬度。

八、复合味馅的制作

1. 椒盐麻蓉馅

椒盐麻蓉馅是以芝麻、白糖、椒盐、油脂等原料搓擦成的一种复合味馅，不仅突出甜、咸口味，还要突出椒香的口味。此馅适合制作中点的牛舌饼和其他烤点。

【实例4—24】

椒盐麻蓉馅

原料：白糖 250 g，芝麻 250 g，花椒 10 g，盐 5 g，猪油 75 g，香油 25 g，熟面粉 30 g，饴糖 10 g，青红丝 10 g。

制作工艺：

● 先将芝麻炒香碾碎。花椒炒香擀碎，与盐拌和在一起备用。

● 再将糖、熟芝麻、香油、猪油、椒盐、饴糖、青红丝、熟面粉等搓擦成馅心即可。椒盐麻蓉馅在搓擦时，如果较干，可适量少加点水。擦成蓉状以潮湿为标准，过湿、过干都直接影响口感。

2. 肉松馅

肉松馅是具有上海特色的馅心，如上海肉松烧饼等品种都使用此种馅心。肉松馅以肉松、板油丁、芝麻为主要投料，用此馅制成的点心或烧饼最好是趁热吃，才能突出风味。

【实例4—25】

肉 松 馅

原料：肉松 300 g，猪板油 200 g，芝麻 50 g，白糖 100 g。

制作工艺：

● 猪板油去脂皮切成小丁用糖渍。芝麻炒香碾碎。

● 将肉松、板油丁、芝麻、白糖等原料拌均匀即可成馅。馅熟易透明，突出油香味。如馅心不潮，可加少许水或饴糖拌均匀。

3. 冬菜馅

冬菜馅是四川风味的包子馅，它以配料多、口味厚为特色。

【实例 4—26】

冬 菜 馅

原料：猪肉 500 g，冬笋 100 g，川冬菜 150 g，川榨菜 100 g，白糖 25 g，猪油 75 g，酱油 25 g，黄酒 10 g，水淀粉适量，葱姜末各 5 g，鸡汤适量。

制作工艺：

● 猪肉洗净切剁成末。

● 川冬菜去老根洗净、剁碎。

● 冬笋去皮切成碎丁。

● 川榨菜用水洗净，切成小碎丁。

● 肉末不要剁得过细。冬笋最好先焯水，待凉后再切丁。

● 勾芡要适度，便于包捏。

● 勺内加底油，葱姜炝勺，放肉末煸炒，烹黄酒、酱油，待肉末炒散放入冬笋、冬菜、榨菜，下白糖，加鸡汤烧开勾芡即成川包馅。

第五章

厨房管理

第一节 成本管理

➢ 掌握厨房生产成本特点，及其计算方法。

➢ 掌握厨房生产成本核算的基本参数，掌握厨房作业流程中的阶段性成本控制方法。

➢ 能够制定厨房生产成本报表，并能运用比较的方法对厨房生产成本进行分析，能够提出产品成本控制措施，并能制定控制成本方案。

一、厨房生产成本特点及计算

厨房生产成本管理是厨房管理工作中的重要组成部分，成本管理的效率高低对加强餐饮企业经营管理、降低生产成本和费用、提高餐饮企业的经济效益和竞争能力都具有重大意义。

厨房生产成本是指厨房在生产制作产品时所占用和耗费的资金。这主要由三个部分构成：原料成本、劳动力成本以及经营管理费用。其中，前两项约占生产成本的 70%～80%，是厨房成本的主要部分。人工成本指参与厨房生产的所有人员的费用；经营管理费用指厨房在生产和餐饮经营中，除原材料成本和人工成本以外的成本，包括店面租金、能源费用、借贷利息、设备设施的折旧费等。在这三个部分中，厨房管理的主要任务是生产成本管理，即对厨房产品的原料成本进行控制和管理。

1. 厨房生产原料成本的构成

厨房生产原料成本是指生产制作菜点时实际耗用的各种原料价值的总和。原料成本属于变动成本，与销售量的大小成比例变化。根据原料在菜点制作中的不同作用，原料可分为三类，即主料、配料（或称辅料）和调料。这三类原料是核算厨房生产成本的基础，又称之为厨房生产成本三要素。

生产成本三要素是单个菜肴的成本构成，而对于宴会菜点的成本来说，则主要由冷菜成本、热菜成本和点心成本综合构成。根据酒水另算、水果费用单独计算的习惯，许多餐饮企业将冷菜成本定为食品原料成本的 15%，热菜成本定为 70%，点心成本定为 10%，调料成本按 5%计算。这是一个可以参考的比例，但要根据不同地方宴会、不同要求的宴会作适当调整。大多数情况下，宴会标准越高，热菜成本所占比重也会相应增加，而冷菜、点心成本变化不大。因此，应注意区别核算。需要注意的是，近年来，随着各式新颖、优质调料的不断出现，调味品不断推陈出新，加之不少菜品调味品用量比较大，调味品的成本及所占的比例有增大的趋势。

2. 厨房生产成本的特点

厨房生产由于生产制作的手工性和技术、用料的模糊性以及生产过程的短暂性、产品规格的差异性、原料随行就市价格波动大等特点，使成本控制更加复杂和困难，具体体现在以下几方面。

（1）原料成本核算难度大

厨房生产的特点是先有顾客，再安排生产，且即时生产、现场销售，因此，给厨房生产管理和食品成本核算带来一定的难度，具体表现如下：

1）菜品销售量难以预测。厨房生产很难事先进行准确安排，因为餐厅很难预测某一天到底会有多少顾客光临，光临的顾客又会有多大消费额、可能消费哪些菜品等，这一切都是未知数。因此，最终会消耗多少食品原料也难以准确地计算出来，只能是凭顾客的预定和管理人员的经验来预测，所以难免会有一定的误差。

2）原料品种和数量的准备难以精确安排。因为菜点的销售量难以预测，厨房生产所需的原料数量也难以精确估计，所以需要有较多的食品原料库存作为基本保证，而食品原料的库存过多会导致其损耗或变质，并增加库存费用；食品原料的库存过少又会造成供不应求，并增加采购费用。这就要求厨房具有较灵活的食品原料采购机制，根据具体的经营状况随时组织采购，做到既不影响厨房生产，最大限度地满足顾客的需求，又能为餐饮企业增加效益。

3）单一产品的成本核算难度大。厨房生产的菜点品种繁多，每次生产的数量较少，且边生产边销售。另外，食品原料成本还会随着市场、季节、消费者的要求经常变化。因此，根据单个产品逐次进行成本核算几乎没有可能。这就要求厨房生产建立相应的成本核算和控制制度，以确保企业的既得利益。

（2）菜点食品成本构成相对简单

一般的生产加工企业，其产品成本包括各种原料成本、燃料和能源费用、劳动力成本、运输成本、企业管理费等，而厨房生产的菜点等产品的成本仅包括所耗用的食品原料成本，即主料、配料和调料成本，其构成要比其他产品成本相对简单一些。

（3）食品成本核算与成本控制直接影响利润

由于每天来就餐的人数及人均消费额不固定，每天的销售额具有较大的不可预测性。虽然通过加强管理，突出餐饮经营特色等方法可增加营业收入，但其利润的多少却取决于食品成本核算与成本控制。通过精打细算，可减少食品原料消耗并避免浪费，降低厨房的生产成本，保证餐饮企业的应有利润。

（4）生产人员的主观因素及状态对成本影响较大

厨房生产绝大多数都是员工的手工操作，生产人员的工作状态及主观因素对成本影响特别大。首先，体现在生产人员的厨艺是否过硬，厨师技术不过关，经验不足，很容易导致原材料出净率降低，加大原料的浪费程度。其次，厨师的工作状态、情绪及对报酬的感觉同样也会导致原料利用率的降低，厨师的工作责任心问题容易造成原料的人为损失。再次，厨师责任心不强，很容易出现厨房场所内人员的私自吃拿现象；厨房出菜制度控制不严，如服务员与厨师形成默契等情况都易导致成本流失。

3. 厨房成本计算方法

厨房原材料成本计算的核心是计算耗用原材料成本，即实际生产菜点时用掉的食品原料。

（1）主、配料成本核算

用作菜点制作的主、配料，一般要经过拣洗、宰杀、拆卸、涨发、初步熟处理至半成品之后，才能用来配制菜点。其中，没有经过加工处理的原料称为毛料；经过加工，可以用来配制菜点的原料称为净料。净料是组成单位产品的直接原料，其成本直接构成产品的成本，所以，在计算产品成本之前，应算出所用的各种净料的成本。

1）原料初加工后的成本核算。原料在最初购进时，多为毛料，大都要经过拆卸等加工处理才成为净料。由于原料经过拆卸等加工处理后重量发生变化，所以必须进行净料成本计算。净料成本的计算，有一料一档和一料多档，以及不同渠道采购同一原料的计算方法等。

①一料一档的情况。原材料经过初加工后，只有一种半成品，没有可作价利用的下脚料和废料，其净料的单位成本的计算公式是：

$$净料成本 = \frac{购进原材料总成本}{加工后半成品质量}$$

原材料经加工处理后，得到一种半成品，同时又得到可作价利用的下脚料和废弃料，其计算公式是：

$$净料成本 = \frac{购进原材料总成本 - 下脚料作价金额 - 废弃物作价金额}{加工后半成品质量}$$

②一料多档的情况。如果原材料经过加工处理后，得到一种以上的净料，则应分别计算每一种净料的成本。分档计算成本的原则是：质量好的，成本应略高；质量差的，成本应当略低。

③不同渠道采购同一原料的情况。餐饮企业采购原料的方式多种多样，在采取多种渠道采购同一种原料时，其采购单位价格不尽相同，这就要用加权平均法计算该种原料的平均成本。

【案例5—1】 供货商给某餐饮企业提供 75 kg 里脊肉，每千克的价格为 16.40 元。厨房发现不够用后，采购人员又从市场上购进 50 kg，每千克为 17.20 元，计算里脊肉每千克平均成本。

分析：

里脊肉平均成本为：$(50×17.20＋75×16.40)÷(50＋75)＝16.7$（元）

2）生料、半成品和成品的成本计算

净料可根据其拆卸加工的方法和处理程度的不同，分为主料、半成品和成品三类。

①生料成本的计算。生料就是只经过拣洗、宰杀、拆卸等加工处理，而没有经过烹调更没有达到成熟程度的各种原料的净料，其计算公式：

$$生料成本＝\frac{毛料总值－下脚料总值－废弃物品总值}{生料重量}$$

②半成品成本的计算。半成品是经过初步熟处理，但还没有完全加工成成品的净料。根据其加工方法的不同，又可分为无味半成品和调味半成品两种。显然，调味半成品成本要高于无味半成品的成本。许多原料在正式烹调前都需要经过初步熟处理。所以，半成品成本的计算，是主配料计算的一个重要方面。

无味半成品的计算公式：

$$无味半成品成本＝\frac{毛料总值－下脚料价值－废料价值}{无味半成品重量}$$

调味半成品的计算公式：

$$调味半成品成本＝\frac{毛料总值－下脚料和废料价值＋调味品价值}{调味半成品重量}$$

③成品成本的计算。成品即熟食品，尤以卤制冷菜为多，其成本与调味半成品类似，由主、配料成本和调味品成本构成。成品成本的计算公式是：

$$成品成本＝\frac{毛料总值－下脚废料总值＋调味品总值}{成品重量}$$

(2) 调味品成本核算

1）单件成本核算法。单件成本指单件制作的产品的调味品成本，也叫个别成本，各种单件生产的热菜的调味品成本都属这一类。核算这一类调味品的成本，先要把各种不同的调味品的用量估算出来，然后根据其进价，分别计算出其价格，并逐一相加。

2）平均成本核算法。平均成本也叫综合成本，指批量生产（成批制作）的产品的单位调味品成本。冷菜卤制品、点心类制品以及部分批量制作的热菜等都属于这一类。计算这类产品的调味品成本，应分两步进行。

第一步，各种调味品的总用量及成本成批制作时，调味品的总用量一般较多，统计应尽可能全面，以求调味品成本核算准确，同时保证产品质量的稳定。

第二步，用产品的总重量来除调味品的总成本，即可求出每一单位产品的调味品成本。

批量产品平均调味品成本的计算公式是：

$$批量产品平均调味品成本=\frac{批量产品耗用的调味品总值}{产品总重量}$$

（3）净料率的确定及应用

由于厨房生产每天购进原料的品种和数量都很多，对于净料处理后的重量，不可能逐一过秤分别计算。一些餐饮企业在实践中总结出一个规律，就是在净料处理技术水平和原料规格质量相同的情况下，原料经加工后的净料重量和毛料重量之间构成一定的比率关系，因而通常用这个比率来计算净料重量。

1）净料率及其计算方法。所谓净料率，就是净料重量与毛料重量的比率，其计算公式是：

$$净料率=\frac{加工后的净料重量}{加工前的毛料重量}\times100\%$$

净料率一般以百分数表示，行业内也有不少厨师习惯于用"折"或"成"表示。净料率在餐饮业中又称为拆卸率。在菜肴烹饪的不同阶段，净料有生料、半成品和成品三类，相应地净料率也有生料率、半成品率和成品率三种，其计算公式与净料率相同。

与净料率相对应的是损耗率，也就是毛料在加工处理中所损耗的重量与毛料重量的比率。其计算公式是：

$$损耗率=\frac{加工后的损耗重量}{加工前的毛料重量}\times100\%$$

净料、毛料及其比率关系为：

$$损耗重量+净料重量=毛料重量$$

$$损耗率＋净料率＝100\%$$

2）净料率的应用。利用净料率可直接根据毛料的重量，计算出净料的重量：毛料重量×净料率＝净料重量。

【案例5—2】　某酒楼购进猪腿肉 5 kg，单价 12.60 元，经处理后分成猪皮和净肉两类，净料率是 89%，已知猪皮单价 5.80 元，请计算净肉 100 g 的成本。

分析：

净肉重量：5 kg×89%＝4.45（kg）

猪皮重量：5 kg－4.45 kg＝0.55（kg）

净肉 100 g 成本：

$$[(12.60×5－5.80×0.55)÷4.45]×10\%＝13.4（元）$$

同样，还可以根据净料率和净料的重量，计算出毛料的重量，公式为：

$$净料重量÷净料率＝毛料重量$$

二、厨房生产作业流程中的成本控制

根据厨房生产运转流程，可以加工生产为界，划分为生产前、生产中和生产后三个阶段。可针对三个阶段不同特点，强化成本控制意识，建立完善控制系统，将生产成本控制落实到每个业务环节之中。

1. 厨房生产前的成本控制

成本生产前的控制，主要是针对生产原料的管理与控制以及成本的预算控制等。

（1）采购控制

采购的目的在于以合理价格，在适当的时间，从可靠的货源渠道，按既定规格和预定采购数量购回生产所需的各种食品原料，采购控制主要体现在欲购进原料的质量、数量和价格三个方面的控制。

（2）验收控制

验收控制一方面要检查原料质量、数量以及采购价格是否符合采购要求，另一方面要确保各类原料尽快入库或及时使用。

（3）储存控制

储存控制具体要落实到人员控制、环境控制以及库房的日常管理三个方面。

（4）发料控制

发料控制是原料成本控制中的一个重要环节，发料时要严格执行审批制度，规定领料的次数和时间，发料人员要如实计算发出的原料及全天领料总成本。

（5）成本预算控制

做好成本预算工作是开展厨房生产的前提，餐饮企业要借助以往销售记录和成本报表，结合当前实际情况，逐步分解和确定每月、每日成本控制指标，以便管理人员随时对照，以便改进。这样，可以从宏观上入手到微观上把握，使生产成本控制做到有的放矢、有章可循。

2. 厨房生产中的成本控制

厨房生产中的控制主要体现在对原料加工、使用的环节上，主要包括以下几个方面。

（1）加工制作测试

准确掌握各类原料净料率，确定各类原料的加工、制作损耗的许可范围，以检查加工、切配工作的绩效，防止和减少加工和切配过程中造成的原料浪费。

（2）制订厨房生产计划

厨师长应根据业务量预测，制订每天生产计划，确定各种菜肴数量和份数，据此决定领料数量。生产计划应提前数天制订，以便根据情况变化作及时调整。

（3）坚持标准投料量

按照标准食谱进行加工和制作，这一要求应在厨师的具体操作中严格执行。

（4）控制菜肴分量

按照既定装盘规格中所规定的品种数量进行装盘，否则会增加菜肴成本，影响利润的实现。

另外，常用原料的集中加工、高档原料的慎重使用以及原料的充分利用等也是在厨房生产中必须要注意的事项，这些能够帮助厨房生产中降低原料成本。

3. 厨房生产后的成本控制

厨房生产后的成本控制主要体现在实际成本发生后，与预算当月、当周、当日成本进行比较、分析，及时找出原因进行适当调整。具体要注意以下几种情况：

（1）企业经营业务不太繁忙时，原料采购频率要提高，尽量减少库存损耗。

（2）少数几种菜式成本偏高时可采用保持原价而适当减少菜式分量以抵消成本增长的办法。当然，净料减量必须有度，以免引起顾客的不满，继而影响企业的声誉。

（3）对于成本较高，但在菜单中占总销售量比重大的菜品，则可以考虑下述几种解决办法：

1）企业可否通过促销手段来增加这些菜肴的销量，如果可行则维持不动。

2）企业能否通过其他成本并未上升的菜肴的推销来抵消部分菜肴成本的增加量。

3）菜肴分量上的适当减少。

如果上述做法都不可行，则要尝试能否通过调整售价的办法来弥补成本。这种做法要注意顾客的接受程度，把握适宜的调价时机。

当然，如果出现成本偏低的情况，则要检查分析成本降低的原因，是进价便宜了还是工艺改进了，可能的情况下可将其作为促销产品。

三、生产成本报表及控制方法

厨房采用标准成本进行原料成本控制，将在生产经营中的实际成本与标准成本进行比较，找出生产经营中各种不正常的、低效能的以及超标准用量的浪费等问题，采取相应的措施，以达到对原料成本进行有效的控制。

厨房管理人员既要了解实际食品成本和成本率，也应确定标准食品成本和成本率。控制食品成本率并不能解决以往生产中出现的问题，还要了解本段时间内具体的用料成本。

1. 与标准成本进行比较、控制生产成本

采用标准成本控制，制定和使用标准食谱是项重要工作。成本控制员可与厨师长一道，制定出各种菜品每份标准成本。成本控制员同时应根据价格变动，定期或不定期调整标准成本卡中的成本价格，及时计算进价变动后的实际成本，保证成本控制的准确性。

比较标准成本控制即从原料用量上对成本进行控制，用标准用量与实际用量进行比较，以达到从原材料用量上进行成本控制的目的。

如果实际用量与计算的标准用量相差较大，必须要检查原因。实际耗用量大于标准用量的主要原因有：

（1）操作中未按标准用量投料，用料分量超过标准菜谱上的规定。

（2）操作中有浪费现象，如菜肴制作失手不能食用，重新制作的情况。

（3）原料采购不当造成净料率过低，如使用河虾挤虾仁时，原料品质对出净率影响较大。

（4）库房、厨房、餐厅中存在的其他问题等。

2. 食品成本日报表控制

（1）食品成本日核算与成本日报表

厨房每日食品成本由直接进料和库房领料成本两部分组成，直接进料成本记入当天原料成本，其数据可从餐饮企业每天的进料日报表上得到；库房领料的成本记入领料日的食品成本，其数据可从领料单上汇总得到。除了这两种成本以外，还应考虑各项调拨调整的成本。计算公式如下：

当日食品成本＝直接进料成本（进货日报表直接进料总额）＋库存领料成本（领料单成本总额）＋调入成本－调出成本－员工用餐成本－余料出售收入－招待用餐成本

计算出食品日成本后，再从财务记录中取得日销售额数据，可计算出日食品成本率。

食品成本日核算能使管理者了解当天的成本状况。若孤立地看待每日食品成本率，意义不大，因为餐饮企业的直接进料有些是日进、日用、日清，而有些则是一日进，数日用；另外，库房领料，也未必当天领进当天用完。因此，食品成本日报表所反映的成本情况，只能供管理参考。因此，将每日成本进行累计，连续观察分析，成本日报表反映的数据（尤其是累计成本率等数据）用于成本控制决策的指导意义就大多了。

每天定时将当日或昨日餐饮成本发生情况以表格的形式汇总反映出来，餐饮成本日状态报表（见表5—1）即告完成。

（2）食品成本月核算与成本月报表

食品成本月核算就是计算一个月内食品销售成本。通常需要为餐饮部门设一个专职核算员，每天营业结束后或第二天早晨对当天或前一天

表5—1						某餐饮企业日食品成本分析表						元
日期	直接进料成本	库房发料成本	内部调拨		员工用餐成本	招待用餐成本	其他扣除成本	食品成本		营业收入		食品成本率(%)	
			调入成本	调出成本				当日	累计	当日	累计	当日	累计
1	18 560	22 130	625	435	350	1 280	0	39 250	39 250	83 511	83 511	47.00	47.00
2	4 600	23 650	1 250	450	350	0	0	28 700	67 950	59 792	143 302	48.00	47.42
3	3 800	21 400	0	1 550	350	0	0	23 300	91 250	45 686	188 989	51.00	48.28
4	24 600	20 470	1 105	225	300	0	0	45 686	136 900	111 341	300 330	41.00	45.58
5	19 820	19 820	290	1 415	300	0	0	21 755	158 655	41 047	351 377	53.00	46.47
6	22 180	22 180	0	925	350	2 660	0	23 805	182 460	48 582	389 959	49.00	46.79
7	4 840	20 880	1 560	440	350	0	0	26 490	208 950	59 395	449 353	44.60	46.50
⋮	⋮	⋮	⋮	⋮	⋮	⋮	⋮	⋮	⋮	⋮	⋮	⋮	⋮
29	33 100	22 160	1 400	340	350	0	400	55 970	928 155	126 420	1 958 177	44.27	47.40
30	2 800	18 100	0	1 365	350	0	0	19 185	947 340	101 258	2 059 435	18.95	46.00

营业收入和各种原料进货、领料的原始记录及时进行盘存清点，做到日清月结，便可计算出月食品成本。

1）领用食品成本计算。其计算公式为：

领用食品成本＝月初食品库存额（本月第一天食品存货）＋本月进货额（月内入库、直接进料）－月末账面库存额（本月最后一天账面存货）

2）账面差额调整。根据库存（如仓库、厨房周转库房、冷库）盘点结果，若本月食品实际存额小于账面库存额，应将多出的账面库存额加入食品成本；若实际库存额大于账面库存额，应从食品成本中减去实际库存额多出的部分。账面差额的计算公式为：

账面差额＝账面库存额（本月最后一天账面库存额）－月末盘点存货额（实际清点存货额）

月终调整后的实际领用食品成本为：

实际食品领用成本＝未调整前领用食品成本＋账面差额

3）专项调整。前两项计算结果之和所得的食品成本，其中可能包括已转给非食品部门的原料成本，也可能未包括从非食品部门转入的食品成本。为了能如实反映月食品成本，还应对上述食品成本进行专项调整，减去非营业性支出。经过专项调整后所得的食品成本为当月的月终食品成本，计算公式如下：

月终食品成本＝领用食品成本（含烹调用料酒等）－酒吧领出食品

成本－下脚料销售收入－招待用餐成本－

员工购买食品收入－员工用餐成本

将当月或上月各项食品成本支出情况加以汇编，即为食品成本月报表，见表5—2。

表5—2	某餐饮企业食品成本月报表（2004年11月）	元
月初食品库存额		21 000
＋本月进货额		150 000
－月末账面库存额		6 000
＋月末盘点存货差额		600
＋本月领用食品成本		165 600
－转入酒吧等食品		18 000
－下脚料销售收入		3 200
－招待用餐成本		3 100
－员工购买食品收入		600
－员工用餐成本		1 500
月食品成本		155 400
月食品营业收入		322 400
标准成本率		47%
实际成本率		48.2%

上表显示，实际成本率比标准成本率高出1.2%，说明成本控制得较好，但仍有需要改进的地方。

技能要求

一、菜肴和宴会成本的核算方法

1. 菜肴成本核算

主要分为原料初加工后的成本核算和成品的成本计算两大方面，同时调味品的成本也是不容忽视的一个部分，这部分已在"知识要求"中作具体阐述。

2. 宴会成本核算方法

（1）分析宴会订单，明确宴会服务方式与标准

就成本核算而言，宴会订单包括宴会名称、出席人数、宴会地点、宴会标准、酒水费用安排、菜点要求等。分析宴会订单主要掌握宴会标准，以便对成本核算作出具体安排。

（2）计算宴会可容成本和分类菜点可容成本

宴会经营中的菜点和酒水消耗是分开结算的。成本核算主要是菜点成本。宴会毛利较高，其菜点成本又根据宴会毛利率计算出一次宴会菜点的可容成本和分类菜点的可容成本。其计算方法为：

$$C=M(1-r)$$
$$C_i=Cf$$

式中　C——宴会菜点可容成本；

　　　M——宴会标准收入额；

　　　r——宴会毛利率；

　　　C_i——分类菜点可容成本；

　　　f——分类菜点成本比率。

（3）选择菜点花色品种，安排分类菜点品种和数量

宴会一般按桌举办，分类菜点可容成本确定后，可根据可容成本数量安排不同种类的菜点可以上哪些品种、各上多少，如冷荤及热菜的数量，面点、水果、汤类各上哪些品种等，以便使宴会成本开支限制在可容成本范围之内。如果是西餐宴会或自助餐宴会，也可根据出席人数核算可容成本及分类菜点成本。总之，安排菜点花色品种和数量时，可容成本是宴会成本核算的主要依据。

（4）按照宴会可容成本组织生产，检查实际成本消耗

宴会分类菜点可容成本确定后，厨房根据分类菜点花色品种和可容成本组织食品原材料加工，每个品种都应掌握投料用料标准，使成本消耗不超过可容成本的规定范围。宴会结束后，还应分类检查各类菜点的实际成本消耗，防止成本超支，保证宴会盈利。

（5）分析成本误差，填写宴会成本记录表

宴会任务完成后，成本核算员应根据各类菜点实际成本消耗，填制宴会成本记录表，并和可容成本比较，分析成本误差，发现宴会成本控制中的问题，找出原因，提出改进措施，以便不断改进宴会成本核算工作，提高成本管理水平。

二、根据厨房生产流程制定控制成本的措施和方案

厨房生产之前的成本控制，主要体现在生产原料的控制与管理以及成本的预算控制等方面；厨房生产过程中的成本控制，体现在对原料加

工、使用的环节上；厨房生产后的成本控制，主要体现在实际成本发生后，与预算当月、当周、当日成本进行比较、分析，及时找出原因进行适当调整。

三、正确填写厨房成本核算报表

厨房每日生产成本报表的填写，主要由直接进料和库房领料成本两部分组成，同时还包括当日厨房调入成本和调出成本以及员工用餐成本、余料成本、其他支出等。

厨房每月成本报表是计算一个月内食品销售成本。填写的项目包括月初食品库存额（本月第一天食品存货）、本月进货额（月内入库、直接进料）和月末账面库存额（本月最后一天账面存货），经过综合核算得出本月耗用的食品成本。

第二节 生 产 管 理

学习目标

➤ 掌握标准食谱对厨房生产的指导作用，掌握原料加工阶段对数量和质量以及加工程序的管理方法。

➤ 掌握配份和烹调阶段管理的重要性以及基本管理方法。

➤ 能够针对厨房生产各阶段的运转制定明确的管理细则，并根据其要求控制好厨房出品秩序。

➤ 能够制定标准食谱。

知识要求

厨房生产流程包括原料加工、配份（配菜）、烹调三个主要程序。期间的管理实际上是对生产质量、产品成本、制作规范三个流程加以检查、督导，制定生产标准，以保证产品的质量标准和优质形象，保证达到预期的成本标准，消除生产性浪费，控制生产中的折损，保证员工按制作规范操作，形成最佳的生产秩序和流程。

一、标准食谱管理

1. 标准食谱的概念与作用

（1）标准食谱的概念

标准食谱指以菜谱的形式，标明菜肴（包括点心）的用料配方，规定制作程序，明确装盘规格、成品的特点及质量标准，这是厨房每道菜点生产的全面技术规定，也是不同时期用于核算菜肴或点心成本的可靠依据。

（2）标准菜谱的作用

1）保证产品质量标准化。采用标准的配料和标准生产规程，可保证菜品每次的生产质量保持一致，使菜品的味道、外观和顾客欢迎度保持稳定。即使在员工换岗率高的情况下也容易保持质量的稳定性，有利于增加回头客。

2）便于控制菜肴生产成本。规定了每份菜的标准配料、用量，便于计算出每份菜的标准成本。每份菜品标准成本和销售量确定之后，可算出菜肴生产的总标准成本，利于控制实际成本。

3）有助于确定菜肴价格。菜品定价的主要方法是以成本作为基础，在菜谱上规定了每份菜的标准成本，管理人员就可据此确定菜肴的价格。

2. 标准食谱的内容与要求

标准食谱的制定应该包含以下四个方面内容：标准配料量、标准烹调程序、标准份额和烹制份数、单份菜品标准成本。

（1）标准配料量

规定生产菜肴所需的各种主料、配料和调味品的数量，即标准配料量。在确定标准生产规程以前，首先要确定生产一份标准份额的菜品需要哪些调料，用量分别是多少，每种配料的成本单价是多少。

（2）标准烹调程序

标准食谱上规定了菜品的标准烹调方法和操作步骤。标准烹调程序要详细、具体地规定食品烹调需要的炊具、工具，原料加工切配的方法、加料的数量和次序、烹调的方法、烹调的温度和时间，同时还要规定盛菜的餐具、菜品的布摆方法等。标准份额、烹制份数和烹调程序一般由每个厨房自行编制，不能通过一次烹饪就作规定，须经多次试验或实践，不断地改进，直至生产出的产品色、香、味、形俱佳，得到顾客欢迎为止。这样的产品份额、配料的项目、配料的用量和烹调程序才能作为生产标准规定下来，再将标准配料量和标准生产规程记录在卡片上供生产人员使用。

（3）标准份额和烹制份数

实际生产中，有些菜品只适宜一份一份地单独烹制，有的则可以进行数份甚至数十份一起烹制，因此，菜谱对该菜品的烹制份数必须明确规定，才能正确计算标准配料量、标准份额和每份菜的标准成本。

标准份额是某份菜品以一定价格销售给顾客时规定的数量。每份菜品每次出售给顾客的数量必须一致。比如一份小盘酱牛肉的分量是200 g，每次向顾客销售时，分量应该保持一致，必须达到规定的标准份额。

（4）单份菜品标准成本

首先通过试验，将各种菜肴的制作份数、菜肴的配料及其用量以及烹调方法固定下来，制定出标准，然后将各种配料的金额相加，汇总出菜品生产的总成本，再除以制作份数，得出每份菜的标准成本。每份菜品的标准成本是控制成本的工具，也是菜品定价的基础。

$$单份菜品标准成本=\frac{各种配料成本单价\times各配料量}{制作份数}$$

每份菜的标准成本率是标准成本额占菜肴售价的比例：

$$单份菜品标准成本率=\frac{标准成本额}{售价}$$

3. 标准菜谱的制定与管理

制定标准菜谱时，要考虑两种情况：一是即将开业的餐饮企业，要科学地计划菜点品种，制定适合自己经营要求的菜肴生产制作规范，这一点对正在经营中的餐饮企业面临新增添、新创菜点品种时同样适用；二是已经生产经营的餐饮企业，对现行品种的标准菜谱进行修正和完善，适应新的消费需求。

制定标准菜谱要选择合适的时间，如分期组织餐饮管理人员、厨师和服务员进行专门研究，哪些需要补充，哪些需要进一步规范。管理人员要对菜肴销售情况进行分析，提供参考意见；服务人员要及时反馈顾客在消费过程中提出的意见和建议；厨师要对菜肴配置、器皿等进行复查和完善。因而，制定标准菜谱同时也是餐饮管理不断完善的过程。

在管理上，标准菜谱一经制定，必须严格执行。在使用过程中，要维持其严肃性和权威性，减少随意投料和乱放而导致厨房出品质量不一致、不稳定的现象，确保标准菜谱在规范厨房出品质量方面发挥应有的作用。

二、原料加工阶段管理

加工阶段是整个厨房生产制作的基础，加工品的规格质量和出品时效对后续阶段的厨房生产产生直接影响。此外，加工质量还决定了原料出净率高低，对产品成本控制有较大作用。这一阶段的管理要严格执行原料加工的要求和操作规范，对原料的初加工和深加工在规格质量、加工数量和出品时效方面进行科学的管理。

1. 加工质量管理

加工质量管理主要包括冰冻原料的解冻质量、原料的加工出净率和加工的规格标准等几个方面的管理。

冰冻原料加工前必须经过解冻，使解冻后的原料恢复新鲜、软嫩的状态，要尽量保持原料固有的风味和营养。

加工出净率（即净料率）的控制，是指用作做菜的净料和未经加工的原始原料之比。出净率越高，菜肴单位成本就越低。出净率的高低取决于原料本身的质量，厨师的态度和技术对其也会产生重要影响。

原料加工质量直接关系到菜肴成品的色、香、味、形及营养和卫生状况。除了控制加工原料的出净率，还需要严格把握加工品的规格标准和卫生指标。所有加工任务，分工要明确，一方面要有利于分清责任，另一方面要提高厨师专项技术的熟练程度，有效地保证加工质量。条件许可的情况下，尽量使用机械切割，以保证加工规格标准一致。

2. 加工数量及加工程序的管理

加工数量主要取决于厨房配份等程序对菜肴、用料的需求状况。加工数量要以销售预测为依据，以满足生产为前提，同时应留有适当的储存周转量，避免加工过多而造成质量降低。加工程序也应加强管理。加工程序是各厨房统一时间先向加工厨房申领原料，由加工厨房汇总折算成各类未加工原料向采购部申购，原料集中加工后按各点预定发放。

三、配份与烹调管理

配份阶段是决定每份菜肴的用料及其成本的关键阶段。配份阶段的管理要求应严格执行程序标准，根据标准菜谱，将菜肴的主、配料，及其料头（又称小料）进行有机配伍、组合，以提供给烹调岗位进行进一步操作。烹调阶段的管理要求从烹调厨师的操作规范、烹制数量、成菜口味、菜肴质地、温度，以及对失手菜肴的处理等几个方面加以督导和控制。

1. 配份数量与成本控制

配份数量控制是确保每份配出的菜肴数量合乎规格，成品饱满而不超标，使每份菜肴产生应有效益，是成本控制的核心。因为原料通过加工、切割、上浆，到配份岗位其单位成本已经很高。这时如果对菜点配份不重视，随意性强，很容易造成生产成本的居高不下。配份的主要手段是充分依靠、利用标准食谱规定的配份规格标准。

2. 配份质量管理

菜肴配份首先要保证同样的菜名，其原料配份必须相同。厨房必须按标准菜谱进行培训，统一用料配菜，并加强岗位间监督、检查。配份岗位操作，同时还应考虑烹调操作的方便性。因此，要求每份菜肴的主料、配料、小料配放要规范。配菜的质量还包括其工作中的程序，要严格防止和杜绝配错菜（配错餐台）、配重菜和配漏菜出现。控制和防止错配、漏配菜的措施，一是制定配菜工作程序，理顺工作关系；二是健全出菜制度，防止有意或无意的流失。

3. 烹调质量管理

烹调质量管理要从厨房操作规范、烹制数量、出菜速度、成菜温度以及对问题菜肴的处理等几个方面加以督导、控制。首先，要求厨师服从打荷派菜安排，按正常出菜次序和顾客要求的出菜速度烹制出品。其次，在烹调过程中，要督导厨师按规定操作程序进行烹制，并按规定的调料比例投放调料，不可随心所欲，任意发挥。再次，控制炉灶一次菜肴的烹制量也是保证出品质量的有效措施。坚持菜肴少炒勤烹，既能做到每席菜肴出品及时，又可减少因炒熟后分配装盘不均而产生误会和麻烦。

四、冷菜、点心的生产管理

冷菜和点心是厨房生产相对独立的两个部门，其生产与出品管理与热菜有不尽相同的特点。冷菜和点心生产的管理要求，主要是对菜点的分量、质量、制作程序和存放等几个环节须制定详细的管理规范，并按规范督导实施。

1. 分量控制

冷菜又称冷碟、冷盘，多在烹调后切配装盘，装盘的原料和数量关系到顾客的利益，又直接影响成本控制。虽多以小型餐具盛装，但并非越少越给人以细致美好的感觉，应以适量、饱满、恰好用以佐酒为度。

点心的分量和数量包括两个方面：一是每份点心的个数；二是每只点心的用料及配比。要控制冷菜和点心的分量，有效的做法是测试、规定各类冷菜及点心的生产和装盘规格标准，并督导执行。

2. 质量控制

中餐冷菜和西餐冷菜，都具有开胃、佐酒的功能。冷菜的风味和口味要求都比较高，要保持冷菜口味的一致性，可采用预先调制统一规格比例的冷菜调味汁、冷沙司的做法，待成品改刀、装盘后浇上（或）随菜配备即可。

点心重在给就餐顾客留下美好回味，要求对点心质量加以严格控制，确保出品符合规定的质量要求，起到应有的效果。

冷菜与点心的生产和出品通常是和菜肴分隔开的，因此出品的手续控制要健全。餐厅下订单时，多以单独的两联分送冷菜和点心厨房，按单配份与装盘出品同样要按配菜出菜制度执行，严格防止和堵塞管理中的漏洞。

技能要求

一、制定厨房生产各阶段明确的管理细则

1. 加工阶段工作程序与要求

（1）动物性原料加工程序与要求

1）程序

①备齐各类加工原料，准备用具、盛器。

②根据菜肴用料规格，将洗净原料进行合乎规范的切割处理。

③将加工后的原料进行下一步处理，如上浆、腌制等。

2）要求

①注意原料的可食性，确保用料的安全性。

②用料部位或规格准确，物尽其用。

③分类整齐，成型一致。

④清洁场地，清运垃圾，确保场所和器具的卫生。

（2）植物性原料加工程序与要求

1）程序

①剔除不能食用的部分。

②修削整齐，符合规格要求。

③无泥沙、虫尸、虫卵，洗涤干净，沥干水分。

④合理放置，不受污染。

2）要求

①备齐原料和数量，准备用具及盛器。

②按熟制菜肴要求对原料进行拣摘或去皮，或摘取嫩叶、心。

③分类加工和洗涤，保持其完好，沥干水分，备用。

④交厨房领用或送冷藏库暂存待用。

⑤清洁场地，清运垃圾，清理用具，妥善保管。

（3）原料切配工作程序与要求

1）程序

①备齐需切割的原料，解冻至可切割状态，准备用具及盛器。

②对切割原料进行初步整理，铲除筋、膜皮，斩尽脚、须等下脚料。

③根据不同烹调要求，分别对畜、禽、水产品、蔬菜类原料进行切割。

④区别不同用途和领用时间，将已切割原料分别包装冷藏或交上浆岗位浆制。

2）要求

①大小一致，长短相等，厚薄均匀，放置整齐。

②用料合理，物尽其用。

关于原料加工程序和要求，要注意原料的不同特性和不同的加工要求进行多次的测验，设计出完整的操作规范，以此作为生产的参照。

2. 烹调阶段工作细则

烹调阶段主要包括打荷、炉灶菜肴烹制以及与之相关的打荷盘饰用品的制作、大型活动的餐具准备和问题菜肴退回厨房的处理等工作程序。有关工序的操作要点如下。

（1）炉灶菜肴烹制工作程序

1）准备用具，开启排油烟罩，点燃炉火，使之处于工作状态。

2）对不同性质的原料，根据烹调要求，分别进行焯水、过油等初步熟处理。

3）吊制清汤、高汤或浓汤，为烹制高档菜肴及宴会菜肴做好准备。

4）熬制各种调味汁，制备必要的用糊，做好开餐的各项准备工作。

5）开餐时，接受打荷的安排，根据菜肴的规格标准及时进行烹调。

6）开餐结束，妥善保管剩余食品及调料，擦洗灶头，清洁整理工作区域及用具。

（2）问题菜肴退回厨房处理程序

1）问题菜肴退回后，及时向厨师长或有关技术人员汇报，进行复查鉴定。

2）若属烹调失当菜肴，交打荷即刻安排炉灶调整口味，重新烹制。

3）无法重新烹制的菜肴，由厨师长交配份岗位重新安排原料切配，并交予打荷。

4）打荷接到已配好或已安排重新烹制的菜肴，及时迅速分派炉灶烹制，并交代清楚。

5）烹调成熟后，按规格装饰点缀，经厨师长检查认可，迅速递于备餐划单出菜人员上菜，并说明清楚。

6）餐后分析原因，计入成本，同时做好记录，计划采取的相应措施，避免类似情况再次发生。

3. 冷菜、点心制作程序

（1）冷菜工作程序

1）打开并及时关灭紫外线灯对冷菜间进行消毒杀菌。

2）备齐冷菜用原料、调料，准备相应盛器及各类餐具。

3）按规格加工烹调制作冷菜及调味汁。

4）接受订单和宴会通知单，按规格切制装配冷菜，并放于规定的出菜位置。

5）开餐结束，清洁整理冰箱，将剩余食品及调味汁分类放入冰箱，清洁场地及用具。

（2）点心工作程序

1）领取备齐各类原料，准备用具。

2）检查整理烤箱、蒸笼的卫生和安全使用情况。

3）加工制作馅心及其他半成品，切配各类料头，预制部分宴会、团队点心。

4）准备所需调料，备齐开餐用各类餐具。

5）接受订单，按规格制作出品各类点心。

6）开餐结束，清洁整理冰箱，将剩余食品及调味品分类放入冰箱，清洁设备器具。

二、制定出可操作性强的标准菜谱

标准菜谱应包括以下内容：标准份额和烹制分数、标准投料量、标准烹调程序以及标准成本。使用标准菜谱的最大好处是能够保证菜肴生产质量的稳定，不至于因员工流动率较高而影响菜肴的质量，也有利于增加回头客，同时也便于控制菜肴成本和确定菜肴价格。

三、根据厨房生产各阶段的要求控制好厨房出品秩序

重点是按照餐厅部的下单要求、顾客的点菜内容和具体要求及时安排好厨房生产，合理调配厨房内部各种资源，在原料加工、合理配份、烹调、备餐、传菜等各个阶段处理好衔接关系，保持高效顺畅的厨房出品流程。

第三节　销售管理

学习目标

➤掌握厨房销售管理的基本体系，以及前厅和后厨协作的重要意义。

➤掌握厨房产品的三类促销方法，能够制定厨房产品的促销办法。

➤掌握菜品创新对促进销售的重要作用，以及菜品创新的基本策略和常用手法，能够制定菜点创新的生产与管理措施。

知识要求

菜品在厨房生产制作完成之后，就进入了菜品的销售环节。在销售环节中，要重视前厅和后厨的关系协调工作，加大餐饮促销力度。在此基础上，厨房应不断推出创新菜品，以扩大销售，提高企业知名度。加强厨房销售管理，既是对顾客负责，又是对员工及餐饮企业自身负责的一种表现。

一、厨房与前厅的协作管理

1. 厨房生产信息的反馈

厨房应及时将原料沽清单交给前厅。沽清单是厨房了解当天购进原料缺货的数量以及积压原料的一种推销单，也是一种提示单。它告诉服务员当日的推销品种、特价菜、所缺菜品，以便服务员了解当日菜式，提高对客服务效率，提高企业声誉。另外，厨房在接单后，只要不是叫单，没有特殊要求，凉菜应在 2 min 内出一道成品菜，热菜在 3～5 min 内出一道成品菜。针对不同宴会有不同的上菜程序，需要前厅服务员熟悉菜单及上菜的先后顺序，熟练掌握上菜的操作程序。

2. 前厅人员的专业培训

加强前厅人员培训的首要任务是要尽快熟悉菜单，学会如何有效推销菜品。服务员是推销员，不只是接受顾客的指令，还应做建议性的推销。

在顾客点菜过程中，决定点什么菜时，服务员可提供建议，最好是先推荐本店特色菜，再推荐高中价位的菜式，最后是便宜的菜式。因为特色菜往往是企业潜心研究的菜肴，在品质、上菜速度上都会有可靠的保障。而高中档菜的利润较高，且有一部分菜的制作工序较简单，如清蒸蟹、鳜鱼、清炖甲鱼等。服务员对厨房暂时沽清的菜式要及时掌握好，切勿刚介绍给顾客，一旦顾客问起，又建议顾客选用其他相近的菜式。服务人员同时要注意换位思考，如顾客点菜数量差不多时，要及时地提醒顾客。

顾客点菜完毕后，服务员应立即分单把单子递交厨房。服务员写单一般一式三联,一联交给厨房,一联交给收银台,一联交给顾客。入厨单应标明顾客的个性化要求,例如,若非马上出菜,要在单上写"叫"字等记号,表示起叫才上菜的意思,以便厨房有更多的时间来安排其他的工作。

二、厨房产品促销方式

产品促销既是餐饮企业适应市场竞争的必要手段,也是进一步巩固市场的重要举措。促销活动在发布新产品信息的同时,也宣传了企业形象,对老客户是一种提醒和再动员,对潜在的客户是一种新的激发和有效的引导,对巩固乃至扩大餐饮市场份额有着不可忽视的作用。

1. 店内推广促销

店内推广促销的具体做法如下。

(1) 节日促销

各种节日是难得的促销时机,尤其是"五一"长假、"十一"长假期间,人们外出饮食非常频繁,企业要制订完善的促销计划。

另外,对于中国传统节日中的春节、元宵节、七夕节、中秋节以及西方国家的圣诞节、复活节、情人节等,要根据节日习俗进行全面的促销安排和计划,加大节日餐饮促销力度。

(2) 店内宣传促销的手段

店内宣传促销的工作主要包括定期活动节目单、餐厅门口告示牌、菜单促销、电梯内餐饮广告、小礼品促销(注意与餐厅形象一致)等几种形式。餐饮企业要根据具体情况,选择适合的促销策略,如已在餐饮企业内部广泛采用的 POP(Point of Purchase Advertising)广告,一般都可以体现在餐台、就餐场所悬挂的广告、墙面、地面以及户外广告牌等载体上。

(3) 店内服务技巧促销

可充分发挥服务人员的促销技巧,如利用顾客点菜的机会,服务员可以通过对菜肴进行形象解剖、单个菜肴的人均消费价格、提供多种可能性、利用第三者的意见或代客做决定等方法提高菜品,尤其是高利润菜品的销售。

另外,餐厅还可进行现场烹制促销,通过制作人员的表演以其直观效果使顾客产生消费的冲动。必要时,还可借助一些菜点成品试吃或现场加工促销等做法来扩大销售。

2. 店外推广促销

店内推广促销策略是企业旨在开拓餐饮产品销路、扩大产品销售所进行的向目标顾客传递产品信息、激发其购买欲望，进而促成购买行为的全部活动。

（1）优惠促销

优惠促销的具体做法很多，一般包括消费打折、开展优惠日和优惠时间段、节日奖品优惠以及优惠券等，实际操作起来灵活多变。

（2）旅行团促销

这种促销策略要求企业了解旅行团的构成和特点，包括客源国、旅行团成员的年龄、消费水平、饮食偏好和其他特别要求；加强与接待单位的沟通和联系，特别是掌握有较多客源的当地旅行社；了解旅行团的整个活动路线和各站的接待情况，做好充分的计划准备工作；用餐期间可安排一些民族艺术表演和其他文娱活动。

（3）儿童促销

根据统计分析，儿童是影响就餐决策的重要因素。所以，餐饮企业可配置儿童服务设施，为儿童提供专门的菜单和特定份额的餐食和饮料。企业还可以通过赠送儿童小礼品、儿童生日促销以及抽奖与赠品的方式扩大销售。

（4）外卖业务

外卖是餐饮企业在餐饮消费场所之外进行的餐饮销售和服务活动，是餐饮销售在外延上的扩大。外卖促销选择的菜品一般都是本店的主打和特色产品，面向所有的消费者。经营成熟的企业可上门为消费者提供从菜点生产到就餐完毕的全套服务。但一般的餐饮企业都采用店内外卖的方式。无论采取哪种方式，企业要开展外卖业务，厨房必须要提前做好各项准备。

3. 全员促销

全员促销是发动厨房生产以及餐厅所有服务人员，以各种方式积极投入到餐饮销售活动中，这一做法往往会给企业带来丰厚的收益。全员促销的效果好坏，主要应把握以下几个环节：

（1）全员促销的关键在于全体员工以及操作程序上的有效配合。

（2）全员促销的根本是抓好每一环节的出品服务质量。

（3）全员促销的动力是利用政策激励、兑现充分。

（4）全员促销方法丰富多样，重在全体员工相互配合。

三、菜点创新管理

1. 菜点创新精神与策略

菜点创新既是一种明显的时代要求，同时也是厨房管理内在的要求和发展趋势。

（1）菜点创新的含义

菜点创新的概念应该由两个部分组成：第一是突出新，就是用新原料、新方法、新调味、新组合、新工艺制作的特色新菜品。第二是突出用，创新菜品必须具有食用性、可操作性和市场影响的延续性。

（2）菜点创新的时代精神

1）创新是适应和满足时代发展的需要。农业、工业、经济等皆在向知识经济转化，餐饮业也应跟上时代的节奏从简单的手工劳作向智能化、机械化、信息化方向发展。

2）创新是为了适应和满足消费者对饮食的安全性、营养性、科学性、简洁性、绿色环保性、快捷便利性的需要。

3）创新是为了适应和满足餐饮企业自身的需要。旧模式、单店管理、手工操作形成了生产方式的保守；单干型向连锁型转化，经验型向科学型转化，手工型向机械型转化等。

4）创新是为了适应和满足餐饮行业变化发展的需要。餐饮消费已成为一种社会化的普遍行为。只有不断的创新才能使餐饮行业迅速发展，餐饮企业才会在激烈的竞争中立足市场。

（3）菜点创新策略

1）现有产品革新策略。菜点创新不是打破现有的产品格局，而是给产品目录中注入可以生产制作的新内容。所以，菜点创新一个立足点是对现有菜点进行局部的革新，使之发生根本性的变化。淮扬名菜——清炖蟹粉狮子头，不少企业都有出品，但有的企业对其制作工艺进行革新，例如，对猪肉原料进行更换，做出的新品虽不同于原有产品，也会产生很好的市场反响。

2）适时增添花色品种。餐饮企业要通过引进、自创等方式来丰富自己的产品体系，使之保持一种常变常新的态势。增加的这些花色品种最好是别的企业没有用过或者是革新的菜点，餐饮企业内部要形成一种菜点创新的机制和氛围。

3）采用新原料策略。新原料一般指新开发、新引进的可食性原料，或者过去未曾采用过的可食性原料。菜品创新的根本在于原料拓展，特色原料、地方特产原料、野生原料、季节性原料以及一些特殊原料等都可以作为菜点创新的主题。

2. 菜点创新手法

中餐的演变与完善是个不断发展的动态过程，在这个发展过程中，所有的进化与创新都围绕着色、香、味、形、器、养展开，具体落实到操作上，有如下一些创新手法。

（1）原料使用上兼容出新

餐饮企业应在原料选用上应坚持合理借鉴和恰当使用的原则，把本地产的原料、外地产的原料，甚至是国外产的原料都统统拿过来为我所用。同时，也需要利用现代的科学技术、先进的生产设备和各种烹饪技法，将基础原料加工成可食的烹饪原料，从而更加丰富烹饪原料的品种。

（2）采用新的调味技法

采用合理的调味手法，用新调味原料调制出的新味型的菜品属于调味创新。界定菜品是否属于调味创新，主要看菜品是否产生新的味型，调味原料、调味手法是过程，新味型是结果，只用新原料或新手法，如果不能产生新味型，仍然不属于调味创新。

（3）运用新的组合技巧

组合是创新最常用，也是最简便的方法。组合主要体现在以下三方面：其一是菜与点的结合，将面点中的制作手法与菜肴巧妙结合在一起，形成形式和风味都很新颖的菜品。其二是中西结合，将西餐中常用的原料或技法运用到中餐中，形成中西合璧的特色菜品。其三是菜系之间的融合，将不同菜系中的特色点有机地结合起来，达到取长补短、优势突显的效果。这些组合元素既可以是传统的，也可以是全新的，还可以是新老并行的，但组合的结果必须是全新的。

（4）使用新的加工手法

使用新的加工手法主要是指用新的加工工艺改变菜品的成形效果，使菜品在形式上日趋精致完美的一种创新手法。例如，在传统的"八宝鸭"的基础上改成的"八宝鸭腿"，用鸭颈皮制成的"石榴鸭"，其内容虽没有变，但形式上却更加精致美观，属于创新的一种手法。这类菜品的界定必须与实用效果联系起来，避免将那些注重形式、华而不实的菜品列入菜品创新的行列，这对创新思路可能会产生负面作用。

3. 菜点创新后续管理

菜点创新应成为餐饮企业的一种长效机制，新菜品推向市场后，要时刻关注消费者的反应，是否达到预期的目的。如果创新出来的菜点只是在企业小范围内被接受，那显然违背了创新的宗旨，为此，在菜点创新的后续管理上必须做好如下几方面工作：

（1）对创新的菜点进行全方位的包装，确保产生良好的市场反响。

（2）对创新菜点要进行个别或少部分的宣传，要求菜点创新少而精。

（3）对创新菜点进行适时的市场监控，做好销售管理，观察被消费者认可程度。

（4）融入菜单分析，使新菜点进入正常生命周期。

（5）及时兑现创新成果的奖励办法，在企业内部形成一种积极创新的激励氛围。

技能要求

一、厨房与餐厅两者间关系的协调

前厅与厨房是一个不可分割的整体，缺少任何一部分或者双方配合不好，都会影响餐饮经营效果，严重的会使企业陷入困境。因此，要加强双方的协调、协作，厨房应定期与前厅和营销部门召开座谈会，相互发现问题，总结经营得失，把其中的问题进行针对性的分析，从而形成前厅与后厨一体化的经营氛围。

二、制定厨房产品的促销办法

针对厨房产品应从店内推广促销和店外推广促销两个方面制定具体的促销办法，并适时地加大全员促销的力度。

三、制定菜点创新的生产与管理措施

菜点创新在生产与管理上可以采取以下一些措施。

1. 形成指标模式

所谓指标模式，就是厨房把菜品创新的总任务分解成若干个小指标，分配给每个分厨房或班组，按厨房或班组再把指标分配给每个厨师，规定在一定时间内完成菜品的创新任务。厨房菜品创新的总任务则根据企业对菜品更换更新的计划而定。

2. 确立经济责任制模式

把菜品的开发创新与厨房员工，尤其是厨房技术骨干的经济报酬联系在一起，按照经济报酬的高低分配创新菜的任务，如果不能在规定的期限内完成菜品创新任务，则要受到一定的经济处罚（如扣减奖金、工资或在下一个月份降低厨师的等级与工资标准等）。

3. 运用激励模式

对于一些已进入良性发展的餐饮企业，鼓励员工进行菜品创新的方法更为理性，而且对于厨师的创新菜品要视为一种科技成果和知识产权来对待，建立各式各样的激励方式，给予创新菜品的厨师以额外的奖励与表彰，一般有以下几种。

（1）晋级升职激励

把菜品创新与晋级升职联系起来，企业首先为每个员工建立"职业生涯"发展档案，员工具备一定的条件后就有晋级升职的机会。厨房员工晋级升职的重要条件之一是要有创新菜品，数量越多，晋升的机会就越多，工资待遇也就越高。

（2）成果奖励激励

直接把厨师的创新菜品作为科技成果，获得使用后，就给予菜品创新人一定的奖励，奖励一般可以分为两部分：一是只要符合创新菜条件的菜品，并在酒店推出销售，就一次性给予数量不等的奖励，作为企业购买科技成果给予员工的补偿。二是对于一些销售效果特别突出，甚至为企业创造了巨大的经济效益，并赢得了较好的社会效益的菜品，企业则根据该菜品创造的营业额给予一定的提成奖励。

（3）公派学习、旅游激励

把厨师创新菜的成果与各种额外的福利项目联系起来，如对于那些创新菜成果突出的厨师，除了给予一定的奖励外，还优先安排公费到外地学习，参加各种类型的培训班和各类技术比赛，以提高其业务水平；也可以单位出资奖励员工旅游等形式，激励厨师进行菜品的创新。

培训指导

➤ 掌握培训计划及培训教案的编制程序及要求。

➤ 能够对初级、中级、高级中式烹调师进行培训，能够对其进行刀工、烹饪技法、调味等技术指导。

知识要求

一、培训计划的编制程序及要求

1. 确定培训需求

在企业员工培训过程中，确定培训需求是设计培训项目、建立评估模型的基础。确定培训需求主要是要找到培训活动的焦点，挑选适当的培训方法，使员工能具备适应企业发展所需要的知识和技能。而找到真正的需求是提高培训效果的关键，通过需求分析，明确员工的现状，知道员工具有哪些知识和技能，企业发展需要具有什么样知识和技能的员工，若预期职能大于现有职能，则要求培训。确定培训需求一定要遵循理论与实践相结合，培训与提高相结合，人员素质培训与专业素质培训相结合，促进员工全面发展和因材施教的基本原则。为确定培训需求，一般从三个方面进行需求分析，即组织分析、工作分析和人员分析。

（1）组织分析

组织分析的目的是确定员工培训在整个组织范围内的需求。首先应从组织目标和组织战略出发，分析人力资源开发的需求。如：经营层次的需求（经营目标计划）、管理层次的需求、经办人员的需求等。企业的发展是通过人来实现的。员工应该了解企业的发展目标和这一目标与个人发展之间的关系。而培训要使个人的水平符合企业发展的要求。如企业以进入国际市场为目标，则其销售人员要了解国际市场的运作规则和有关法律并具备一定的外语水平。随着社会、经济、市场的不断发展变化，企业也不断地调整自己的结构、产品和生产流程。因此，员工需要不断地接受培训来适应企业的发展。

（2）工作分析

工作分析的目的是确定培训与开发的内容，即让员工达到令人满意的工作绩效所必须掌握的东西。如工作态度、专业知识、专业技能等。因为员工在工作中的绩效取决于员工的工作态度、知识、技巧三方面因素。如果员工在这三个方面得到了提高，就会大大地提高工作的绩效，这正是许多企业培训员工的目的。但工作态度、知识、技能是三个不同的范畴，须采用不同的培训方法。

（3）人员分析

人员分析的目的是确定每一名员工完成所承担工作任务的优劣。这一层次的需求分析可以由以下公式来确定：

理想工作绩效－实际工作绩效＝培训开发需求

实际工作绩效与理想工作绩效之间的差距可以由培训和开发来缩小、弥补。确定培训开发需求可以采用观察法、调查问卷法、面谈法、阅读技术手册和访问等方法。

2.设置培训目标

培训总目标是宏观上的、较抽象的，它需要不断地分层次细化，使其具体化，才有可操作性。要达到培训目标，就要求员工通过培训掌握一些知识和技能，即员工通过培训后应了解什么，能够干什么，有了哪些改变等？在明了员工现有知识技能与预期工作目标有差距时，即确定了培训目标，将培训目标进一步细化，明确化，则转化为各层次的具体目标，目标越具体越具有可操作性，越有利于总体目标的实现。

培训目标的设置有赖于培训需求分析，消除员工的职能和预期职务之间的差距就是培训的目标。设置培训目标将为培训计划提供明确方向和依循的构架。有了目标，才能确定培训对象、内容、时间、教师、方法等具体内容，可在培训之后，对照此目标进行效果评估。

培训目标是培训方案实施的指南。有了明确的培训总体目标和各层次的具体目标，对于培训指导者来说，就确定了实教计划，积极为实现目的而教学；对于受训者来说，明了学习目的，才能朝着既定的目标不懈努力，才能达到参加培训的效果。

培训方案是培训目标、培训内容、培训指导者、受训者、培训日期和时间、培训场所与设备以及培训方法的有机结合。培训目标与培训方案其他因素是有机结合的，只有明确了目标才有可能科学地设计培训方案其他的各个部分，使设计科学的培训方案成为可能。

培训内容一般包括三个层次，即知识培训、技能培训和素质培训。究竟该选择哪个层次的培训内容，各企业应根据需求情况来选择。知识培训是组织培训中的第一层次。知识培训有利于理解概念，增强对新环境的适应能力，减少企业引进新技术、新设备、新工艺的障碍和阻挠。技能培训是组织培训中的第二个层次，是指操作能力。素质培训是组织培训的最高层次，素质高的员工应该有正确的价值观，有积极的态度，有良好的思维习惯，有较高的目标。

培训指导者一般来源于企业内部和外部，学有专长、具备特殊知识和技能的人员是指导培训者的重要资源，组织内的领导是比较合适的指导培训者的人选，如厨师长，他们既具有专业知识又具有宝贵的工作经验；他们希望员工获得成功，以表明他们自己的领导才能；他们是在培训自己的员工，所以能保证培训与工作有关。此外，根据需要有时企业需要从外部聘请培训者。外部培训资源和内部培训资源各有优缺点，外部资源与内部资源结合使用是最佳选择。

受训者应根据企业的培训需求来确定新员工，即将晋升、轮换岗位的员工和知识技能需要更新的老员工等都是培训对象。

培训方法是实现培训目标的重要手段，常见的组织员工培训的方法有讲授法、演示法、案例法、讨论法、角色扮演法等，各种培训方法都有其自身的优缺点，为了提高培训质量，达到培训目的，往往需要各种方法结合起来，灵活使用。

3. 拟订培训计划

培训计划是企业组织员工培训的实施纲领。针对企业不同层次的要求，有一系列的培训计划，如有根据本企业战略目标设计的长期培训计划，有每年制订的年度培训计划以及具体到每一培训课程的课程培训计划。

长期培训计划是从企业战略发展目标出发，制定相应的长远培训计划。长期培训计划的设计要求掌握企业组织架构、功能与人员状况，了解企业未来几年发展方向与趋势；了解企业发展过程中员工的内在需求等。

年度培训计划是以企业本年度的工作内容为主题，包括培训对象、培训内容、培训方法和方式以及培训费用的预算编制，但不涉及单一课程的具体细节。

年度培训计划与企业长期培训计划总体目标要保持一致，它应服务于企业的经营目标。

课程培训计划是在年度培训计划的基础上，就某一培训课程进行的目标、内容、形式、培训方式、考核方式、培训时限、受训对象、讲师等细节的策划。课程目标应明确完成培训后，培训对象所应达到的知识、技能水平。

（1）培训计划的基本内容

培训的基本内容包括培训目标、培训原则、培训需求、培训时间、培训方式、培训组织人、考评方式和培训费预算等内容。

（2）制订培训计划的步骤

制订培训计划是培训组织管理中极其重要的环节，一般包括分析培训需求、分析培训内容、确定培训方案、确认、落实培训计划等。

（3）培训效果评价

培训效果的评价包括两层意义，即培训工作本身的评价以及受训者通过培训后所表现的行为。整个培训效果评价可分为三个阶段：第一阶段，侧重于对培训课程内容是否合适进行评定，通过组织受训者讨论，了解他们对课程的反映。第二阶段，通过各种考核方式和手段，评价受训者的学习效果和学习成绩。第三阶段，在培训结束后，通过考核受训者的工作表现来评价培训的效果。如可对受训者前后的工作态度、熟练程度、工作成果等进行比较来加以评价。

二、培训教案的编写程序及要求

教案是教师实施教学的基本文件。作为技师要承担培训任务时，如何编写教案则是每一位技师应该掌握的又一项技能。

1. 教案的基本内容

教案的内容是教学过程的具体内容，教学过程一般由组织教学、复习旧课、导入新课、讲授新知识、巩固新知识、布置作业环节组成。

教案一般是以课时为单位的具体教学计划，即每节课的教学内容和方案。一个完整的教案一般包括培训课题、培训对象、授课时间、教学目的、教学重点难点、教学方法、教学进程（包括教学内容的安排、教学时间的分配等）。根据教师对教材的熟悉程度和实际经验的不同，教案可以有详有略，不必强求一种格式。

2. 编写教案的基本形式

教案形式多种多样，根据教师的特点和教学内容的需要，教案一般有讲稿式教案、多媒体教案、方法说明性教案、流程式教案和过程设计式教案等。

3. 教案的准备

准备教案要做好三方面的工作。首先，要了解培训对象，要了解培训对象的年龄、文化层次、专业技术基础及已有的专业知识的来源，以此确定教学内容、教学重点、教学难点和教学方法。其次，要掌握培训教材的全部知识点，要认真分析教材的内容，明确教学重点和难点。再次，要选择合理的教学方法，具体包括课堂教学的方法、教学安排中导入新课、复习旧知识、巩固新知识等具体实施方法，同时还包括实施教学方法的手段，包括教具、课件和板书等。

技能要求

一、培训计划的编写（以中式烹调培训计划为例）

中式烹调培训计划

本培训计划是根据企业员工培训与开发的工作目标，组织有关专家开展调查研究，依托本企业收集资料，在进行综合分析、反复论证的基础上编写的。本培训计划适用于本企业从事烹饪工作5年以上的员工。

1. 培训目的

通过培训，培养员工具有先进的、科学的现代专业技术新观念和新知识、新技术的技能要求；提高学员的专业理论水平、技能要求和管理能力；掌握与工作实践密切相关的知识，加强员工在工作中的综合应用的能力；不断推出创新产品，参与市场竞争。

2. 培训对象

本企业工作5年以上的全体中式烹饪工作员工。

3. 培训内容与要求

根据培训目标，重点是培训菜点发展与创新、原料运用与加工、产品设计、产品成本核算、食品营养与卫生、现代厨房管理、专业英语等内容。

菜点发展与创新：使学员了解中国烹饪发展的主要阶段及其主要成就，能对中西烹饪进行异同比较，掌握菜点创新的内涵、原则和方法。了解科技进步的现状和发展趋势，掌握创新技法，了解和掌握菜点的发展趋势，了解烹饪制作的新材料、新方法、新工艺和新设备的信息。

原料运用与加工：使学员掌握烹饪原料的分类方法，熟悉高档烹饪原料的主要产地和鉴别方法，培养学员能用科学的方法对原料进行保管，对高档鲜活原料和干货原料进行加工。

产品设计：使学员掌握产品设计的基本内涵，了解烹饪美学的基本内涵，能够设计一般产品、宴会产品及组合产品，结合市场需求设计消费者欢迎的产品。

产品成本核算：使学员掌握餐饮产品成本核算的要素和一般控制理论及方法，熟练掌握餐饮产品核算的方法，能对相关的餐饮报表进行分析，独立制作标准菜谱。

食品营养与卫生：使学员掌握食品卫生法的基本内容和要求，能制定营养菜谱和特殊菜谱，掌握菜点的热量计算。

现代厨房管理：使学员了解厨房管理的意义，掌握现有厨房资源的合理配置、厨房的生产流程，能指导新厨师安全使用设备，提高与其他部门一起完成大型任务的协调能力。

专业英语：使学员能借助英语字典看懂简单的与宴会、餐厅等相关的英语资料。

4. 培训时间

200×年3月至200×年9月，每周二、周五 下午14:00—17:00。

5. 培训场地

多媒体教室。

6. 培训方法

外聘专家和企业内部讲师授课相结合；集中培训和员工自学相结合；理论教学和实际应用相结合；教师示范和员工实际操作相结合。

7. 培训责任人

人力资源部经理、餐饮部经理、厨师长。

8. 培训费用

每人×××元。

二、培训教案的编写

培训课程设计

教学过程	时间分配	教学内容	教学方法
1. 复习旧课、导入新课	5 min	利用多媒体课件对上节课内容要点进行复习，并为学习新课做准备	展示，提问，讲述
2. 讲授、示范新知识	20 min	对清蛋糕的制作过程进行示范操作	讲解，示范，展示
3. 学员实践	45 min	学生分组进行清蛋糕制作、品种展示，最后评分	巡视，指导
4. 教师评价	10 min	对学生的操作讲评、打分、缺憾分析、布置作业。巩固所学知识	讲解
5. 布置作业	5 min	清蛋糕的操作报告及缺憾分析	讲解
6. 卫生清洁	15 min	学生打扫卫生	

清蛋糕制作教案

授课时间	2005年9月1日	授课地点	点心房	授课教师	
授课对象及人数	新员工12人	授课类型	技能操作	课时	2学时100 min
培训目的	通过培训掌握清蛋糕的制作方法				
培训重点	清蛋糕的搅拌和成熟				
培训难点	清蛋糕搅拌程度和成熟程度的判断				
培训方法	讲授、示范、演练相结合				

续表

时间分配	教学行为	培训内容	方法运用
2 min	组织教学	清点到课人数，环视学员，准备上课	
3 min	复习已学知识要点，导入新课	通过提问检查学生对前面学习内容的掌握情况，并记入成绩考核表	展示，提问，讲述
20 min	讲授、示范新知识	通过品种图片 1、图片 2 实例，提起学生的学习兴趣，对清蛋糕制作具体讲解后，接着演示和操作，使学生熟悉并掌握清蛋糕制作的技术理论和操作技巧 1. 原料：鸡蛋 600 g，白糖 300 g，低筋粉 300 g 2. 器皿准备：烘盘 1 个，刮板 1 个，容器 1 个，蛋抽子 1 个 3. 制作工艺流程：备料→打发→成型→烘烤→成品 4. 注意事项：面粉要过筛；蛋液要搅打充分，正确掌握搅打程度；灵活掌握烘烤时间 教师示范操作	讲解、示范、展示
45 min	巡回、指导	学生操作：1. 蛋糕制作关键技术指导（难点） 2. 纠正学生在实训中的不规范动作（重点），如：投料的顺序、打发蛋糕时间、烘烤调温	讲解、指导
15 min	教师评价	对每个学生在操作过程中的成品效果进行点评、打分、缺憾分析，布置作业。巩固所学知识 1. 对学生的实操品种成绩进行登记 2. 对巡回指导过程中学生遇到的情况和出现的问题进行分析总结 3. 加强学生的职业道德观念；注意食品卫生 4. 解答学生提出的问题	讲解、提问
5 min	布置作业	完成清蛋糕的操作报告及缺憾分析；预习下次课黄油蛋糕的实训技术理论知识	讲解
10 min	卫生清洁	1. 地面、案台清洗干净 2. 工具清洗干净，摆放整齐	

三、注意事项

1. 企业培训应注意的问题

（1）合理选定受训对象

企业作为市场竞争的主体，必须理性化，企业培训需花费大量经费、时间和精力，应对培训进行需求分析，根据需求制定培训方案，有的放矢，从而使培训更有意义。

（2）培训需求要符合客观实际

这里所说的客观实际，指的是企业的培训方针、政策。企业的所有培训必须符合企业总的发展规划和目标。企业培训管理人员，进行培训需求分析时，应了解企业的培训方针、政策及企业的一些基本情况，只有如此，才能确定主观提出的培训需求是否符合客观实际。

企业的培训内容必须按照职工所担任职务的层次确定，循序渐进地进行，不可跳跃。因为过于超前的培训（低层次职工接受高层次的培训）容易助长一部分职工产生自满情绪，而不安心本职工作。

（3）明确培训的真正目的

确定培训需求必须要明确培训的真正目的。

（4）对提出的培训方案要进行可行性论证

培训需求确定后，还要对培训需求的项目是否符合企业的培训方针、政策进行论证。如：人员情况、资源情况、培训的组织系统、培训的规章制度、培训费用。

（5）采用合适的培训方式

企业培训的对象多是成年人，培训方式必须与成年人的学习规律相适应。成年人的特点是记忆力相对较差，但理解能力强，并具有一定的工作和社会经验。因此，采用参与式的培训方式是比较合适的，即在培训过程中，培训者应多用实例并创造更多的机会使受训者将自己所了解和掌握的知识和技能表现出来，以供其他受训者参考。适当采用"吊胃口"的方式和其他技巧可提高受训者的学习兴趣，多表扬少批评能增强学员的学习信心。还应该重视受训者提出的意见和问题，集思广益，有利于提高培训效果。

此外，在培训材料的编排上，尽可能考虑到趣味性，深入浅出，易记易懂。充分利用现代化的培训工具，采用视听材料，以增加学员感性认识。书面材料力求形式多样化，多用图表，简明扼要。

2.制订培训计划过程中的注意事项

（1）注意投入与效益产出的分析

企业运营过程中所能运用的资源是有限的，培训部门获得所需资源的过程，如同销售人员推销产品，必须充分展现培训的投入与效益产出的对比。在培训活动正式开始前，培训计划需要提交企业管理层，经审批后才可执行。因此，能否充分展现培训的效益对培训部门能否得到管理层对培训投入的承诺，起着至关重要的作用。

（2）寻求获得高层管理层对培训的支持

赢得高层管理层对培训的支持至关重要。高层管理层控制着企业的资源，熟悉企业的长远发展目标与组织需求，如果培训活动与战略发展目标紧密联系，管理层就会全力支持计划的执行并提供所需资源。

（3）管理层要参与培训计划的制订

在制订培训计划过程中，也应该让管理层参与培训计划设计，这一点很重要。企业管理层对业务需求与人员的了解，能帮助培训部门更准确地定位培训重点，同时基于管理层对培训计划与培训目标的理解，能有效保证今后培训活动的开展。

此外，建立培训部门在企业中的地位与信用度，使培训活动被认同也具有一定的意义。当企业内的各职能部门通过培训提高了绩效后，必然会增强对培训部门的信任，并会给培训工作更多的支持。

3. 教案编写的注意事项

（1）要尊重成人教育的规律

企业培训均是针对成人，而且具有职业性的特点。教学活动切勿违背成人教学的规律，否则，教学效果会不理想。

（2）要理论联系实际

教师教案要根据受训者的认知规律安排教学内容，使受训者在理论与实际的联系中理解和掌握，要能通过教学引导受训者运用理论来分析、解决问题。

（3）要强调知识结构与受训者的认知结构相结合

在教案编写过程中，教师要按照知识结构的特点和受训者的认知特点，顺序安排教学内容。

（4）要因材适教

要针对学生特点安排培训教案，要采用多种措施，使每位受训者得到提高。

第二部分

中式烹调师高级技师

第七章

营养配餐

第一节 一般人群的营养配餐

➤ 掌握三大产能营养素分配比及一日三餐的热能分配比，能够设计以一种菜营养为目标的菜肴。

➤ 掌握烹饪原料的营养功用及食物营养成分知识。

➤ 能够设计以套餐、宴席营养平衡为目标的食谱及以一日三餐营养平衡为目标的食谱。

一、营养素摄入量确定的原则

1. 产热营养素的供给量

人体维持生命活动的能量来自食物中的营养素即蛋白质、脂肪和碳水化合物等。蛋白质、脂肪代谢过程复杂，蛋白质代谢的最终产物是某些含氮化合物，脂肪不完全氧化可产生大量酮体，如果膳食结构不合理，含有过多的动物蛋白和脂肪，易影响产热营养素的平衡，出现体内代谢紊乱。但碳水化合物含量过多，在体内可转变成脂肪。所以应遵循膳食营养平衡的原则，膳食中各种营养素要达到膳食供给量标准：蛋白质、脂肪、碳水化合物分别占全天总热能的 10％～15％，20％～30％，55％～65％。

膳食中碳水化合物与脂肪提供足够数量的能量的情况下，蛋白质才能更有效地发挥其生理功能。如果脂肪和碳水化合物摄入量过少，能量供给不能满足人体的需要，机体就会动用储存的蛋白质、脂肪和糖原，使这些营养素的分解过程增强。如果人体能量长期供给不足，则需要蛋白质氧化供给，从而导致蛋白质缺乏，出现消瘦、贫血、免疫力下降。能量供给不足是人类四大营养缺乏病中主要的缺乏症，世界卫生组织衡量人类营养供给状况，也是以能量供给能否满足人体需要为标准。

若人体摄入的能量长期高于实际消耗，则过剩的能量会转变为脂肪，从而导致肥胖。后果是动作迟缓，心脏、肺的负担加重，血脂、胆固醇增高，易发生脂肪肝、糖尿病及心血管疾病。健康成年人从食物中摄取的能量与消耗的能量保持相对的平衡状态。

为了避免发生营养不良或营养过剩，传统的推荐的每日膳食中营养素供给量（RDA）已经不能适应目前人体的需要，因此，提出了适用于各类人群的膳食营养素参考摄入量。

中国居民膳食营养素参考摄入量（Chinese Dietary Reference Intakes，Chinese DRIs），是膳食中各种营养素的一个安全摄入范围，包括摄入过低和过高的限量。DRIs 是在 RDA 的基础上发展起来的一组每日平均膳食营养素摄入量的参考值。

平均需要量（EAR）：是指一个特定人群的平均需要量，主要用于计划和评价群体的膳食。营养素达到 EAR 的水平时可以满足人群中 50％个体的营养需要，但不能满足另外半数个体的需要。

推荐摄入量（RNI）：相当于传统的 RDA，是指可以满足某一特定年龄、性别及生理状况群体中绝大多数个体（97％～98％）的需要量的摄入水平。RNI 是个体适宜营养素摄入水平的参考值，是健康个体膳食摄入营养素的目标。如某个体的摄入量低于 RNI，可以认为有不足的危险，如果某个体的平均摄入量达到或超过 RNI，可以认为该个体没有摄入不足的危险。RNI 是根据某一特定人群中体重在正常范围内的个体的需要量设定的。对个别身高、体重超过此参考范围较多的个体，可能需要按每千克体重的需要量来调整其 RNI。

适宜摄入量（AI）：是指通过观察或实验获得的健康人群某种营养素的摄入量。AI 和 RNI 的相似之处是两者都能满足目标人群中几乎所有个体的需要，AI 和 RNI 的区别在于 AI 的准确性远不如 RNI，可能高于 RNI。AI 主要用作个体营养素摄入目标，同时也用作限制过多摄入的标准。当健康个体摄入量达到 AI 值时，出现营养缺乏的危险性很小，如果长期摄入超过 AI 值时，则可能产生毒副作用。

可耐受的最高摄入量（UL）：是指平均每日可以摄入某营养素的最高量，几乎对所有个体健康都无任何副作用和危险。当摄入量超过 UL 时，发生毒副作用的危险性增加。在大多数情况下，UL 包括膳食、强化食品和添加剂等各种来源的营养素之和。当机体摄入量低于 UL 时，可以肯定不会发生毒副作用。但不能以 UL 来评估人群发生毒副作用的危险性，因为，UL 对健康人群中的最敏感的成员也不应造成危险。

2. 确定膳食营养素供给量的标准

就餐人员的膳食营养素供给量标准只能以就餐人群的基本情况或平均数值为依据，包括人员的平均年龄、平均体重，以及 80％以上就餐人员的活动强度，首先确定就餐人员平均每日需要的能量供给量。如就餐人员的 80％为中等体力活动的成年男性，则每日所需能量供给量标准应为 11.30 MJ（2 700 kcal）。在确定能量供给量的基础上，则可以继续查找、选定相应的各种营养素的供给量标准。

参照 2000 年《中国居民膳食营养素参考摄入量》标准，确定能量与营养素供给量。参见附录。

二、食物营养成分表

了解和掌握食物中的营养成分是营养配餐工作不可缺少的基本资料。"食物成分表"示例见表 7—1，表中的"地区"栏内的名称，主要是指采集食物样品的地区，即食物的产地。"食部"是指按照当地的烹调和饮食习惯，把从市场上购买的样品（简称市品）去掉不可食的部分之后，所剩余的可食部分的比例。列出食部的比例是为了便于计算市品每千克（或其他零售单位）的营养素含量。

表 7—1　　　　　　　　　　食物成分表

谷类及其制品

食物名称	地区	食部（%）	能量（kcal）	蛋白质（g）	脂肪（g）	碳水化合物（g）	膳食纤维（g）
稻米	北京	100	348	8.0	0.6	77.7	—

干豆类及其制品

食物名称	地区	食部（%）	能量（kcal）	蛋白质（g）	脂肪（g）	碳水化合物（g）	膳食纤维（g）
扁豆	甘肃	100	326	25.3	0.4	55.4	6.5

禽肉类及其制品

食物名称	地区	食部（%）	能量（kcal）	蛋白质（g）	脂肪（g）	碳水化合物（g）	膳食纤维（g）
鹌鹑		58	110	20.2	3.1	0.2	

注：1 kcal=4.184 kJ。

三、烹饪原料的营养功能

食物原料的营养价值是指原料中能量和各种营养素含量及其被人体消化、吸收和利用的程度。食物营养价值的高低取决于食物中所含营养素种类、数量及其相互比例。在分析食物原料的营养价值的同时，还应注意某些食物内部天然存在的成分对人体健康的影响。

1. 谷类、薯类

谷类、薯类是人体能量的主要来源，我国国民 50%～55% 的蛋白质主要来自谷类及其制品。小麦胚芽中亚油酸含量较多，容易被人体吸收，具有降低人体血液中胆固醇的作用。玉米中含有硒、镁、谷胱甘肽、胡萝卜素和纤维素等，对防治多种疾病如高血压、动脉粥样硬化、泌尿系统结石和脑功能衰退等有着重要的意义。荞麦中含有的叶绿素、荞麦碱、芦丁等类黄酮物质，可以预防心血管疾病，对糖尿病、贫血等也有较好的辅助疗效。燕麦含糖类物质少，蛋白质较多，纤维素含量高，是心血管疾病、糖尿病患者的理想食品。甘薯中含有较多的糖类胶原蛋白，对人体的消化系统、呼吸系统和泌尿系统各器官的黏膜有保护作用。

2. 豆类及硬果类

大豆（黄豆、黑豆、青豆）含有较高的蛋白质和脂肪，碳水化合物含量相对较少；其他豆类（蚕豆、豌豆、赤小豆、绿豆等）含有较多的碳水化合物，一定量的蛋白质和少量的脂肪。大豆中含有大量皂苷、大豆异黄酮及大豆低聚糖等，对人体有着某些特殊的作用，如皂苷具有降脂和抗氧化作用；大豆异黄酮具有降低血脂、提高免疫、抗肿瘤等作用；大豆低聚糖是肠道双歧杆菌的增殖因子，具有增强肠道功能的作用。

花生米外面的红皮含有一种止血成分，能促进骨髓制造血小板，加强毛细血管的收缩功能。芝麻含有多种天然抗氧化成分，具有抗衰老的功效。

3. 蔬菜、水果类

新鲜蔬菜、水果含有多种维生素、丰富的无机盐及膳食纤维，但碳水化合物、蛋白质、脂肪含量低。果蔬中的 β-胡萝卜素、类胡萝卜素、维生素 C 及多酚类等抗氧化物质能防止脂类的氧化；从生姜中分离出来的生姜酚具有抗自由基活性；南瓜中含有环丙基化学结构的降血糖成分，对糖尿病病人具有积极意义；苹果、洋葱等含有的类黄酮为天然的抗氧化剂，通过抑制低密度脂蛋白氧化，具有抗动脉硬化和抗冠心病的作用；类黄酮能抑制血小板聚集，降低血液黏稠度，减少血管栓塞的倾向；韭菜、甘薯、胡萝卜等提取液有促进人体细胞增殖和促进细胞产生抗体的功能。大蒜中的含硫化合物具有抗菌、抗癌防癌、预防心血管疾病等功效。

4. 动物性食物

动物性食物包括畜禽肉、内脏、奶类、蛋类、水产品及其制品，是人体优质蛋白质、脂类、维生素、无机盐的重要来源。鱼类的脂肪多为不饱和脂肪酸，容易被人体消化、吸收和利用，鱼油中含有的多为不饱和脂肪酸，对脑细胞的生长发育有着重要的功能。奶类中的乳糖可以调节胃酸，促进胃肠道蠕动，还有助于乳酸菌的繁殖，抑制肠道腐败菌的生长，改善婴幼儿肠道菌群的分布。

四、食物品种和数量的确定原则

1. 主食品种和数量的确定

根据就餐人员全天能量的需求，碳水化合物的供给量应占总能量的55%～65%，从而可计算出粮食的摄入量。确定每日每人平均粮食用量后，应在三餐中进行合理分配，并与三餐的能量分配基本保持一致，早餐占 30%，午餐占 40%，晚餐占 30%。例如，每人每天粮食的食用量为 420 g，则三餐分别为 126 g、168 g、126 g。粮食进食量受副食菜肴的影响较大，副食菜肴调配合理，则粮食的进食量也会比较稳定。

就餐者对主食品种的用量差异较大，如面条、包子、饺子、馒头、米饭等，应分别统计计算。按照营养素和能量合理分配的原则，依据对日常积累的数据的分析，就可以得出接近实际需要量的数据。

2. 副食品种和数量的确定

副食的供给量应在已确定主食用量的基础上决定。其计算步骤如下：

（1）计算主食中含有的蛋白质数量。

（2）用应摄入的蛋白质总量减去主食中蛋白质的数量，即为副食应提供的蛋白质数量。

（3）为保证膳食蛋白质供给的质量，副食蛋白质中2/3应由动物性食物供给，1/3由豆制品供给，据此可求出各自的蛋白质供给量。

（4）查表并计算各类动物性食物及豆制品的供给量。

（5）设计蔬菜的品种与数量。

核定各类食物用量后，就可以确定每日每餐的饭菜用量。其中菜肴的定量，主要参照各类副食品的定量进行核定。由于常用菜单中各类菜肴的食物餐份（单位量）组成配比是固定的，所以菜肴的定量只能做到基本一致。为了缩小食物定量间的差距，应适当降低饭菜分配定量的起点额。例如，馒头不能都以100 g面粉为起点单位量，应有以50 g、25 g面粉为定量的馒头；菜肴不能都以一餐份（一单位量）为起点，应有1/2餐份、1/3餐份或1/4餐份。这样做虽然给制作或分发增加了麻烦，但可使定量分配更接近实际需要，减少浪费。利用不同种类的菜肴和不同餐份定量作适当的配比，才能做到合理分配食物定量。

根据核定的每日每餐饭菜用量以及就餐总人数，可以计算出每日每餐食物用料的品种和数量，从而设计出一周（随营养食谱的周期而定）每日的食物用料计划。

3. 膳食平衡

膳食平衡是膳食营养的核心，在膳食的性、味平衡的基础上确定合理的能量和各类营养素需要量，从而进行科学的烹饪调配，使食物既美味可口又能达到营养素供给量标准。膳食平衡应包括：主食与副食的平衡，酸碱平衡，荤与素的平衡，杂与精的平衡，食物冷与热的平衡，干与稀的平衡，食物的寒、热、温、凉四性的平衡。

凡食物中硫、磷、氯等元素含量高，在体内经过氧化代谢后，生成

SO_4^{2-}、HPO_4^{2-}、Cl^-等酸根阴离子，使人体 pH 值下降的食物均称为酸性食物，含蛋白质、脂肪碳水化合物高的食物是酸性食物（如肉、蛋、奶、豆类和谷物等）；凡食物中钙、镁、钾、钠、铁等元素含量高，在体内经过氧化代谢后，生成 Ca^{2+}、Mg^{2+}、Fe^{3+}、Na^+ 等阳离子，使人体 pH 值升高的食物均称为碱性食物，蔬菜、水果是碱性食物。

营养配餐过程中，还应考虑钙、磷元素的比例，一般成年人为 1∶1～1∶1.5；婴儿钙磷比例与母乳相近，约为 1.5∶1～2∶1，因婴儿的钙磷吸收率为 60%～80%，所以钙磷比为 2∶1 为宜；青少年膳食的钙磷比应达到 1∶1；儿童和高龄老人膳食的钙磷比应达到 1.5∶1。

五、食谱的定义及设计

1. 食谱的定义

食谱主要是指将每日各餐主食、副食的品种、数量、烹调加工方法、用餐时间编成的表。食谱通常有两重含义：一是泛指食物调配与烹调方法的汇总，如有关烹调书籍中介绍的食物调配与烹调方法、饭馆的菜单，都可称为食谱；二是专指膳食调配计划，即每日每餐主食和菜肴的名称与数量。

2. 食谱的设计

食谱应根据本地区的主副食品的资源、市场供应状况、就餐人员的营养需求与消费水平、饮食习惯与口味爱好以及技术条件和加工能力等情况制定。食谱对正常人来说是保证其合理营养的具体措施；对营养性疾病患者来说，则是一项基本的辅助治疗的措施；同时，也是烹饪工作者配餐的依据，可提高其工作效率，保证工作质量。

在我国，食谱可将"中国居民膳食指南"和"膳食营养素参考摄入量"具体落实到就餐者每餐的膳食中，使就餐者按照人体生理需要摄入足够的能量和各种营养素，从而达到合理营养、促进健康的目的。

（1）应了解与掌握本地区的食物资源

食谱设计部门对商店和集贸市场各种主副食的供应情况，在什么季节、月份有什么蔬菜上市，及其出市、旺市或谢市的时间，近年来价格变化状况等，都需要调查清楚。

（2）设计常用菜单

根据中式烹调师的技术水平和设备条件，列出所有能够制作的主食品种和菜肴名称，包括荤菜、素菜、热菜、凉菜、汤菜等，加以汇总，写出清单。在此基础上，再根据合理营养的原则、本地区的食物构成、就餐人员的饮食习惯、烹调加工方法等进行筛选，保留原料来源稳定、多数就餐人员欢迎、营养搭配合理、经济实惠的饭菜品种。常用菜单是专供调配膳食、制定营养食谱使用的，其主食品种应达到20～30种以上，菜肴品种应达到200种以上，其中包括全荤菜50种以上，全素菜50种以上，荤素菜70种以上，此外还有汤菜10种以上。

将筛选出的主食和菜肴，根据食物原料的不同性质进行分类、编号，便于在制定食谱时查找与管理。同时，对每种主食和菜肴的食物原料构成按每份予以定量，在配料组成上规范化。粮食按50 g为起点，菜肴按每碗、每盘、每人、每餐份计。经过分类与编号，产生规定原料构成用量的各种主食与菜肴的汇总表，从而完成了常用菜单的制定。

根据每份饭菜的食物组成，食物原料用量均按市品计算，若按可食部分计算，则会出现与采购量不一致，必须逐个换算，比较麻烦，按照食物成分表分别计算出每份主食和菜肴的营养素含量，再根据常用菜单的编号顺序与品名全部列出营养素成分，汇成总表，也可以编成数据库，以便进行膳食调整。

（3）确定食谱的类型

食谱的类型取决于就餐方式。就餐方式主要有包餐制和选购制。包餐制可分为固定包餐制和非固定包餐制；选购制可分为预约选购制和现食选购制。确定选购制食谱的价格，应根据每餐、每个单位量、每个品种的饭菜进行成本核算，并在食谱的每个饭菜品种后面，显示单位数量的价格，方便就餐人员选购。

（4）食物品种的选择与调整

选择食物应注意来源和品种的多样性，做到有主有副、有精有粗、有荤有素、有干有稀，保证人体的各种营养需要。食物调整的基本原则是主食粗细合理安排，菜肴品种、色、香、味、形经常变化。将一周的早、午、晚餐分别集中，先订出一周的早餐食谱，然后制定午餐食谱，最后完成晚餐食谱，这样有利于在一周范围内控制营养的平衡。每天各餐做到均衡分配，并进行适度的调节。一周的食谱，要保证每天食物、营养与价格的分配相对平衡，避免出现起伏波动过大的情况。

在制定食谱的过程中要控制动物性食物的用量，应尽量增加蔬菜与豆类及其制品的使用量，以达到平衡膳食的要求。随着植物油和动物性食物的消费量增加，粮食消费量逐渐下降。而瓜果类食物的摄入量的增加，也会使蔬菜的摄入量降低。动物性食物每人每日总量可按 200 g（不含乳类）计划配餐。午餐使用动物性食物不少于 100 g。蔬菜每日总量可按 500 g 计划配餐，早餐使用少量，午餐与晚餐约各占一半。豆制品在三餐均可分配（参见中国居民平衡膳食宝塔）。

无论是选择哪一组类型的菜肴，就餐者都可以从午餐中得到 50～100 g 左右的动物性食物，70～150 g 左右的新鲜蔬菜。但是，高价格档次的菜肴中动物性食物可能较多，而在低价格档次类型的菜肴中则较少，因而在营养素的供给方面有着一定的差别。配餐时注意在食物组成上有所选择，尽量缩小差别，如动物性食物量少时，可适当增加豆制品的用量，以弥补蛋白质的不足。在做到营养基本平衡的同时，还应注意能量供需的平衡。

（5）食物用量的确定

食物品种选定后，在每日各餐中进行平衡调配，然后确定食物的用量。核定食物用量的原则是既要满足就餐人员的营养需要，又要注意节约、防止浪费，使就餐者够吃并能食用完。主要依据已选定的就餐人员膳食营养素摄入量标准、就餐人员习惯进食量、膳食消费水平，以及常用菜单的饭菜单位组成量等。

根据就餐人员膳食营养素摄入量标准，确定能量和蛋白质的供给量。能量主要来源是粮食、动物性食物等，对这些食物供给量作出明确的划分，则可保证人体 85％以上能量的供给。蛋白质主要来自于粮食、豆制品与动物性食物，确定其用量则可保证人体 90％以上的蛋白质，且其质量也能满足人体的需要。

（6）食谱的调整

一餐食谱一般选择一至两种动物性原料、一种豆制品、三至四种蔬菜、一至两种粮谷类食物。一日食谱一般选择两种以上的动物性原料、一至两种豆制品及多种蔬菜、两种以上的粮谷类食物。一周食谱应选择营养素含量丰富的食物，精心搭配，以达到膳食平衡。

在制定食谱并核定食物原料用量以后，就应核定与矫正食谱中营养素的供给量。首先根据食谱定量计算出每人平均获得的营养素是否符合营养素摄入量标准，然后对不符合要求的地方加以矫正。一般来说，在制定食谱的过程中，如果能做到符合膳食调配的原则，并按照制定食谱的要求进行，则基本做到营养平衡。

食谱中的食物品种是从常用菜单中选定的，常用菜单中的饭菜每餐份（单位量）的组成中，有固定的营养素供给量，所以，从常用菜单中查得有关饭菜的营养素供给量，可计算出每日总营养素的供给量，除以每日就餐人数，即可算出人均每日营养素的供给量。按就餐人数和食物的消耗量，分别计算出每餐的人均营养素供给量。根据每日食物营养素供给量，可以了解平均每人每日的营养素摄取量是否符合摄入量标准的要求。能量达到摄入量标准规定的 90％以上即为正常。要注意蛋白质，钙、铁等矿物质，维生素的摄取量是否充足。蛋白质摄取量以每日达到摄入量标准的 ±10％为正常；周平均量以不超出每日摄入量标准的±2 g 时最为理想，若低于标准量 5 g，即动物蛋白质与大豆蛋白质低于蛋白质总量的 30％以上时，则需要加以矫正。其他营养素的摄取量，每日达到摄入量标准的 80％以上、周平均量不低于摄入量标准的 90％为正常；若每日量低于标准量的 80％，周平均量低于标准量的 90％，则需要矫正。

一些贫困地区的居民，膳食中往往缺乏蛋白质，尤其是动物蛋白和大豆蛋白等优质蛋白质供给不足；钙、铁等矿物质、维生素 A、维生素 B_2 的供给也不足。食谱中的这些营养物质如果不能达到摄入量标准的 80％～90％时，则需要设法弥补。应合理利用大豆及其制品，优质蛋白质可以得到补充，而且钙和维生素的供给量也会相应增加。蛋类和动物内脏是蛋白质、钙、维生素 A 和 B 族维生素的主要食物来源。胡萝卜、绿叶蔬菜及其有色根茎类菜，含有丰富的胡萝卜素和维生素 C。有时食谱中动物性食物数量较多，费用也较高，但蛋白质及其他营养素的供给可能并不能完全满足人体的需要，主要是由于食谱中猪肉的比例过大而造成的。若降低猪肉比例，增加蛋类、动物内脏、鱼类及其他肉类，合理利用豆制品，增加新鲜的绿色蔬菜，可以较好地改善营养素的供给状况。

对一些营养不够合理的食谱，应对菜品品种和数量适当调整，再次核定营养素供给量，如果仍不能满足要求，则应进行调整，直至符合要求。

（7）食谱的形成

食谱的制定是一项重要而又比较复杂的工作，即使有比较完善的菜单条件，制定食谱仍需要付出相当多的劳动。因此，食谱的形成可以分阶段进行。首先是形成常用菜单，其次是形成每个周期的（一周至半月）通用食谱，最后是形成应用型食谱。常用菜单与通用食谱，可由膳食管理部门统一集中完成：膳食管理部门先根据总体情况制定出比较完善的、相对稳定的常用菜单，然后依照每个周期（一周至半月）的市场情况、就餐人员要求、工作任务等制定出基本通用的食谱，将制定食谱的步骤进行到"平衡调配每日膳食"的阶段。再经过核定饭菜用量、成本与销售价格、核定与矫正营养素供给量等步骤，最终形成实际应用的食谱。

技能要求

一、能量的计算

1. 查表确定能量的需要量

各阶段人群及不同劳动强度人群的能量需要量，可直接查表。例如高中学生每日需要的能量为 11.72 MJ（2 800 kcal）（见表 7—2）。表 7—2 常常用于就餐对象比较集中，且就餐者年龄、劳动性质变化较小的人群。

表 7—2 能量供给量快速查看表

就餐对象（范围）	全日能量		早餐能量		午餐能量		晚餐能量	
	MJ	kcal	MJ	kcal	MJ	kcal	MJ	kcal
学龄前儿童	5.44	1 300	1.63	390	2.18	520	1.63	390
1～3 年级	7.53	1 800	2.26	540	3.01	720	2.26	540
4～6 年级	8.79	2 100	2.64	630	3.51	840	2.64	630
初中学生	10.04	2 400	3.01	720	4.02	960	3.01	720
高中学生	11.72	2 800	3.51	840	4.69	1 120	3.51	840
脑力劳动者	10.04	2 400	3.01	720	4.02	960	3.01	720
中等体力活动者	10.88	2 600	3.26	780	4.35	1 040	3.26	780
重体力活动者	>12.55	>3 000	>3.77	>900	>5.02	>1 200	>3.77	>900

注：表中能量供给量为就餐对象各阶段平均值。
1 kcal＝4.184 kJ。

例7—1　计算9～11岁（4～6年级）小学生的每日能量供给量。

解：

查表7—2得：9～11岁的平均每日能量的供给量为8.79 MJ（2 100 kcal）。

2. 根据标准体重和劳动强度确定能量供给量

人们的活动和劳动的方式、劳动强度、持续时间、环境条件及工作熟练程度不同，消耗的能量也不完全一样。世界卫生组织将成人职业劳动强度分为轻、中、重体力活动三个等级。

（1）轻体力活动

75%的时间坐或站立，25%的时间活动，如办公室工作、修理电器钟表、售货、酒店服务、化学实验操作、讲课等。

（2）中体力活动

25%的时间坐或站立，75%的时间从事特殊职业活动，如学生日常活动、机动车驾驶、电工安装、车床操作等。

（3）重体力活动

40%的时间坐或站立，60%的时间从事特殊职业活动，如非机械化农业劳动、炼钢、舞蹈、体育活动、装卸、采矿等。

根据某人的身高、体重与劳动强度计算其全日能量的供给量，常常用于成年人在特定时期的特定劳动强度下能量的供给量计算。计算步骤如下：

1）计算标准体重。根据成年人的身高，计算标准体重，计算公式为：

$$标准体重(kg)=身高(cm)-105$$

2）计算体质指数（body mass index，BMI）。根据体重、身高计算出体质指数，判断其体型，计算公式为：

$$体质指数(kg/m^2)=实际体重(kg)\div身高的平方(m^2)$$

判断标准是：体质指数<18.5为消瘦；18.5～23为正常；23～25为超重；25～30为肥胖；>30为极度肥胖。

3）全日能量供给量的计算。根据体型与体力活动情况，查表7—3（成年人全日每千克标准体重能量供给量表）计算并确定其能量供给量，计算公式为：

$$全日能量供给量(MJ)=标准体重(kg)\times单位标准体重能量需要量(MJ/kg)$$

活动强度 / 体型	轻体力活动		中等体力活动		重体力活动	
	MJ/kg	kcal/kg	MJ/kg	kcal/kg	MJ/kg	kcal/kg
消瘦	0.146	35	0.167	40	0.167~0.188	40~45
正常	0.126	30	0.146	35	0.167	40
肥胖	0.084~0.105	20~25	0.126	30	0.146	35

表 7—3 　　　　　　　　**成年人全日单位标准体重能量供给量**

注：年龄超过 50 岁者，每增加 10 岁，比规定值酌减 10%左右。

1 kcal＝4.184 kJ。

例 7—2　某健康女性就餐者，年龄 42 岁，身高 164 cm，体重 56 kg，从事轻体力劳动，计算其每日的能量需要量。

解：

(1) 标准体重＝164－105＝59（kg）

(2) 体质指数＝56÷(1.64×1.64)＝20.8（kg/m²）属于正常体重

(3) 查表 7—3，正常体重、轻体力活动者单位标准体重能量供给量为 0.126 MJ/kg，因此，总能量＝59×0.126＝7.43（MJ）

二、一日三餐产能营养素供给量的计算

1. 计量单位及其换算

(1) 质量单位及其换算

质量用千克（kg）、克（g）、毫克（mg）、微克（μg）表示。它们之间的换算关系是：

$$1\ kg＝1\ 000\ g$$

$$1\ g＝1\ 000\ mg$$

$$1\ mg＝1\ 000\ μg$$

(2) 能量单位及其换算

近年来国际上能量单位用兆焦（MJ）、千焦（kJ）、焦（J）表示。在有些基础资料中能量的单位仍沿用卡或千卡（kcal）。它们之间的换算关系是：

$$1\ kcal＝4.184\ kJ$$

$$1\ kJ＝0.239\ kcal$$

$$1\ MJ＝1\ 000\ kJ$$

$$1\ kJ＝1\ 000\ J$$

$$1\ MJ＝239\ kcal$$

2. 营养素供给量的计算

（1）每餐能量供给量的计算

三餐能量的分配占全天总能量的百分比分别为：早餐25%～30%，午餐40%，晚餐30%～35%或早餐30%，午餐40%，晚餐30%，可将全天能量需要量按此比例进行分配并计算。

产热营养素占总能量的比例为：蛋白质10%～15%，脂肪20%～30%，碳水化合物55%～65%，因此，可计算出产热营养素在各餐中的供给量。根据当地生活水平，可适当调整产热营养素占总能量的比例。

（2）每餐产热营养素摄入量的计算

根据产热营养素的能量供给量以及能量系数，可计算出每日三餐中产热营养素的供给量。

例7—3 某健康成年女性就餐者，每日能量的供给量为7.43 MJ，计算其早、午、晚三餐的能量需要。

解：

早餐 7.43 MJ×25%＝1.86 MJ

午餐 7.43 MJ×40%＝2.97 MJ

晚餐 7.43 MJ×35%＝2.60 MJ

例7—4 已知某人早餐、午餐和晚餐的能量摄入量分别为1.86 MJ、2.97 MJ和2.60 MJ，计算产热营养素每餐提供的能量。

解：

早餐：蛋白质 1.86 MJ×12%＝0.22 MJ

脂肪 1.86 MJ×25%＝0.47 MJ

碳水化合物 1.86 MJ×63%＝1.17 MJ

午餐：蛋白质 2.97 MJ×12%＝0.36 MJ

脂肪 2.97 MJ×25%＝0.74 MJ

碳水化合物 2.97 MJ×63%＝1.87 MJ

晚餐：蛋白质 2.60 MJ×12%＝0.31 MJ

脂肪 2.60 MJ×25%＝0.65 MJ

碳水化合物 2.60 MJ×63%＝1.64 MJ

例7—5 根据例7—4计算结果，求蛋白质、脂肪和碳水化合物在三餐中的摄入量。

解：

早餐：蛋白质　　　　0.22 MJ÷0.016 7 MJ/g＝13.17 g

脂肪　　　　　　0.47 MJ÷0.037 6 MJ/g＝12.5 g

碳水化合物　　　1.17 MJ÷0.016 7 MJ/g＝70.06 g

午餐：蛋白质　　　　0.36 MJ÷0.016 7 MJ/g＝21.56 g

脂肪　　　　　　0.74 MJ÷0.037 6 MJ/g＝19.68 g

碳水化合物　　　1.87 MJ÷0.016 7 MJ/g＝111.98 g

晚餐：蛋白质　　　　0.31 MJ÷0.016 7 MJ/g＝18.56 g

脂肪　　　　　　0.65 MJ÷0.037 6 MJ/g＝17.29 g

碳水化合物　　　1.64 MJ÷0.016 7 MJ/g＝98.20 g

三、食物品种和数量的确定

1. 主食品种和数量的确定

根据就餐人员的能量供给量，碳水化合物的供给量占总能量的55％～65％，从而计算出粮食的摄入量。

主食的品种、数量主要根据各类主食选料中碳水化合物的含量确定。

例7—6　已知某轻力活动者的早餐中应含有碳水化合物70.06 g，如果本餐只吃面包一种主食，试确定所需面包的质量。

解：

查谷物成分表得知，面包中碳水化合物含量为53.2％，则

所需面包质量＝70.06 g÷53.2％＝131.7 g

例7—7　某轻体力活动者的午餐需碳水化合物111.98 g，要以米饭、馒头（富强粉）为主食，并分别提供50％的碳水化合物，试确定米饭、富强粉的质量。若晚餐提供碳水化合物98.2 g，要求以烙饼、小米粥、馒头为主食，并分别提供40％、10％、50％的碳水化合物，试确定烙饼、小米粥、馒头的摄入量。

解：

查谷物成分表得知，大米含碳水化合物77.6％，富强粉含碳水化合物75.8％，则

所需大米质量＝111.98 g×50％÷77.6％＝72.2 g

所需富强粉质量＝111.98 g×50％÷75.8％＝73.9 g

查食物成分表得知，烙饼含碳水化合物51％，小米粥含碳水化合物

8.4％，馒头含碳水化合物43.2％，则

所需烙饼质量＝98.2 g×40％÷51％＝77.02 g

所需小米粥质量＝98.2 g×10％÷8.4％＝116.90 g

所需馒头质量＝98.2 g×50％÷43.2％＝113.66 g

2. 副食品种和数量的确定

副食的供给量应在已确定主食用量的基础上决定。例如，某人日能量需要量为8.79 MJ（2 100 kcal），按照蛋白质供能量占总能量的10％～12％计算，每日的蛋白质需要量应为53～63 g。若此人粮食用量为360 g，则粮食中含蛋白质36 g（每100 g粮食约含蛋白质10 g），占蛋白质总量的57％～68％。如按动物性食物提供的蛋白质占蛋白质总量的21％～28％，豆制品和蔬菜提供的蛋白质占蛋白质总量的10％～15％计算，则动物性食物所提供的蛋白质不应低于11～18 g，即需动物性食物73～120 g（动物性食物含蛋白质约为10％～20％，这里按15％计算）。再分配大豆及其制品17～26 g（大豆含蛋白质约为35％～40％），以及蔬菜400 g（蔬菜含蛋白质约为1％～3％）和食用油25 g左右，则不仅可以完全满足蛋白质、脂肪和能量的需要，也能基本满足矿物质和维生素的需要。

例7—8 已知午餐应含蛋白质36.0 g，猪肉（里脊）中蛋白质的含量为21.3％、牛肉（前腱）为18.4％、鸡腿肉为17.2％、鸡胸脯肉为19.1％；豆腐（南）为6.8％、豆腐干（熏）为15.8％、素虾（炸）为27.6％。假设以馒头（富强粉）、米饭（大米）为主食，所需质量分别为90 g、100 g。若只选择一种动物性食物和一种豆制品，请分别计算各自的质量。

解：

（1）查食物成分表得知，富强粉含蛋白质9.5％，大米含蛋白质8.0％，则

主食中蛋白质含量＝90 g×9.5％＋100 g×8.0％＝16.55 g

（2）副食中蛋白质含量＝36.05 g－16.55g＝19.5 g

（3）副食中蛋白质的2/3应由动物性食物供给，1/3应由豆制品供给，因此

动物性食物应含蛋白质质量＝19.5 g×66.7％＝13.0 g

豆制品应含蛋白质质量＝19.5 g×33.3％＝6.5 g

（4）猪肉（里脊）、牛肉（前腱）、鸡腿肉、鸡胸脯肉分别为：

猪肉（里脊）质量＝13.0 g÷21.3％＝61.0 g

牛肉（前腱）质量＝13.0 g÷18.4％＝70.7 g

鸡腿肉质量＝13.0 g÷17.2％＝75.6 g

鸡胸脯肉质量＝13.0 g÷19.1％＝68.1 g

豆腐（南）、豆腐干（熏）、素虾（炸）分别为：

豆腐（南）质量＝6.5÷6.8％＝95 g

3. 一日食谱的编制

以一位 35 岁的男性轻体力活动者为例，用计算法进行一日食谱的编制。

（1）根据"膳食营养素参考摄入量"。他每日需要热能约为 10.03 MJ（2 400 kcal）。

（2）根据热能的需要量，计算他一日三大生热营养素的供给量：以蛋白质供给量占热能供给的 12％，脂肪占热能供给量的 25％，碳水化合物占热能供给的 63％计算，则这三大生热营养素的供给量分别是：

蛋白质＝2 400×12％÷4＝72（g）

脂　肪＝2 400×25％÷49＝67（g）

碳水化合物＝2 400×63％÷4＝378（g）

（3）根据碳水化合物的供给量、蛋白质的供给量计算他一日主食的供给量。按照我国人民的生活习惯，主食以米、面为主，考虑到平衡膳食的需要，可以增加一些杂粮品种。一般情况下，每 100 g 主食中含热能 350 kcal，根据碳水化物的需要量大致计算出主食的供给量为：

主食供给量＝2 400×63％÷3.5＝432（g）

考虑到其他食物，特别是一些蔬菜、水果中也含有碳水化合物，因此，可以将主食的供给量定为 400 g。

（4）计算副食的供给量：副食主要指鱼、肉、蛋、奶、豆制品等食物，其供给量主要依据蛋白质和脂肪的供给量而定。在计算时，可以先根据"中国居民平衡膳食宝塔结构"中的要求，如每天一杯牛奶约 250 mL，鸡蛋 1 只约 50 g，肉类约 100 g，鱼类约 50 g，然后用每日蛋白质、脂肪和能量的供给量标准，减去以上几种主要副食和主食中的提供的相应数量，就可以得到其他副食品，特别是豆类、豆制品的供给数量，一日副食及营养素的供给见表 7—4。

表 7—4　　　　　　　　　　　一日副食及营养素的供给

原料名称	重量(g)	蛋白质(g)	脂肪(g)	碳水化物(g)	能量(kcal)	钙(mg)	铁(mg)	维生素A(μgRE)	维生素C(mg)
鲜牛奶	250	7.8	8.0	12.5	153.2	212.5	0.25	70	0
鸡蛋	50	6.1	5.3	0	72.1	22	0.5	0	0
瘦猪肉	50	10.0	4.0	0	76	3.0	0.75	0	0
鸡脯肉	30	7.4	0.6	0.2	35.8	0.3	0.3	0.9	0
带鱼	50	8.8	2.1	0	54	8.5	0.65	0	0
大米	300	19.2	3.6	234.3	1 046.4	9.0	0.6	0	0
面粉	60	9.4	1.5	42.5	221.1	18.6	0.4	0	0
小米	40	3.6	1.2	31.1	149.6	3.2	0.6	0	0
合计		72.3	26.3	320.6	1 808.3	277.1	4.05	70.9	0

　　由表 7—4 可见，目前所选择的各类食物，除蛋白质的供给量已正好满足需要外，其他营养素的供给，都还远远低于需要量。但只要选择适量的油脂就能满足脂肪的需要量，再选择蔬菜、水果，就可以获得各种维生素和无机盐，基本上达到一日营养素的供给量。一日蔬菜水果及营养素的供给量见表 7—5。

表 7—5　　　　　　　　　　　一日蔬菜水果及营养素的供给量

原料名称	重量(g)	蛋白质(g)	脂肪(g)	碳水化物(g)	能量(kcal)	钙(mg)	铁(mg)	维生素A(μgRE)	维生素C(mg)
绿豆芽	50	0.85	0.05	1.3	9.0	7	0.15	1	2.0
芹菜	50	0.2	0.1	1.5	7.7	0.75	0.1	1.5	1.0
青、红椒	100	0.5	0.1	1.9	13.2	0	0	8	65
鲜蘑菇	100	3.5	0.4	3.8	32.8	6	1.0	0	0.1
番茄	100	1.0	0.2	3.8	21	0	0	13	130
青菜	100	1.4	0.3	2.4	17.9	117	1.3	309	64
橘子	100	1.2	0	12.5	56	21	0.9	857	25
香蕉	100	1.1	0.2	19.7	85	9	0.2	6	5.7
合计		9.75	1.55	46.9	242.6	160.8	3.65	1 255.5	292.8

　　（5）将一日食谱中各种食物的种类及营养素含量，进行总合，并与供给量标准进行比较，如果某种营养素的供给与标准相差过大，必须进行适当的调整，直至基本符合要求。一日食物及营养素供给情况分析见表 7—6。

表 7—6 一日食物及营养素供给情况分析

原料名称	重量 (g)	蛋白质 (g)	脂肪 (g)	碳水化物 (g)	能量 (kcal)	钙 (mg)	铁 (mg)	维生素 A (μgRE)	维生素 C (mg)
鲜牛奶	250	7.8	8.0	12.5	153.2	212.5	0.25	70	0
鸡蛋	50	6.1	5.3	0	72.1	22	0.5	0	0
瘦猪肉	50	10.0	4.0	0	76	3.0	0.75	0	0
鸡脯肉	30	7.4	0.6	0.2	35.8	0.3	0.3	0.9	0
带鱼	50	8.8	2.1	0	54	8.5	0.65	0	0
大米	300	19.2	3.6	234.3	1 046.4	9.0	0.6	0	0
面粉	60	9.4	1.5	42.5	221.1	18.6	0.4	0	0
小米	40	3.6	1.2	31.1	149.6	3.2	0.6	0	0
绿豆芽	50	0.85	0.05	1.3	9.0	7	0.15	1	2.0
芹菜	50	0.2	0.1	1.5	7.7	0.75	0.1	1.5	1.0
青、红椒	100	0.5	0.1	1.9	13.2	0	0	8	65
鲜蘑菇	100	3.5	0.4	3.8	32.8	6	1.0	0	0.1
番茄	100	1.0	0.2	3.8	21	0	0	13	130
青菜	100	1.4	0.3	2.4	17.9	117	1.3	309	64
橘子	100	1.2	0.2	12.5	56	21	0.9	857	25
香蕉	100	1.1	0.2	19.7	85	9	0.2	6	5.7
油脂	40	0	40	0	360	0	0	0	0
合计		82	67.85	366.9	2 410	437	7.7	1 325.5	292.8
供给量标准		72	67	378	2 400	800	15	800	100
实际供给量占标准（%）		113.8	101.2	97.1	100.4	54.6	51.3	165.7	292.8

（6）将选择的食物大致按三大热能营养素 3∶4∶3 的比例分配至一日三餐中，食物分配时要注意我国居民的膳食习惯，并且逐步改善不合理的膳食习惯。如我国居民早餐中蛋白质的供给过少，新鲜蔬菜比较少见；晚餐过于丰盛等。一日食物及营养素分配见表 7—7。

表 7—7 一日食物及营养素分配

餐次	原料	重量（g）	蛋白质（g）	脂肪（g）	碳水化合物（g）	能量（kcal）
早餐	牛奶	250	7.8	8.0	12.5	153.2
	面粉	60	9.4	1.5	42.5	221.1
	大米	50	3.2	0.6	39.0	174.4
	鸭肝	50	7.2	3.7	0.25	63.1
	芹菜	50	0.2	0.1	1.5	7.7
	麻油	8	0	8	0	72
合计			27.8	21.9	95.85	691.5

续表

餐次	原料	重量（g）	蛋白质（g）	脂肪（g）	碳水化合物（g）	能量（kcal）
中餐	大米	150	9.6	1.6	117.1	523.2
	带鱼	50	8.8	2.1	0	54
	鸡蛋	50	6.1	5.3	0	72.1
	番茄	100	1.0	0.2	3.8	21
	青菜	100	1.4	0.3	2.4	17.9
	油脂	20	0	20	0	180
	香蕉	10	1.1	0.2	19.7	85
合计			28	29.7	143	953.2
晚餐	大米	100	6.4	1.2	78.1	348.8
	小米	40	3.6	1.2	31.1	149.6
	瘦猪肉	50	10.0	4.0	0	76
	青椒	100	0.5	0.1	1.9	13.2
	鲜蘑菇	100	3.5	0.4	3.8	32.8
	绿豆芽	50	0.85	0.05	1.3	9.0
	虾皮	10	3.0	0.2	0.2	14.6
	油脂	12	0	12	0	108
	西瓜	100	0.8	0.1	6.7	30
合计			28.65	19.25	123.1	782

该食谱三餐热能比例为 2.9∶3.9∶3.2，基本上符合要求。将表7—7中的食物编制成食谱（见表7—8）。

表7—8　　　　　　　　　　一日食谱

餐次	食物名称	原料组成	重量（g）	烹调方法	注意事项
早餐	牛奶	鲜牛奶	250	微加热	
	馒头	面粉	60	发酵，蒸	
	稀饭	大米	40	煮	避免加碱
	鸭肝	鸭肝	50	卤	
	拌芹菜	芹菜	50		
		香油	8	凉拌	
中餐	米饭	大米	150	煮	
	红烧带鱼	带鱼	50	烧	加少量醋
		烹调用油	6		

续表

餐次	食物名称	原料组成	重量（g）	烹调方法	注意事项
中餐	番茄鸡蛋	番茄	100	炒	
		鸡蛋	50		
		烹调用油	10		
	菜青菜汤	青菜	100	烧	时间不宜过长，不加碱
		烹调用油	4		
	餐后水果	香蕉	100		
晚餐	米饭	大米	100	煮	
	小米粥	小米	40	煮	不加碱
	炒肉片	猪肉	100	炒	
		鲜蘑菇	100		
		青椒	70		
	拌三丝	绿豆芽	100	凉拌	焯水时注意火大水多时间短
		青红椒	30		
		小虾皮	10		
	餐后水果	西瓜	100		

第二节　特殊人群的营养配餐

学习目标

➢ 掌握不同环境下作业人员营养需要的特点及各种特殊人群营养需要的特点。

➢ 了解药食兼用食品的基本知识。

➢ 能够对各类特殊人群进行营养配餐。

知识要求

一、特殊环境作业人员营养配餐

1. 高温环境下作业人员的配餐

高温环境通常指32℃以上的工作环境或35℃以上的工作环境。高温环境下的工作如冶金工业中的炼焦、炼铁、轧钢、机械工作铸造、陶瓷、搪瓷、玻璃等工厂炉前作业等。高温环境下人体代谢的特点主要有：

（1）水及无机盐的丢失，人在高温环境下劳动和生活时，出汗量大，汗水中无机盐主要是钠、钾等。

（2）水溶性维生素的丢失，高温环境下大量出汗也引起维生素 B_1、维生素 B_2 和尼克酸等的丢失。

（3）可溶性含氮物的丢失，高温作业时汗液可溶性氮主要是氨基酸，此外，由于机体处于高温及失水状态，加速了组织蛋白质的分解，使尿氮排出也增加。

（4）消化液分泌减少，消化功能下降，大量出汗引起的失水是消化液分泌减少的主要原因；出汗伴随的氯化钠丢失使体内氯急剧减少，影响到盐酸的分泌；高温刺激下的体温调节中枢兴奋及伴随的摄水中枢兴奋也可引起摄食中枢抑制，其共同作用的结果是高温环境下机体消化功能减退及食欲下降。

（5）能量代谢增加，一方面高温引起机体基础代谢增加，另一方面机体在对高温进行应激即适应的过程中，大量出汗、心律加快等体温调节，可引起机体能量消耗的增加。

2. 低温环境下作业人员的配餐

低温环境多指环境温度在 10℃ 以下的环境，常见于寒带及海拔较高地区的冬季及冷库作业等。

（1）能量需要量增加，低温环境下生活或作业人群能量需要增加，因为寒冷机体散热增加，低温下机体肌肉不自主的寒战，笨重的防寒服亦增加身体的负担使活动耗能更多，也是能量消耗增加的原因。

（2）维生素、无机盐等营养素的需要增加，低温环境下人体对维生素的需要量增加，与温带地区比较，增加量为 30%～35%。随低温下能量消耗的增加，与能量代谢有关的维生素 B_1、维生素 B_2 和尼克酸的需要增加；此外人体容易缺乏钙和钠，由于膳食供给不足，加上日照维生素 D 合成不足，导致钙吸收和利用率降低。

3. 接触有毒（害）物质作业人员的配餐

有毒有害化学物质种类繁多，概括起来包括重金属铅、汞、镉等，卤烃类四氯化碳、三氯甲烷、氯化氢等，芳香类苯、苯胺、硝基苯等，有机磷及有机氯等杀虫剂以及矽尘、煤尘、棉尘等。由于在不同作业环境中，这些化合物进入人体而干扰、破坏机体正常的生理过程或干扰、破坏营养物质在体内的代谢或损害特定的靶组织或靶器官，危害人体健康。

（1）铅作业人员的营养与配餐

铅作业常见于冶金、蓄电池工厂。人体因职业需要经常接触铅，铅可通过呼吸道和消化道进入人体，引起神经系统的损害和血红蛋白合成障碍。在平衡膳食基础上的营养补充有助于减少铅在肠道内被吸收并可促使进入体内的铅经肾脏排出，以提高机体对铅毒的耐受，预防和减少铅对神经系统及造血系统的损害。铅作业人群的营养和膳食应注意以下几点：

1）供给充足的维生素 C，维生素 C 可在肠道内与铅形成溶解度较低的抗坏血酸铅盐，以减少铅被肠道吸收。

2）补充含硫氨基酸的优质蛋白质，蛋白质营养不良可降低机体的排铅能力，增加铅在体内的蓄积和机体对铅中毒的敏感性。

3）补充保护神经系统并促进血红蛋白合成的营养素，如维生素 B_1、维生素 B_{12} 及叶酸，其中充足的维生素 B_{12}、叶酸可促进血红蛋白的合成和红细胞的生成，维生素 B_1 的食物来源主要包括豆类、谷类、瘦肉；叶酸来源于绿叶蔬菜；维生素 B_{12} 的来源主要为动物肝脏及发酵制品。

4）适当限制脂肪的摄入，为避免高脂肪膳食所导致的铅被小肠吸收的增加，脂肪的供给量不得超过 25%。

5）成酸性食品与成碱性食品交替使用，谷类、豆类和含蛋白质较多的成酸性食品的摄入，有利于骨骼内钙的沉积。而含钙、镁、钾较多的蔬菜、水果和奶类等成碱性食物的供给有利于钙沉积于骨骼组织，以缓解铅的急性毒性。

（2）苯作业人员的配餐

笨及其化合物苯胺、硝基苯均是脂溶性挥发性的有机化合物，主要通过呼吸道进入人体，其靶器官是神经组织和造血系统。苯作业人员的营养和膳食应注意以下几点：

1）增加优质蛋白质的供给。有利于增强肝细胞的功能，进而提高机体对苯的解毒能力，而且优质蛋白质尤其是含硫氨基酸有丰富的蛋白质和足够的胱氨酸以利于维持体内还原型谷胱甘肽的适宜水平，主要是可使部分苯直接与还原型谷胱甘肽结合而解毒。

2）适当限制膳食脂肪的供给。苯对脂肪的亲和力强，高脂肪摄入可增加苯在体内的蓄积，甚至导致体内苯排出的速度减缓，膳食脂肪供给量不宜超过总能量的 25%。

3）补充维生素 C。苯进入体内后主要在肝细胞内进行生物转化，维生素 C 参与体内氧化还原过程，增加苯的代谢，所以苯作业人员在平衡膳食的基础上应适当增加维生素 C 的供给量。

4）补充促进造血的有关营养素。苯对造血系统具有杀伤性，在苯中毒的预防和治疗时，要在平衡膳食的基础上适当补充铁、维生素 B_{12} 及叶酸，以促进血红蛋白的合成和红细胞的生成。

（3）接触有机磷农药人员的配餐

目前，使用最多的农药为有机磷类，约占全部农药用量的 80%～90%，广泛用于谷类和蔬菜。常用的有机磷类农药有对硫磷、内吸磷、乙硫磷、马拉硫磷、敌敌畏、乐果、敌百虫等。有机磷农药一般经呼吸道、消化道吸入，也可经皮肤侵入人体。农药进入人体后广泛分布于肝、肾、肺、骨、肌肉及脑中，其代谢产物主要经肾脏排出，少量经肠道排出体外。有机磷农药接触者应增加下列营养素的摄入。

1）蛋白质。有机磷农药在体内的氧化产物使其毒性增强，而分解产物则使毒性降低，蛋白质可影响有机磷农药的分解代谢，对于有机磷农药接触者每日的蛋白质供给量应不低于 90 g。

2）抗坏血酸等维生素。抗坏血酸使胱氨酸还原为半胱氨酸，有利于有机磷农药的代谢，降低其毒性，烟酸和叶酸对有机磷农药乐果的细胞毒性有防治效果。

（4）镉作业人员的配餐

接触镉及其化合物的作业主要见于电镀、颜料、焊接以及制造合金镍镉电池、半导体元件、果树杀虫剂等行业。镉化合物可经呼吸道和消化道摄入。镉急性中毒可引起化学性支气管肺炎或肺气肿。慢性中毒则引起神经系统、肺部和肾脏的病变，出现神经衰弱症候群、肺气肿和蛋白尿等症状。预防镉中毒，镉作业者的营养应注意：

1）摄入充足的蛋白质。可减轻因氧化镉中毒而引起的红细胞、血红蛋白含量下降和低蛋白质血症。

2）脂肪摄入量不宜过高。因膳食脂肪会增加镉的吸收。

3）钙的摄入量每日不应低于 800 mg。因高钙膳食对镉中毒有保护作用，高钙能减轻慢性镉中毒所引起的体重增长缓慢、生长抑制、神经症候群症状、肾脏病变和精子功能降低等。

4）摄入适量的锌。在镉中毒过程中，肝肾中的金属硫蛋白质与镉结合而耗竭，这是镉造成肝肾损害的重要原因。而补锌则能促进金属硫蛋白的合成。所以锌对镉性肝肾损害不仅有预防作用，而且还能促进镉引起的病变的恢复。

5）摄入足量的抗坏血酸。可对镉的毒性产生拮抗作用。

（5）噪声与振动环境下作业人员的配餐

据测定，60 dB 的噪声即能抑制胃的正常活动，80 dB 噪声使胃肠收缩力减弱、消化液分泌量减少和胃酸度下降。强噪声主要引起听力损伤。振动对人体的影响因其作用的范围和传入途径而有所不同，分为局部振动和全身振动。全身振动可引起内脏共振而使人体受影响。噪声可使机体代谢增高，尿中硫胺素、烟酰胺和吡哆醇排出量减少。维生素 A 或抗坏血酸缺乏时，可使耳蜗细胞发生变化而影响听力。

噪声与振动环境中作业人员的膳食应注意：

1）适当增加能量和蛋白质的供给量。有助于加强神经系统对外界刺激的抵抗能力和适应力。

2）适当增加脂肪的摄入量。

3）增加各种维生素的摄入量。如维生素 A、维生素 E、硫胺素、核黄素、吡哆醇、烟酸、抗坏血酸等的摄入量。

（6）汞作业人员的配餐

接触汞及其化合物的作业主要见于汞的开采及冶炼业、冶金工业、仪表制造业（温度计、流量计、压力计等）、电气器材制造业（整流器、荧光灯、电子管、紫外光灯管等）、化学工业（以汞作阳极电解食盐）、制药工业（生产升汞、甘汞、白降汞等）。汞及其化合物可通过呼吸道、消化道或皮肤进入人体，在生产环境中则主要以汞蒸气、气溶胶或粉尘状态的汞化合物的形式通过呼吸道进入人体内。汞作业人员应摄入适量的下列营养素：

1）维生素 E。维生素 E 对甲基汞中毒性具有防御作用，花生油、芝麻油都含有丰富的维生素 E。

2）硒。硒对于甲基汞中毒机体有保护作用，可减轻神经状态，还能减轻氯化汞引起的生长抑制，并对汞引起的肾脏损害有明显的防护作用。

3）果胶。果胶能与汞结合，加速汞离子排出，降低血液中汞离子的浓度。含果胶丰富的蔬菜有马铃薯、胡萝卜、萝卜、豌豆、刀豆、甜菜、青菜、青椒、橘子、金橘、柚子、草莓、苹果、梨、核桃、花生和栗子等。

4）蛋白质。蛋白质中的含硫氨基酸能与汞结合成为稳定的化合物，从而防止汞对于身体的损害。鸡蛋清蛋白、小麦面筋蛋白、大米蛋白中蛋白质含量丰富，其中鸡蛋清蛋白中蛋白质含量尤为丰富。

二、特定生理阶段人群的营养配餐

1. 幼儿与学龄前儿童

1~2岁的幼儿，身体发育迅速，需要各种营养物质，但体内胃肠道的功能还不够成熟，消化力不强，咀嚼能力也有限，故应增加餐次，供给富有营养的食物，同时食物的加工要细又不占太多的空间。每天供给的奶及奶制品不少于350 mL，注意供给蛋与蛋制品、半肥瘦的畜禽肉、动物肝脏、加工好的豆类及切细的蔬菜类，每周还可适当补充一些动物血、海产品等食物。每天4~5餐，进食应有规律，并有一定的户外活动。

3~5岁的孩子活动能力加大，除了以上幼儿的原则外，食物的分量要增加，并且逐步增加粗粮类食物，一部分以零食的方式提供，如午睡后食用少量有营养的食物或汤水，注意培养良好而卫生的生活饮食习惯。同时应关注儿童的发育进度，避免出现过胖。

2. 学龄儿童

学龄儿童是指6~12岁的孩子，他们独立活动能力加强，可以接受成年人的大部分食物。每日的三餐应合理安排，早餐不仅要满足数量的要求而且还要保证质量。每日提供粗细搭配的多种食物及富含蛋白质的食物，如畜禽肉类、鱼类、蛋类、充足的奶类与豆类食物，避免孩子养成挑食、偏食的习惯。

3. 孕妇和乳母

（1）孕妇

妊娠是一个复杂的生理过程，期间需要进行一系列的调整，以适应胎儿的生长发育和本身的生理变化。

自妊娠第四个月起，应保证充足的能量和各种营养素的供给，以满足合成代谢的需要。妊娠后期要保持体重的正常增长，膳食中应增加鱼、肉、蛋等优质蛋白质的食物，含钙丰富的奶类食物，蔬菜、水果等富含无机盐、维生素、膳食纤维的食物。孕妇应以正常体重增长的规律合理调整膳食，并注意做些有益的体力活动。

（2）乳母

乳母需要每天分泌乳汁喂养孩子，当营养素供给不足时，乳母体内自身的组织会被破坏以满足婴儿对乳汁的需要。所以，为了保护母体和满足分泌乳汁的需要，必须满足乳母的各种营养需要，保证供给充足的能量，增加鱼类、肉类、蛋类、奶类、海产品、豆制品等食物的摄入。

4. 老年人

随着年龄的增加，人体内各种器官的功能都有不同程度的减退，尤其是消化和代谢功能，直接影响人体的营养状况，如牙齿脱落、消化液分泌减少、胃肠道蠕动缓慢，都会使人体对营养素的吸收和利用下降。因此，食物不宜过精，应重视粗粮细粮的搭配。老年人抗氧化能力下降，患慢性非传染性疾病的危险性增加，所以膳食中增加富含维生素 E 的食物十分重要。老年人基础代谢下降，心脑血管功能减退，故应特别重视合理调整进食量和体力活动的平衡，把体重维持在正常的范围。

三、特殊病理状态人群的营养配餐

不合理的营养与许多疾病的发生和发展有着密切的关系，特别是一些慢性非传染性疾病，如心脑血管病、肥胖症、糖尿病等。在疾病状态下，人体内的营养素代谢会发生改变，因而病人的营养需要及膳食原则与正常人有着一定的区别。采用合理的膳食原则和营养治疗手段可以改变病人的全身营养状况，促进疾病的治疗和恢复，甚至挽救病人的生命。

1. 肥胖症

肥胖是指人体脂肪的过多储存，表现为脂肪细胞增多或细胞体积增大，即全身脂肪组织快速增大，与其他组织失去正常比例的一种状态。表现为体重超过了相应的身高所确定的标准值 20% 以上。肥胖人群配餐的主要原则为：

（1）控制总能量摄入量

减少能量是必须以保证人体能从事正常的活动为原则，否则会影响正常活动，甚至会对机体造成损害。

（2）控制常量营养素的供给比例

蛋白质占全天总能量的25%，脂肪为10%，碳水化合物为65%。因此，在选择食物种类时，应多吃瘦肉、奶、水果、蔬菜和谷类食物，少吃肥肉等油脂含量高的食物，一日三餐食物总摄入量应控制在500 g以内。为防止饥饿感，可吃纤维含量高的食品或市场上出售的纤维食品。

（3）减少食物摄入量和种类

应注意保证蛋白质、维生素、无机盐和微量元素的摄入量达到推荐供给标准，以便满足机体正常生理需要。

同时，为了达到减肥目的，还应建议改掉不良的饮食习惯，如暴饮暴食、吃零食、偏食等，坚持适度的体力活动。只要持之以恒，长期坚持，定能收到良好效果。

2. 糖尿病

当人体由于多种原因引起胰岛细胞分泌胰岛素不足或缺乏时，葡萄糖进入细胞受阻滞留在血液里导致血糖升高，过高的血糖从尿中排出即出现糖尿为糖尿病。糖尿病人群配餐的主要原则为：

（1）合理控制总能量

控制能量摄入量是糖尿病营养治疗的原则，因此，合理摄入能量使之达到或维持体重在理想范围之内，这在糖尿病治疗中极为重要。

（2）合理选择碳水化合物的食物来源

碳水化合物为人体必需的能量来源，多糖限制过严时，糖耐量低下，人体动用脂肪和蛋白质，使酮体生成增多，可引起酮症酸中毒，所以，最好选用吸收较慢的多糖作为碳水化合物的主要来源，如玉米、荞麦、燕麦、红薯等，也可选用米、面等谷类，以及含单糖与双糖的食物，如蜂蜜、蜜饯、蔗糖等，精制糖应忌用。如欲选用甜味食品，可以选用甜味剂代替糖。不同种类含等量碳水化合物的食物进入体内所引起的血糖指数不同。在常用主食中，面食的血糖指数和吸收比率比米饭低，而粗粮和豆类又低于米面，故糖尿病病人应多选用低血糖指数的食物。

（3）控制脂肪和胆固醇的摄入

每日脂肪供给量的比例应不高于30%，要选用含有不饱和脂肪酸的植物油，限制动物脂肪酸的摄入。每日胆固醇摄入量在300 mg以下，以防并发高脂血症和动脉粥样硬化。

（4）选用优质蛋白质

蛋白质供给量占总能量的 15%～20%，优质蛋白质应占蛋白质总量的 1/3 以上。大豆制品、鱼、禽、瘦肉等食物中多含有优质蛋白质。伴有肝、肾疾病时，蛋白质摄入量应降低。

（5）保证维生素和无机盐的供给

由于膳食受到一定限制，所以容易导致上述营养素的缺乏。与糖尿病关系最为密切的是 B 族维生素，它可改善神经症状，其次是维生素 C，它可改善微血管循环。

补充钾、钠、镁等无机盐是为了维持体内电解质平衡，防止或纠正电解质紊乱。在无机盐中，铬、锌、钙尤为重要，因为三价铬是葡萄糖耐量因子的组成部分，而锌是胰岛素的组成部分，补钙是防止骨质疏松。

3. 高血压

高血压是指人体循环动脉血压高于正常血压的一种常见临床症候群。收缩压大于或等于 140 mmHg 或舒张压大于或等于 90 mmHg，即可诊断为高血压。高血压是当前世界上威胁人类健康的重要疾病之一，全世界有 4 亿～5 亿高血压患者。大多数高血压病人无明确病因，称为"原发性高血压"，即高血压病；另约有 5%～10% 的高血压继发于其他疾病，称为"继发性高血压"。高血压人群配餐的主要原则如下：

（1）多食用能保护血管和有降血压及降血脂作用的食物

多食用能保护血管和有降血压及降血脂作用的食物有助于降低血压，降血压食物主要有芹菜、胡萝卜、番茄、荸荠、黄瓜、木耳、海带、香蕉等；降血脂食物有山楂、大蒜、洋葱以及香菇、平菇、蘑菇、黑木耳、银耳、蕈类食物。

（2）多选用高钾低钠的食物

高钾低钠的食物有豆类、玉米、腐竹、马铃薯、芋头、竹笋、荸荠、苋菜、冬菇、花生、杏仁等。

（3）多食用富含钙的食物

富含钙的食物如奶与奶制品、豆类及其制品、鱼虾等。

（4）多食富含维生素的新鲜蔬菜、水果

富含维生素的新鲜蔬菜、水果如油菜、小白菜、芹菜叶、莴笋、柑橘、大枣、猕猴桃、苹果等。

（5）限制能量过高食物

尤其是动物油脂或油炸食物。

225

（6）限制所有过咸食物

如咸菜、咸鱼、咸肉等。

（7）限制酒、咖啡以及辛辣等刺激性食物

4．高脂血症

当血液中的胆固醇、甘油三酯、磷脂等成分，一项或三项高于正常值时，即为高脂血症。由于脂质以脂蛋白形式进行转运，故高脂血症常表现为高脂蛋白血症。高脂血症人群配餐的主要原则为：

（1）严格控制胆固醇摄入

每日胆固醇摄入量控制在200 mg以下。

（2）严格控制脂肪摄入

尤其限制动物性脂肪摄入，适当增加植物油，多选用富含不饱和脂肪酸的深海鱼类。

（3）碳水化合物的控制

一般的高脂血症的病人总能量和碳水化合物可不必限制，但合并有肥胖症者，必须控制其碳水化合物的供给量。

（4）多摄取富含膳食纤维的植物性食物

如芹菜、韭菜、油菜、各种粗粮等。

（5）多选用富含钙的奶制品、豆类及其制品

四、药食兼用食品的基本知识

食物对人体具有一定的保健作用，故又称之为保健食物。食物对人体的保健作用是多方面的，有的食物同时兼有养生和治疗两种作用，因为食物大多为动物和植物，不仅含有能够维持人体生命活动、增进健康的各种营养素，同时还含有许多具有治疗作用的有效成分。由于各种食物中的成分及其含量不同，因此，对人体的保健作用有一定的差异，从而表现出各自的性能。

1．补养类食物

补养类食物是指以补益人体气、血、阴、阳，扶助正气，养生壮体，提高抗病能力，以及治疗虚弱症为主要作用的一类食物，又称补益类食物或补虚类食物。补养类食物在食物中占有很大比重，是最基本的食物，按其作用和应用范围的不同，又可进一步分为补气类食物、补阳类食物、补血类食物和补阴类食物。

（1）补气类食物

补气类食物是指以补益人体之气，增强脏腑功能和肌体的活动能力，以及治疗气虚为主要作用的一类食物，又称益气类食物。如：

1）人参。又名人衔、神草、地精、棒棰，为五茄科植物人参的根。食性甘、微苦，温。为补益强壮养生佳品。日常食之可补五脏、益气血、补虚弱、耐疲劳、安精神、增智力、壮元阳、抗衰老。适于气虚及气血虚弱体质、体虚日久不复、疲劳过度、记忆力减退、肾阳衰弱、老年体衰，以及无病强身者食用。常用养生方如人参炖乳鸽、人参炖鸡。

2）山药。又名薯蓣、薯药、怀山药，为薯蓣科植物薯蓣的根茎。食性为益气阴养生佳品。日常食之可补益气阴、健脑益智、聪耳明目、滋养肌肤、抗衰延年。适于气阴亏虚体质、瘵病后补养、用脑过度、形体瘦弱及老年人食用。

3）马铃薯。又名洋芋、阳芋、山药蛋、土豆等，为茄科植物马铃薯的块茎。食性甘，平。为补气健脾养生佳品。日常食之可补气健脾、强壮身体，并可防止坏血病。适于日常养生保健食用。

4）香菇。香菇又名香信、香蕈，为伞菌科植物香蕈的子实体。为补气强壮养生食品。日常食之可益气力、抗病邪、强身体，并能防止小儿佝偻病、老年人心血管疾病及肿瘤。

5）大枣。大枣又名红枣、美枣、良枣，为鼠科植物枣的成熟果实。食性甘，温。为益气养血养生佳品。日常食用可补气血、养心神、悦颜色、抗衰老。适于气血虚弱体质、病后或产后体虚，以及无病强身和老年人食用。

6）泥鳅。又名和鳅、鳅，为鳅科动物。食性甘，平。为补气强壮养生佳品。日常食之可益气强身、通利小便。壮筋骨。适于气虚体质、小便不利，以及胎前产后妇女和儿童和老年人食用。

（2）补阳类食物

补阳类食物是指以补助人体阳气，增强肌体的功能活动和抗寒能力，以及治疗阳虚症为主要作用的一类食物，又称助阳类食物。补阳类食物重在补助肾阳，有的还能益精髓，强筋骨。主要用于强壮肾阳和治疗肾阳虚弱症。补阳类食物多为动物性原料，其补益作用较好。但因其性偏温热，故有阴虚火旺者不宜食用。补阳类食物如：

1）冬虫夏草。又名虫草、冬虫草、夏草冬虫，为麦角菌科真菌冬虫夏草菌寄生在蝙蝠蛾科昆虫虫草蝙蝠幼虫上的子座与虫体。食性甘，温。有"补虚圣药"之称，为补肺益肾养生品。本品温和平补，日常食之可补肺益肾、秘精益气。适于肺肾虚弱体质、易汗怕冷、病后久虚不复者，以及老年体衰者食用。

2）胡桃仁。又名虾蟆、胡桃肉、核桃仁，为胡桃科植物胡桃的种仁。食性甘，温。有"果中第一补品"之称，为温补肺肾养生佳品。日常食之可温阳气、益颜色、抗衰老、肥健体。适于虚寒体质、肺肾不足体质、动则易喘、须发早白、产后体弱、大便干结、老年体衰、形体瘦弱者食用。

3）羊肉。羊肉为牛科动物山羊或绵羊的肉。食性甘，温。有"人参补气，羊肉补形"之称，为温补强壮养生佳品。日常食之可壮阳气、益精血、强筋骨、实腠理、御风寒。适于虚寒体质、畏寒怕冷、产后虚弱、形体瘦弱者，以及老年体衰者食用，尤宜于冬令进补食用。

4）狗肉。狗肉各地均有。食性咸，温。为温补强壮养生食品。日常食之可补五脏、暖脾胃、强腰膝。适于脾胃虚寒体质、肾阳虚衰体质、怕冷尿频者食用，尤宜于冬令进补食用。

（3）补血类食物

补血类食物是指以补养人体之血，滋养各脏腑组织器官，维持人体生理活动，以及治疗血虚症为主要作用的一类食物，又称养血类食物。补血类食物大多味甘质腻，虽能滋补，但易碍胃，故应用时配行气健脾的食物同用，如砂仁、陈皮等。有湿浊中阻、脘腹胀满及食少便溏者不宜食用。补血类食物如：

1）胡萝卜。又名黄萝卜、胡芦菔、金笋、红萝卜，为伞形科植物胡萝卜的根。食性甘，平。有"小人参"之称，为养血健脾养生佳品。日常食之可养血益目、益气健脾、壮阳暖下、补益五脏。适于血虚体质、视力减退、脾虚体质、阳虚体质者，以及无病强身者食用。

2）龙眼肉。龙眼肉又名桂圆肉、蜜脾、益智、龙眼干，为无患子科植物龙眼的假种皮。食性甘，温。为补血养生佳品。日常食之可养血补血、补益心脾、益智健脑、滋润五脏。适于血虚体质、气血虚弱体质、妇女月经不调、病后或产后衰弱、脑力衰退、毛发易脱者以及妇女和老年体衰者食用。

3）荔枝。又名离支、丹荔、丽枝、勒荔，为无患子科植物荔枝的果实。食性甘、酸，温。有"果中美品"之称，为补脾养血养生食品。日常食之可补脾胃、养肝血、益神智、驻颜色。适于脾胃虚寒体质、血虚体质、病后虚弱、用脑过度者，以及老年人食用。

4）猪肝。为猪的肝脏。食性甘、苦、温。以脏补脏，为补肝养血养生佳品。日常食之可养血补血、补肝明目。适于血虚体质、小儿体虚、视力减退者以及无病强身者食用。

（4）补阴类食物

补阴类食物是指以补养人体阴液，滋润脏腑，维持人体生理活动，以及治疗阴虚症为主要作用的一类食物，又称养阴或滋阴类食物。

1）银耳。又称白木耳、白耳子。食性甘、淡，平。为滋阴强壮养生佳品。日常食之可滋阴润肺、养胃生津、补肾健脑、滋润肌肤、抗衰延年。本品甘淡性平，滋补不腻，补不峻猛，尤宜养生常食。适于阴虚体质、阴虚内燥体质、病后体虚、皮肤干燥、老年体衰以及无病强身者食用。

2）百合。又名白百合、药百合。食性甘、微苦，微寒。为滋补养生食品。日常食之可补养五脏、滋阴润肺、安神益志、润泽肌肤，适于虚弱体质、阴虚内燥体质、形体瘦弱、易汗易梦、皮肤枯燥者，以及妇女养生食用。

3）枸杞子。又名甜菜子、红青椒、枸杞果、红耳坠，为茄科植物宁夏枸杞或枸杞的果实。食性甘，平。为补益肝肾养生佳品。日常食之可补肝肾、益精血、壮阳气、明目视、乌须发、强筋骨、泽肌肤、增智力、抗衰老，尤宜养生食用。适于肝肾亏虚体质、病后体虚、筋骨无力、形体瘦弱、须发早白、肌肤枯燥、老年体衰以及无病强身者食用。

4）松子。松子又名海松子、松子仁、新罗松子，为松科植物红松的种子。食性甘，微温。为滋补强壮养生佳品。日常食之可滋津液、润五脏、益气血、泽肌肤、肥健体、抗衰老。适于阴虚内燥体质、形体枯瘦、大便艰难、老年体衰及无病强身者食用，又为老年常用保健食品。

2. 温里类食物

温里类食物是指以温暖脏腑、祛散里寒、增强肌体抗寒能力，以及治疗里寒症为主要作用的一类食物。

（1）韭菜

韭菜又名草钟乳、起阳草、壮阳草，为百合科植物韭的叶。食性辛，温。为温暖五脏养生食品。日常食之可温暖五脏、散寒助阳。适于寒性体质、肾阳虚体质、妇女经冷、产后腹冷者食用。

（2）辣椒

辣椒又名番椒、秦椒、辣茄、辣虎，为茄科植物辣椒的果实。食性辛，热。为温中健胃养生食品。日常食之可温暖脾胃、健胃消食。适于胃寒体质、寒性体质及寒湿体质者食用。

（3）鲢鱼

鲢鱼又名鲢子鱼、白鲢，为鲤科动物。食性甘，温。为温中补气养生食品。日常食之可暖脾胃、补中气、泽肌肤。适于脾胃虚寒体质者食用。

（4）草鱼

草鱼又名混子、莞鱼，分布于各大水系，为鲤科动物。食性甘，温。为温中补虚养生食品。日常食之可温暖脾胃、补益五脏。适于胃寒体质、久病虚弱以及无病强身者食用。

3. 理气类食物

理气类食物是指以舒畅气机，解郁降气，调整脏腑功能，以及治疗气滞、气逆症为主要作用的一类食物。

（1）荞麦

荞麦又名乌麦、收麦、甜荞、荞子，为蓼科植物荞麦的种子。食性甘，凉。有"净肠草"之称，为下气洁肠养生食品。日常食之可下气通肠、清洁肠胃、祛除污浊。适于喜嗜肥腻、肠胃不洁者食用。

（2）刀豆

刀豆又名侠剑豆、大刀豆、刀豆子，为豆科植物豆的种子。食性甘，温。为温中补肾养神食品。日常食之可温补脾肾、通利肠胃。适于脾肾虚寒体质、肠胃气机不畅者以及老年人食用。

（3）豌豆

豌豆又名寒豆、毕豆、雪豆，为豆科植物豌的种子。食性甘，平。为调理脾胃养生食品。日常食之可理脾胃、调中气，产妇食之并能通乳汁。适于脾胃气滞体质者及产妇食用。

（4）玫瑰花

玫瑰花又名徘徊花、笔头花、刺玫花，为蔷薇科植物玫瑰初放的花。食性甘、微苦，气香，温。为调畅气血养生食品。日常食之可调畅气血、爽神悦志。适于气滞血瘀体质者及妇女产后食用。

4. 理血类食物

理血类食物是指以调理人体之血为主要作用的一类食物。除了补血、凉血、温血类食物外，还有止血和活血类食物。

（1）止血类食物

止血类食物是指以防止或制止体内外出血，使血行于脉，以及治疗出血症为主要作用的一类食物。止血类食物如：

1）藕。又名莲藕、光旁，为睡莲科植物莲的肥大根茎。食性生者甘，寒；熟者甘，温。生用为清热生津养生佳品。日常食之可清内热、生津液、润肠肺、散瘀血、解酒毒。适于热性体质、津亏内燥体质者以及妇女产后和酒后食用。常用养生方如凉拌藕。熟用为健脾养血养生佳品。日常食之可健脾胃、补五脏、养阴血、实下焦。适于脾胃虚弱体质、血虚体质、病后体虚者以及妇女产后和无病强身者食用。

2）黑木耳。又名木耳、去耳，为木耳科植物木耳的子实体。食性甘，平。为益气强壮养生食品。日常食之可益气不饥、轻身强志、宣利肠胃、防止出血。适虚弱体质、易于出血体质者以及妇女和老年人食用。

（2）活血类食物

活血类食物是指以通畅血脉，促进血行，调整脏腑功能，以及治疗瘀血症为主要作用的一类食物，又称活血祛瘀类食物。

1）慈姑。又名茨菰、白地栗，为泽泻科植物慈姑的球茎。食性苦、甘，微寒。为清热利窍养生食品。日常食之可清热利窍、调畅血行。适于热性体质、溲少黄赤以及瘀血体质者食用。

2）河蟹。又名螃蟹、毛蟹、稻蟹，为方蟹科动物中华绒螯蟹。食性咸，寒。为滋阴清热养生食品。日常食之可滋阴液、清内热。适于阴虚内热体质者食用。

5. 消食类食物

消食类食物是指以增强脾胃运化功能，促进食物消化吸收以及治疗饮食积滞症为主要作用的一类食物。

（1）萝卜

萝卜又名芦服、莱菔、紫菘、土酥，为十字花科植物莱菔的根。食性辛、甘，凉。日常食之可健脾消食、化痰去湿、清洁肠腑、醒酒解毒、肥壮健人、抵御风寒、泽胎养血，久食并能预防胆石症，入馔能杀鱼腥气。

（2）山楂

山楂又名酸查、红果子，为蔷薇科植物山楂或野山楂的果实。食性酸、甘、微温。为消食活血养生食品。日常食之可健脾开胃、消化饮食、活血通脉、解酒醒酒。适于脾虚胃弱体质、小儿过食、新产妇女、喜食肉食油腻、肥胖体质、瘀血体质及饮酒过量者食用。

6.祛湿类食物

祛湿类食物是指以调节体内水液代谢，促进水湿排出，以及治疗水湿症为主要作用的一类食物。

（1）利水渗湿类食物

利水渗湿类食物是指以通调水道，渗泄水湿，调节体内水液代谢，以及治疗水湿症为主要作用的一类食物。其中味属甘淡、淡能渗湿的食物，习称淡渗利湿食物。利水渗湿类食物如：

1）荠菜。又名鸡心菜、鸡脚菜、香荠菜、护生草，为十字花科植物荠菜的全草。为清热利水养生食品。日常食之可清内热、利小便、凉血热、健脾胃、助消化，并能预防麻疹。适于热性体质、血热体质、脾胃虚弱体质者食用，尤宜于麻疹流行期食用。

2）金针菜。又名萱草花、黄花菜、宜男花，为百合科植物萱草、黄花萱草或小萱草的花蕾。食性甘，凉。为清利湿热养生食品。日常食之可清湿热、利小便、益心智、明目视、安五脏。适于热性体质、湿热体质、神经衰弱体质者以及妇女产后和暑季炎热时食用。补血可代猪肝。

（2）芳香化湿类食物

芳香化湿类食物是指气味芳香，以化湿运脾，增强脾胃运化湿浊的能力，以及治疗湿浊中阻症为主要作用的一类食物。如：草果，又名草果仁、草果子，为姜科植物草果的果实。食性辛，温。为温中燥湿养生食品。日常食之可温暖脾胃、散寒燥湿、促进消化。适于脾胃寒湿体质、食欲不振者食用。

（3）祛风湿类食物

祛风湿类食物是指以去除风湿，解除肢体疼痛，以及治疗风湿痹症为主要作用的一类食物。

7.清热类食物

清热类食物是指以清泻里热，解除热毒，凉血泻热，调整热性体质，以及治疗里热症为主要作用的一类食物。如：

（1）水芹

水芹又名楚葵、水英、芹菜、野芹菜，为伞形科植物水芹的全株。食性甘、辛，凉。为清热利尿养生佳品。日常食之可清泻内热、通利小便、洁净肠胃、强壮身体。适于热质体质、小便短赤、肠胃不洁以及无病强身者食用。

（2）苋菜

苋菜又名苋、清香苋，为苋菜科植物苋的茎叶。食性甘，凉。为清热利窍养生佳品。日常食之可清热利窍、滑胎易产。适于热性体质、小便短赤、大便干结以及孕妇临产时食用，又为孕妇临产保健佳品。

（3）苦瓜

苦瓜又名锦荔枝、癞葡萄、凉瓜、癞瓜，为葫芦科植物苦瓜的果实。食性苦，寒，归心、脾、胃经。为清热解暑养生佳品。日常食用可清心火、解暑热、明目。适于热性体质、火盛目赤以及暑期炎热时食用，又为夏令保健食品。

技能要求

一、特殊环境作业人员营养配餐的方法

人们所接触的特殊环境，是指由各种物理因素造成的，如高温、寒冷、高气压、低气压、加速度、失重、噪声、磁场、微波、电离辐射等，各种化学因素造成的，如农药粉尘、苯、二硫化碳、四氮化碳以及含有铅、汞、镉等的各种化学物质的污染等。特殊作业常与特殊环境分不开，如航空作业是在气压变动环境中进行的。有些采矿作业在高温、高湿、噪声、振动和某种特有的粉尘和气体环境中进行都可影响人体内营养素的代谢，引起人体对营养素的特殊需要和对饮食安排的特殊要求，这就提出了特殊营养的问题。

根据所接触的特殊环境，分析其营养需要的特点，依据平衡膳食的原则，选择人体需要的各种不同的食物，确定食物用量，最后进行食谱调整。

1. 高温环境下作业人员的配餐

高温环境人群的能量及营养素需适当增加，但高温环境下人群的消化功能及食欲下降，由此形成的矛盾需通过合理膳食来解决。须注意：

（1）合理搭配

合理搭配、精心烹调谷类、豆类及动物性食物，如鱼、禽、蛋、肉，以补充优质蛋白质及B族维生素。

（2）多吃蔬菜

补充含无机盐尤其是钾盐和维生素丰富的蔬菜、水果和豆类，其中水果中的有机酸可刺激食欲并有利于食物胃内消化。

（3）注意补水和补盐

以汤作为补充水及无机盐的重要措施。由于含盐饮料通常不受欢迎，故水和盐的补充以汤的形式较好，菜汤、肉汤、鱼汤可交替选择，在餐前饮少量的汤还可增加食欲。对大量出汗人群，宜在两餐进膳之间补充一定量的含盐饮料。

配餐示例见表7—9。

表7—9　　　　高温环境下作业人员一周食谱

餐次＼星期	一	二	三	四	五	六	日
早餐	豆沙包 二米粥 咸鸭蛋 花仁炝西芹 咸菜	金银卷 牛奶 卤蛋 麻酱黄瓜条 咸菜	馒头 豆浆 煮鸡蛋 花生米 酱豆腐	油饼 豆腐脑 五香蛋 蒜蓉豇豆 咸菜	花卷 二米粥 卤蛋 椒油土豆丝 小酱菜	芝麻烧饼 二米粥 卤蛋 椒油土豆丝 小酱菜	面包 牛奶 茶蛋 炝三丝 咸菜
午餐	米饭、馒头 红烧排骨 海带 小白菜粉丝 双耳南瓜汤	米饭、馒头 红烧肉炖腐竹 素炒三丁 紫菜蛋花汤	米饭、馒头 红烩牛肉土豆 胡萝卜 素什锦 番茄蛋汤	米饭、馒头 扒鸡腿 番茄炒圆白菜 肉丝榨菜汤	米饭、馒头 红烧带鱼 香菇油菜 虾籽冬瓜汤	米饭、馒头 红烧丸子 蒜蓉盖菜 酸辣汤	米饭、馒头 元宝肉 清炒油麦菜 虾皮紫菜汤
晚餐	米饭、窝头 二米粥 木犀肉 烧土豆 咸菜	馒头 玉米面粥 肉片扁豆 醋烹豆芽 咸菜	米饭、烧饼 紫米粥 麻婆豆腐 肉丝芹菜 咸菜	米饭、葱花卷 绿豆粥 鱼香肉丝 素炒西葫芦 咸菜	米饭、葱油饼 玉米碴粥 酱爆鸡丁 醋熘白菜 咸菜	米饭、葱油饼 八宝粥 家常豆腐 素炒茄片 柿椒 咸菜	米饭 紫米芸 豆粥 肉片鲜蘑 地三鲜 咸菜

2. 低温环境下作业人员的配餐

（1）补充充足的营养素

适当增加能量和脂肪的供给，蛋白质也要按供给量标准充分保证，为此应增强肉类、蛋和奶的供应。还应有充足的蔬菜，以保证抗坏血酸、胡萝卜素、钙和钾等的需要。膳食的配制中应注意增加肝脏和瘦猪肉的供应，以满足身体对于维生素A、硫胺素和核黄素的需要。

（2）供应热食

在消化道内，食物的消化过程（包括酶的作用）适于在接近体温的温度中进行，故寒冷条件下过食凉饭菜会影响消化功能，而热食则有利于食物的消化吸收。

配餐示例见表7—10。

表 7—10　　　　　　　　　　　低温环境下作业人员一周食谱

星期\餐次	一	二	三	四	五	六	日
早餐	大米红小豆粥 煎鸡蛋 烧饼 花仁炝西芹 小酱菜	牛奶 茶鸡蛋 姜黄花卷 麻酱黄瓜 咸菜	豆腐脑 煮鸡蛋 油饼 豆芽、香菜拌海带 咸菜	牛奶 香肠 莲蓉包 炸花生米 圣女果	豆浆 卤鸡蛋 油条 椒油土豆丝 五香花生米	牛奶 五香蛋 果酱包 黄瓜豆腐丝	牛奶 咸鸭蛋 馒头 五香卤杏仁 粉丝海白菜
午餐	米饭、馒头 香菇炖鸡块 清炒蒿子秆 虾子豆腐羹	米饭、馒头 咖喱牛肉 土豆胡萝卜 韭菜豆芽 紫菜蛋花汤	米饭、馒头 太阳肉 小白菜粉丝 酸辣汤	米饭、馒头 红烧带鱼 清炒佛手瓜 肉丝榨菜汤	米饭、馒头 红烧栗子肉 蒜蓉木耳菜 虾皮紫菜汤	米饭、馒头 黄瓜烧猪蹄 素什锦 粉丝菠菜汤	米饭、馒头 红烧排骨 海带 香菇油菜 蛋花玉米羹
晚餐	猪肉扁豆包子 大米粥 拌金针菇黄瓜	米饭、大饼 玉米面粥 猪肉焖海带 素炒圆白菜	米饭、发糕 绿豆粥 糖醋里脊 尖椒土豆丝	米饭、葱油饼 二米粥 木犀肉 酸辣白菜	羊肉饺子 糖醋心里美萝卜	米饭、炸麻团 紫米粥 肉片焖豆角 蒜蓉苋菜	米饭、豆沙炸糕 八宝粥 番茄炒鸡蛋 炒三片（土豆、柿椒、胡萝卜）

3. 接触有毒（害）物质作业人员的配餐

（1）铅作业人员的配餐

1）供给充足的维生素C。

2）补充优质的蛋白质。

3）增加各种维生素。

4）适当限制脂肪的摄入。

5）成酸性食品与成碱性食品交替使用。

（2）苯作业人员的配餐

1）增加优质蛋白质的供给。

2）适当限制膳食脂肪的摄入。

3）补充维生素。

4）补充促进造血的有关营养素。

（3）接触有机磷农药人员的配餐

1）补充优质的蛋白质。

2）增加抗坏血酸等维生素。

（4）镉作业人员的配餐

1）摄入充足的蛋白质。

2）脂肪摄入量不宜过高。

3）适量的无机盐。

4）足量的维生素。

（5）噪声与振动环境下作业人员的配餐

1）适当增加能量和蛋白质的供给量。

2）适量增加脂肪的摄入量。

3）增加各种维生素的摄入量。

（6）汞作业人员的配餐

1）补充维生素 E。

2）增加硒的摄入量。

3）增加果胶类食物的摄入。

4）补充优质的蛋白质。

配餐示例见表 7—11、表 7—12。

表 7—11　　　　　　　　　　接触有害物质人员一周食谱

星期 餐次	一	二	三	四	五	六	日
早餐	牛奶 蛋糕 苹果	牛奶 油饼 圣女果	牛奶 汉堡包 香蕉	牛奶 豆包 果味黄瓜	牛奶 馒头 咸蛋 拌萝卜丝	牛奶 糖火烧 番茄	牛奶 什锦炒饭 泡菜
午餐	米饭 鱼香两样 精炒圆白菜 五彩蛋花汤	烙饼 摊鸡蛋 炒合菜 青菜豆腐汤	饺子 （猪肉、韭 菜鸡蛋馅） 醋蒜汁 炝芹菜	馒头 肉粒素虾仁 酸辣圆白菜 鸡蛋黄瓜汤	米饭 炒鸡杂 素烧茄子 冬瓜香菜汤	茴香馅包子 炒胡萝卜丝 小米粥 咸菜	蒸饼 酱羊肝 鸡汤鲜粉白菜 大米粥 咸菜丝
晚餐	米饭 冬瓜汆丸子 熏干小白菜 鲜玉米	炸酱面 猪肉炸酱 扁豆、萝卜丝 白薯	米饭 鸡蛋炒番茄 肉片扁豆 银耳百合羹	馅饼 （鸡蛋、虾 皮、韭菜馅） 小米粥 拌白菜丝 咸菜	馒头 肉粒素虾仁 酸辣圆白菜 鸡蛋黄瓜汤	米饭 木犀肉 萝卜汆鱼丸 拌油麦菜	烙饼 宫保鸡丁 肉炒茭白 虾皮炒青菜 紫菜汤

表 7—12　　　　　　　噪声、振动环境下作业人员一周食谱

星期 餐次	一	二	三	四	五	六	日
早餐	玉米面粥 馒头鸭蛋 拌苤蓝 胡萝卜丝	混沌 油条 黄瓜条	番茄 鸡蛋面条汤 酱豆腐 炸馒头片	蛋炒米饭 牛奶 酸辣莴笋 胡萝卜条	二米粥 麻酱蒸饼 咸鸭蛋 老虎菜	大米粥 猪肉白 菜馅包子 酱菜丝	豆浆 烧饼夹肉 香菜辣 椒胡萝卜

续表

星期 餐次	一	二	三	四	五	六	日
午餐	米饭、馒头 鸡蛋炒番茄 肉片柿子汤 番茄香 菜豆腐汤	红豆米饭 花卷 猪肉炖海带 素炒扁豆 虾米小白菜汤	米饭、馒头 肉龙 (猪肉、大葱) 鸡汤鱼丸豆腐 白菜 咸菜	面条 (蘑菇、黄花 菜、木耳、猪 肉、鸡蛋卤) 黄瓜条卤鸡蛋	米饭、发糕 红烧鸡块 番茄炒圆白菜 蟹柳虾 皮黄瓜汤	米饭、双色卷 八珍豆腐 鱼香三丝 玉米面粥 酱黄瓜	米饭 素焖扁豆 素炒茄子 鸡蛋粉 丝菠菜汤
晚餐	饺子 (猪肉、茴 香馅) 鲜玉米	麻酱花卷 猪肉炒豇豆 拌黄瓜 海米、冬瓜汤 白薯	米饭 鸡蛋炒黄瓜 青椒土豆丝 南瓜丸子汤	千层饼 炸藕合 素炒圆白菜 胡萝卜香菜 肉末汤 白薯	葱花饼 (猪肉、大葱) 素炒蒜苗 咸菜 小米粥	烙饼 大葱青椒 末摊鸡蛋 粉丝菠菜 虾皮、紫 菜黄瓜汤	小米饭 包子 (猪肉、小 白菜馅) 花生米 咸菜

二、特定生理阶段人群营养配餐的方法

1. 幼儿与学龄前儿童

(1) 选择时令蔬菜和水果。

(2) 注意粗细粮搭配，动物性食物与植物性食物搭配，主食与副食搭配，干与稀搭配，咸与甜搭配等，充分发挥各种食物营养学上的特点，提高其食物的营养价值。

(3) 注意尽量少选择油炸、油煎或多脂肪的食物及辛辣等刺激性强的食物。

(4) 食物选择时，经常变换食物的种类，烹饪加工方法应多样化，并注意食物的色、香、味、形而引人食欲。

配餐示例见表7—13。

表7—13　　　　　　　　学龄前儿童一周食谱

星期 餐次	一	二	三	四	五	六	日
早餐	牛奶 二米粥 什锦菜末 炒豆腐干末	牛奶 蛋花菜粥 蜂糕	牛奶 肉末胡萝卜 香菜粥 豆腐乳	牛奶 小米面粥 蛋黄什锦菜碎	牛奶 糖粥 花卷 肝末菜碎	牛奶 碎菜粥 蛋黄末	牛奶 玉米面粥 炒三泥
午餐	肉末青菜 面片	芥菜肉末 豆腐羹 烂饭	肉末菜碎 馄饨	鸡肝烂饭 鸡汁土豆 胡萝卜泥	肉末菜饭	烂饭 肉末菜花 豌豆花	馒头 肉末碎鸡 小青菜汤
午后 加餐	牛奶 蒸苹果块	酸奶 草莓	牛奶 香蕉	酸奶 无籽西瓜	牛奶 去皮番茄	牛奶 水果沙拉	牛奶 番茄拌香蕉

续表

星期 餐次	一	二	三	四	五	六	日
晚餐	熘鱼肉碎 肉末青菜 面片	烂饭 肉末蔬菜汤	烂饭 番茄炒蛋 炒碎菠菜	烂饭 肉末碎青菜	烂饭 鱼松 葱末豆腐	菜包子 葱油蛋花汤	烂饭 肉末蒸蛋 番茄豆腐汤
睡前 加餐	牛奶 小饼干	牛奶 枣泥酥	牛奶 蛋糕	牛奶 水果羹	酸奶 小布丁	牛奶 苏打饼干	牛奶 绿豆糕

2. 学龄儿童

（1）合理分配能量。早餐、午餐和晚餐的能量分别占全天总能量的25%～30%、35%～40%和30%～35%，上午还应增加一次课间餐，以补充早餐能量摄入的不足。

（2）合理的膳食组成。选择多种食物满足其生长发育的需要。

（3）保证无机盐、维生素的供给。

（4）膳食多样化。

配餐示例见表7—14。

表7—14　　　　　学龄儿童一周食谱

星期 餐次	一	二	三	四	五	六	日
早餐	豆浆 花卷 蛋糕 腌黄瓜	牛奶 面包 火腿肉 什锦菜	白菜粥 馒头 卤鸡蛋 豆腐乳	胡萝卜粥 花卷 咸鸭蛋 小黄瓜	豆腐脑 油条 小桃酥 什锦菜	牛奶 麻团 煮鸡蛋 圣女果	二米粥 肉包子 茶鸡蛋 炝三丝
加餐	牛奶 饼干	酸奶 小桃酥	牛奶 蛋糕	酸奶 豆沙面包	豆浆 果酱面包	牛奶 小比萨饼	豆浆 蔬菜包子
午餐	米饭 小馒头 酱鸡翅 番茄炒蛋 虾皮炒小青菜 海带豆腐汤	米饭 千层糕 红烧排骨 咖喱土豆 香干炒青菜 酸辣汤	米饭 红糖小窝头 卤鸡心肝 三鲜豆腐 醋熘白菜 番茄蛋花汤	米饭 发糕 红烧鱼块 酱爆三丁 菠菜粉丝 虾皮紫菜汤	米饭 金银卷 香辣鸡腿 洋葱炒鸡蛋 海米冬瓜 青菜豆腐羹	炒米饭 麻酱花卷 炸鱼排 粉丝白菜余丸子 苹果	饺子 卤鸡肝 素什锦 麻酱蘸黄瓜 饺子汤 香蕉
晚餐	炸浆面条 鸡泥肠 生蔬菜丝	二米饭 肉末豆腐 拌三丝 番茄蛋汤	米饭 番茄菜花 粉丝菠菜 余丸子	豆沙包 拌海带丝 菜肉馄饨	米饭 葱油豆腐 清炖狮子头 白菜汤	烙饼 酱炒鸡蛋 清炒豆芽 绿豆粥 咸菜	米饭 煮玉米 炒三片 排骨青菜汤

3. 孕妇

（1）保证优质蛋白质的供给。

（2）确保无机盐和维生素的供给。

（3）食物可口能促进食欲。

（4）食物容易消化。

妊娠早期妇女一日食谱示例如下：

早餐：牛奶、烤馒头片、炝芹菜（芹菜、花生米、香油等）、蒸带鱼。

午餐：绿豆大米饭、鸡肉炖蘑菇、青菜豆腐汤（青菜、豆腐、虾皮等）、香蕉。

晚餐：花卷、二米饭（大米、小米）、土豆炒猪肝、西红柿炒鸡蛋、草莓。

4. 乳母

（1）保证供给充足的优质蛋白质。

（2）多选择含钙丰富的食物。

（3）重视新鲜的蔬菜和水果。

（4）注意粗细粮的搭配及膳食的多样化。

（5）注意烹饪加工方法的选用，动物性食物宜煮或煨，少用油炸的方法。

哺乳期妇女一日食谱示例如下：

早餐：挂面卧鸡蛋（挂面、鸡蛋、香菜等）。

午餐：肉片炒花菜、肉末青菜豆腐汤（猪肉、豆腐、青菜、虾皮等）、二米饭（大米、小米）。

午点：牛奶、猕猴桃。

晚餐：红烧鸡块（鸡肉、土豆等）、千层糕。

夜宵：大米绿豆粥、卤鸡蛋。

5. 老年人

（1）限制能量的摄入，体重控制在标准体重范围内。

（2）适当增加优质蛋白质的摄入。

（3）控制脂肪的摄入量，全天不超过 40 g，动物油适量。

（4）注意粗细粮的搭配。

（5）控制食盐的摄入量，全天控制在 4～6 g。

（6）注意补充钙、磷等无机盐和各种维生素。

（7）增加膳食纤维的供给量。

配餐示例见表7—15。

表7—15　　　　　　老年人一周食谱

星期 餐次	一	二	三	四	五	六	日
早餐	山药粥 发糕 卤鸡蛋	二米粥 芝麻烧饼 葱末、香菜 末拌豆腐	红枣粥 花卷 咸鸡蛋 咸菜	红薯、玉 米面粥 馒头 香肠 酱豆腐	大米粥 馒头 蒸蛋羹 咸菜	豆腐脑 豆沙包 茶鸡蛋 咸菜	胡萝卜米粥 面包 蜂蜜 卤鸡蛋
午餐	米饭 砂锅豆腐 素炒白菜 桃子	米饭 滑熘里脊 扒白菜 苹果	米饭 香菇炖鸡 炒胡萝卜丝	蒸春饼 木耳烧菜心 淡菜炖豆腐汤	水饺 拌菜心	米饭 熘肝尖 炒小青菜	二米饭 香菇、鸡 汤炖豆腐 土豆丝炒 胡萝卜
加餐	牛奶 面包	牛奶 香葱炒馒头干	牛奶 饼干	牛奶 面包	牛奶 面包	牛奶 面包干	牛奶 面包
晚餐	鸡蛋挂面汤 葱油花卷 胡萝卜炒肉丝 炒青菜	肉蓉米粥 馒头 芙蓉鸡丝 拌菠菜	玉米糁粥 馒头 海米、木 耳炒菜心	米饭 番茄炒鸡蛋 素炒三丝	肉丝面条汤 葱油花卷 菠菜炒鸡蛋	什锦面片汤 肉龙 （发面卷肉） 素炒青菜	木犀、刀 削面汤 馒头 烧三鲜 （青菜、丸 子、竹笋）

三、特殊病理状态人群营养配餐的方法

1. 肥胖症

（1）控制总能量的供给

一般以标准体重决定合适的能量。

（2）限制碳水化合物的供给

限制单糖的摄入，提倡多糖膳食，同时多食富含膳食纤维的食物。

（3）限制蛋白质的摄入

保证优质蛋白质的供给。

（4）严格限制脂肪的摄入

限制动物脂肪及饱和脂肪酸含量多的食物，胆固醇的摄入量每日应低于300 mg。

（5）多吃新鲜蔬菜和水果

（6）烹饪加工方法

宜采用蒸、煮、烧等方法，不用或少用油煎、油炸等方法。

2. 糖尿病

（1）合理控制能量的摄入。

（2）合理控制碳水化合物的摄入。

（3）摄入适量的蛋白质。

（4）控制脂肪和胆固醇。

（5）增加可溶性膳食纤维的摄入。

（6）保证丰富的无机盐和维生素。

（7）食物多样化。

配餐示例见表7—16。

表7—16　　　　　　　　　糖尿病病人一周食谱

星期 餐次	一	二	三	四	五	六	日
早餐	牛奶 咸面包 茶鸡蛋 小酱菜	西红柿炒鸡蛋 盖浇面 黄瓜丝拌豆腐	牛奶 馒头 茶鸡蛋 腌大头菜	牛奶 蒸蛋羹 馒头 酱豆腐	豆浆 荷包蛋 全麦面包 咸菜	牛奶 火腿 烤咸面包片	豆浆 煮鸡蛋 油条 酱菜
午餐	炒笋丝 炒菠菜 西红柿鸡蛋汤 米饭	醋熘大白菜 拌二丝 馅饼 小米粥	肉片烧小萝卜 炒什锦丁 西红柿 烙饼 玉米面粥	红烧鲤鱼 醋烹豆芽 拌菠菜 豆腐汤 米饭	炒鸡丁 拌黄瓜西红柿 菠菜鸡蛋汤 米饭	鸡蛋炒饭 熬小白菜白腐 拌豆芽	炒饼 拌小萝卜 炒圆白菜 豆腐西红柿汤
晚餐	蒸冬瓜盒 炒卷心菜 花卷 赤豆粥	炒肝片 拌芹菜干豆丝 冬瓜海米汤 米饭	清炖排骨 炒油菜 拌菠菜 米饭 花卷	炒芹菜 炒苋菜 烧麦 黑米粥	炒油菜 炝莴笋 肉菜包子 小米粥	肉片炖海带 素烧冬瓜 馄饨 玉米面发糕	炒茼蒿 魔芋拌芹菜 荞麦面蒸饺 大米粥

3. 高血压

（1）控制总能量的摄入。

（2）补充适量的蛋白质。

（3）减少脂肪，限制胆固醇。

（4）进食多糖类食物，限制单糖和双糖的摄入，多吃富含膳食纤维的食物。

（5）严格控制食盐的摄入。

（6）多吃含钾、钙、镁丰富的食物。

（7）多吃新鲜蔬菜和水果。

4. 高脂血症

（1）限制脂肪的摄入。

（2）限制胆固醇的供给。

（3）增加膳食纤维的摄入。

（4）限制能量的摄入。

配餐示例见表7—17。

表 7—17　　　　　　　　高脂血症病人食谱

餐次	名称	配　　料
早	馒头 大米粥 五香豆腐干 酱萝卜干	100 g（面粉） 大米 30 g 30 g 10 g
午	炒三丝 素炒油菜 清蒸鱼 米饭	牛肉 50 g，豆腐皮（丝）30 g，芹菜 30 g，植物油 8 g，葱、酱油、白糖、味精、盐适量 油菜 150 g，植物油 6 g，味精、盐适量 鱼 40 g，豌豆苗 20 g，油 2 g，葱、姜、料酒、酱油、味精、盐适量 100 g 大米
晚	素包子 紫菜汤 樱桃	面粉 150 g，粉条 20 g，油白菜 50 g，黑木耳 5 g，虾皮 10 g，植物油 6 g，味精、盐适量 紫菜 5 g，油 2 g，味精、盐适量 50 g

第一节 宴会菜品生产的组织实施

学习目标

➤ 掌握宴会菜品生产的特点及生产过程。

➤ 掌握宴会菜品生产实施方案的编制方法，能根据不同的宴会任务需要，进行菜品生产实施方案的编制。

知识要求

一、宴会菜品生产的特点及生产过程

1. 宴会菜品生产的特点

宴会菜品生产具有不同于零点菜品生产的特点：

（1）预约式的生产方式

餐饮企业经营宴会大多是根据顾客的事先预订进行的，宴会菜品生产方式具有预约的特点。也就是说，这一生产过程是按照预先的设计规定和完成任务的时间来组织生产的。其关键在于预约在先，然后再按"期"或按"时"去组织生产，按"质"及时输出菜品产品。

（2）连续化的生产过程

宴会菜品生产必须是在规定的时限里，连续不断地、有序地将所有菜品生产出来，输送出去。这种连续性一是由菜品属性所决定，即菜肴点心必须现做现食；二是由宴会饮食方式和菜品构成方式的特殊性决定。

（3）无重复性的生产内容

一个宴会无论规模大小，就其菜品组合实际而言，菜肴或点心品种之间没有重复性，即是由不同的菜肴或点心品种构成的组合体。对厨师的技术水平和操作水平的要求较高。

（4）可以批量化的生产任务

与零点菜品生产松散性不同，宴会菜品生产可以实行批量化。一是由宴会任务规定的批量化，如几桌、几十桌的宴会，大家都吃着相同的菜肴与点心，其生产必然是批量式的；二是由餐饮企业经营定位决定的，在实际经营活动中，由于前来预订的宴会档次相同或相近，在同时要完成不同宴会生产任务时，为提高生产效率，尽可能地增加品种的重叠性，设计的宴会菜品组合是相同的，或大部分是相同的。因此，其生产也带有批量化的特征。

2. 宴会菜品生产过程

宴会菜品生产过程是接受宴会生产任务后，从制订生产计划开始，直至把所有宴会菜品生产出来并输送出去为止的全过程。

宴会菜品生产过程可分为制订生产计划阶段、烹饪原料准备阶段、辅助加工阶段、基本加工阶段、烹调与装盘加工阶段和菜品成品输出阶段等。

（1）制订生产计划阶段

这一阶段是根据宴会任务的要求，根据已经设计好的宴会菜单，制订如何组织菜品生产的计划。

（2）烹饪原料准备阶段

烹饪原料准备阶段是指菜品在生产加工以前对各种烹饪原料进行准备的过程。准备的内容是根据已制定好的"宴会原料采购单"上的内容要求进行的。准备的方式有两种：一种是超前准备，即干货原料、调味原料、可冷冻冷藏的原料等，在生产加工以前的一段时间里就可以采购回来的，并经验收后入库保存起来；另一种是按规定的时间内即时采购。如新鲜的蔬菜和动物原料，及活禽活水产原料（饭店无活养条件时或活养的数量、品种不足时）等，在正式进行加工之前的规定时间里采购回来。

（3）辅助加工阶段

辅助加工阶段是指为基本加工和烹调加工提供净料的各种预加工或初加工过程。例如，各种鲜活原料的初步加工，干货原料的涨发等。

（4）基本加工阶段

基本加工阶段是指将烹饪原料变为半成品的过程。例如，热菜的基本加工阶段是指原料的成型加工和配菜加工，为烹调加工提供半成品；点心的基本加工阶段是指制馅加工和成型加工；而冷菜的基本加工阶段则是制熟调味，如水晶肴肉的卤制，或对原料进行切配调味，如对黄瓜的成型加工、腌渍、调拌入味，以作凉拌黄瓜之用。

（5）烹调与装盘加工阶段

烹调加工阶段是指将半成品经烹调或制熟加工后，成为可食菜肴或点心的过程。例如，各种已加工成型的原料经配份后，需要加热烹制和调味；经包捏成型后的点心生胚，经过蒸、煮、炸、烤等方法成熟。成熟后的菜肴或点心，再经装盘工艺，便成为一个完整的菜品成品。冷菜是宴会上的第一道菜，所以是在热菜烹调、点心制熟之前先行完成了装盘制作。

（6）菜品成品输出阶段

成品输出阶段是指将生产出来的菜肴、点心及时有序地提供上席，以保证宴会正常运转的过程。从开宴前第一道冷菜上席，到最后一道水果上席，菜品成品输出与宴会运转过程相始终。

构成宴席菜品生产过程的六个阶段，因为生产加工的重点不同而互有区别，甚至相对独立，但是作为整个过程的一个部分，由于前后工序的连接和任务的规定性，它们又紧密联系，协同作用。

3. 宴会菜品生产设计的要求

宴会菜品生产设计，实际上是宴会菜单菜品设计的延伸，是采用技术语言描述的能够付诸实施的生产指令。其设计要求如下：

（1）目标性要求

目标性是宴会菜品生产设计的首要要求。它是生产过程、生产工艺组成及其运转所要达到的阶段成果和总目标。宴会菜品生产的目标，由一系列相互联系、相互制约的技术经济指标组成。如品种指标、产量指标、技术指标、质量指标、成本指标、利润指标等。宴会菜品生产设计，必须首先明确目标，保证所设计的生产工艺能有效地实现目标要求。

（2）集合性要求

集合性是指为达到宴会生产目标要求，合理组织菜品生产过程。要通过集合性分析，明确宴会生产任务的轻重缓急，确定宴会菜单中菜品的生产工艺的难易繁简程度和经济技术指标，根据各生产部门的人员配置、生产能力、运作程序等情况，合理地分解宴会生产任务，组织生产过程，并采用相应调控手段，保证生产过程的运转正常。

（3）协调性要求

协调性是指从宴会菜品生产的总体出发，规定各生产部门、各工艺阶段之间的联系和作用关系。宴会菜品的生产既需要分工明确、责任明确，以保证各自生产任务的完成，又需要各生产部门相互间的合作与协调，各工艺阶段、各工序之间的衔接和连续，以保证整个生产过程中，生产对象始终处于协调运作状态，没有或很少有不必要的停顿和等待现象。

（4）平行性要求

平行性是指宴会菜品生产过程的各阶段、各工序可以平行作业。这种平行性的具体表现是，在一定时间段内，不同品种的菜肴与点心可以在不同生产部门平行生产，各工艺阶段可以平行作业；一种菜肴或点心的各组成部分可以单独地进行加工，可以在不同工序上同时加工。平行性的实现可以使生产部门和生产人员不再有忙闲不均的现象，从而缩短宴会菜品生产时间，提高生产效率。

（5）标准性要求

标准性是指宴会菜品必须按统一的设计标准进行生产，以保证菜点质量的稳定。标准性是宴会菜品生产的生命线。有了标准，就能高效率地组织生产，生产工艺过程就能进行控制，成本就能控制在规定的范围内，就能保持菜品质量的一贯性。

（6）节奏性要求

生产过程的节奏性是指在一定的时间限度内，有序地、有间隔地输出宴会菜品产品。宴会活动时间的长短、顾客用餐速度的快慢，规定和制约着生产节奏性、菜品输出的节奏性变化（主要指冷菜之后的热菜与点心等的生产节奏）。设计中要规定菜品输出的间隔时间，同时又要根据宴会活动实际、现场顾客用餐速度，随时调整生产节奏，保证菜品输出不掉台或过度集中。

总之，目标性是宴会菜品生产的首要要求，通过目标指引，可以消除生产的盲目性；集合性是分析解决生产过程组织的合理性，以保证生产任务的分解与落实；协调性是强调生产部门、各工艺阶段、各工序之间相互联系，发挥整体的功能；标准性是宴会菜品生产设计的中心，是目标性要求的具体落实，没有菜点的制作标准、质量标准，生产与菜品质量无法控制；平行性和节奏性是对生产过程运行的基本要求，是对集合性和协调性的验证。

二、宴会菜品生产工艺设计的方法

宴会菜品生产工艺设计，主要有如下几种方法：

1. 标准菜谱式

标准菜谱式就是以菜谱的形式，列出菜肴或点心所用原料配方，规定制作程序和方法，明确盛器规格和装盘形式，注明菜肴或点心的质量标准，说明可供用餐人数（或每客分量）、成本和售价的设计方法。简单地说标准菜谱是关于制作某一菜品的一系列说明的集合。表8—1是宴会标准菜谱的设计样本。

表8—1　　　　　　　宴会标准菜谱设计样本

菜名	月宫鲍鱼	规格　3寸汤盅（各客）	用餐人数　10人
		成本_____元	售价___元

原料名称	数量	制作程序	备注
水发鲍鱼 火腿片 冬笋片 鸡清汤 绍酒 小薄片姜 小葱段	500 g 100 g 100 g 1 000 g 20 g 10片 10根	1. 水发鲍鱼批整形片，沸水焯透后，捞起沥水。 2. 鲍鱼片、火腿片、冬笋片分盛于10只小汤盅内，每只汤盅内放鸡清汤100 g、绍酒2 g、姜片1片、小葱段1根 3. 将盅盖好，入笼锅蒸约1 h	葱、姜不宜多放，否则影响口味 蒸炖时要用旺火蒸制
熟猪油 生鸽蛋 水发香菇丝 绿菜末 黄蛋糕末 熟火腿末 鸡清汤 豌豆苗 精盐 味精	5 g 10只 10 g 3 g 3 g 2 g 200 g 50 g 35 g 5 g	4. 取10只2寸调味碟，用热猪油抹匀 5. 磕鸽蛋入碟，用水发香菇丝、绿菜末、黄蛋糕末、火腿末在蛋液表面点缀 6. 入笼蒸3 min至熟 7. 将蒸熟的鸽蛋，脱入盛鸡清汤的碗中，漂去油花 8. 豌豆苗沸水焯至变色，捞起沥水 9. 取出汤盅，拣去姜、葱，放精盐、味精，再放入豆苗、熟鸽蛋 10. 上笼再蒸2 min，即成	点缀要简洁鲜明 蒸鸽蛋要用小火沸水蒸制
装盘图示		特点	造型典雅，色彩鲜明，鸽蛋细嫩，形如满月；鲍鱼软韧，汤清味醇

设计标准菜谱必须注意以下几点：

（1）叙述要简明扼要，晓畅易懂。

（2）概念、专业术语的使用要确切和一致，对不熟悉或不普遍使用的概念、专业术语须另加说明。

（3）原料按使用顺序排列，原料名称要写全称，对质量、规格有特别要求的必须要注明，需用替代品的也要注明。

（4）原料的数量要准确，计量单位一般用克、千克表示，适合于衡量的可以用茶匙、汤匙、杯等固定的衡具标注用量，如需要另用其他计数单位表示的要一并写上。

（5）制作程序要按加工顺序一步步地写，适合于定量表述的要注明相关数据（如烹调时的加热温度和时间），适合于定性表述的要描述精当，适合用机器加工的要作必要的说明。

（6）如果条件许可，应用图示来表示产品的最后装盘形式，以加强直观性；对成品质量特点的说明要言简意赅。

（7）标准菜谱的分量是以用餐人数10位来确定的，当客数有变化时，分量应随之增加或减少。

宴会菜品生产工艺采用标准菜谱设计法，具有实际的指导意义，它对于规范厨师的操作、控制生产过程和生产成本、保证宴席菜点质量和加强科学管理是非常必要的。

2. 标量式

标量式就是列出宴会每种菜肴或点心的名称、用料配方，注明菜肴或点心份数和用餐人数，用它来作为厨房备料、切割加工、配份和烹调的依据的设计方法。这种形式的设计，有利于控制食品成本和菜点规格，比较适合于对菜品非常熟悉、已掌握生产标准、有较高操作技术水平的厨师。

3. 工艺流程卡

工艺流程卡又称工艺路线卡、制作程序卡。工艺流程卡是在标量法的基础上，再将加工生产每种菜肴或点心的工艺过程中的每道加工环节（或加工工序）以图示和文字说明的形式反映出来的设计方法。图8—1所示是"双皮刀鱼"的工艺流程卡。

在设计工艺流程卡时，应注意以下几点：

（1）加工工序的转换和衔接，要交代得清清楚楚。

原料	刀鱼4条（约700 g），白鱼肉125 g，熟火腿末15 g，绿菜叶末10 g，熟火腿片50 g，冬笋片50 g，水发冬菇30 g，生姜片15 g，葱段15 g，熟猪油50 g，鸡汤150 g，绍酒、盐适量		
工艺流程	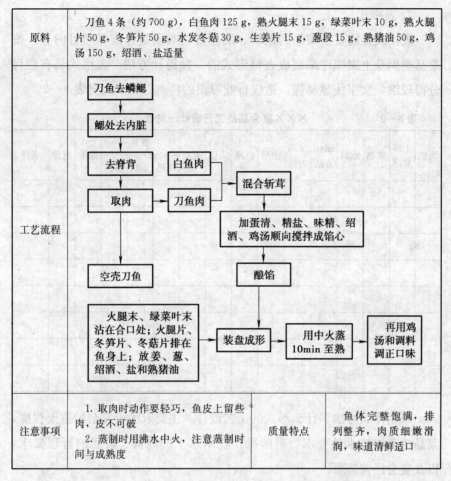		
注意事项	1. 取肉时动作要轻巧，鱼皮上留些肉，皮不可破 2. 蒸制时用沸水中火，注意蒸制时间与成熟度	质量特点	鱼体完整饱满，排列整齐，肉质细嫩滑润，味道清鲜适口

图 8—1 "双皮刀鱼"的工艺流程卡（用于宴会）

（2）文字描述要简洁明了。

（3）概念、专业术语的应用要准确，特别是关键词一定要精确。

（4）图示清晰有序，便于阅读。

4. 工艺工序卡片

工艺工序卡片是按照菜肴或点心的生产过程的每一个工艺阶段分工序编制的。它包括工艺流程卡片的全部内容，并且比其更细致详尽，标准更明确。工艺工序卡片除了考虑菜品类别外，还要注意不同品种的工艺阶段的特殊性。在工艺工序卡上，不仅要正确区分工艺阶段，而且要将在这一工艺阶段中的每一道加工工序的详细操作内容、加工方法和规格要求、注意事项等，一一清楚地列出来。这种设计方法，对高规格宴会的菜品、技术难度高的菜品，以及厨师不够熟悉的菜品比较适宜。

5. 表格式

表格式是将宴会菜品的用料、制作方法和质量标准等项目内容，按菜品类别及上席顺序编制成表格形式的一种设计方法。表格式具有栏目分得较细，文字浅显易懂，适应行业习惯的特点。其形式见表8—2。

表8—2　　　　　　　　×××宴会菜品工艺设计一览表

类别	上席顺序	菜名	原料	制作方法	烹调方法	味型	色泽	质感	造型	餐具			成本	售价	备注
										规格	形状	颜色			

采用什么方法、什么形式的工艺设计，主要取决于宴会的重要程度、菜品生产的技术性要求、厨师操作技术水平的高低、饭店的管理要求，以及宴会经营需要。

三、宴会菜品生产实施方案的编制

宴会菜品生产实施方案是保证宴会生产按照既定的目标状态有效运行的技术文件。编制宴会菜品生产实施方案，是在接到宴会任务通知书、宴会菜单之后制定的。其主要构成内容如下：

1. 宴会菜品生产工艺设计书

2. 宴会菜品用料单

宴会菜品用料单是按实际需要量来填写的，即是按照设计需要量加上一定的损耗量填写的。有了用料单可以对储存、发货、实际用料，进行宴会食品成本跟踪控制。

3. 原材料订购计划单

原材料订购计划单是在宴会用料单的基础上填写的，格式见表8—3。

表 8—3　　　　　　　　　原材料订购计划单

订购部门_____　　　　　订购日期_____　　　　　编号_____

原料名称	单位	数量	质量要求	供货时间	费用估算		备注
					单位价格	总价	

填写原材料订购计划单要注意以下几点：

（1）如果所需原料品种在市场上有符合要求的净料出售，则写明是净料；如果市场上只有毛料而没有净料，则需要先进行净料与毛料的换算后再填写。

（2）原料数量，一般是需要量乘以一定的安全保险系数，然后减去库存数量后得到的数量。如果有些原料库存数量较多、能充分满足生产需要，则应省去不填写。

（3）原材料质量要求一定要准确地说明，如有特别要求的原料，则将希望达到的质量要求在备注栏中清楚地写明。

（4）如果市场上供应的原料名称与烹饪行业习惯称呼不一致或相互间的规格不一致时，可以经采供双方协调后，确认以编码的形式代替原料名称，这种做法还有一个好处，就是厨房生产人员的变动不影响原料名称确认。

（5）原料的供货时间填写要明确，不填或误填都会影响菜品生产。

4. 宴会生产分工与完成时间计划

除了临时性的紧急宴会任务外，一般情况下，应根据宴会生产任务的需要，尤其在有大型宴会或高规格宴会任务时，要对有关宴会生产任务进行分解，对人员进行分工和人员配置，明确职责并提出完成任务的时间要求。拟定这样的计划，还要根据菜点在生产工序上移动的特点，并结合宴会生产的实际情况来考虑。例如，从原料准备到初加工，再到冷菜、切配、烹调和点心等几个生产部门，生产工序是以一种顺序移动的方式进行，因此，完成原料准备必须先进行初加工，而完成初加工后才能进行冷菜、切配、烹调和点心加工的后续加工。所以，对顺序移动的加工工序而言，前道工序的完成时间应有明确的要求，否则将影响后续工序的顺利进行和加工质量。又如，冷菜、热菜、点心的基本生产过程，是一种平行移动的方式，但由于成品输出的先后顺序不同，因而在开宴前对它们的完成状态要求也不同，即冷菜是已经完成装盘造型的成品，热菜和点心是待烹调与制熟的半成品，或已经预先烹调制熟（如加工方法复杂或加热时间长的菜点）但尚需整理、装盘造型的成品。所以，对平行移动的加工过程而言，必须对产品完成状态与完成时间提出明确的要求，对成品输出顺序与输出时间（节奏）提出明确的要求。

5. 生产设备与餐具的使用计划

在宴会菜品生产过程中，需要使用诸如和面机、轧面机、绞肉机、食物切割机、烤箱、切片机、炉灶、炊具和燃料、调料钵、冰箱、制冰机、保温柜、冷藏柜、蒸汽柜、微波炉等多种设备，以及各种不同规格的餐具等。所以，要根据不同宴席任务的生产特点和菜品特点，制定生产设备与餐具使用计划，并检查生产设备的、完好情况和使用情况，以保证生产的正常运行。

6. 影响宴会生产的因素与处理预案

影响宴会生产的客观因素主要有原料因素、设备条件、生产任务的轻重与难易、生产人员的技术构成和水平等；影响宴会生产的主观因素主要有：生产人员的责任意识、工作态度、对生产的重视程度和主观能动性的发挥水平。为了保证生产计划的贯彻执行和生产有效运行，应针对可能影响宴会生产的主客观因素提出相应的处理预案。

另外，在执行过程中，要加强现场生产检查、督导和指挥，及时进行调节控制，能有效地防止和消除生产过程中出现的一些问题。调控的方法主要有程序调控法、责任调控法、经验调控法、随机调控法、重点调控法和补偿调控法等。

一、宴会菜品生产实施方案的编制步骤

宴会菜品生产实施方案是根据宴会任务的目标要求编制的用于指导和规范宴会生产活动的技术文件，是整个宴会实施方案的组成部分，其编制步骤如下：

1. 充分了解宴会任务的性质、目标和要求。

2. 认真研究宴会菜单的结构，确定菜品生产量、生产技术要求，如加工规格、配份规格、盛器规格、装盘形式等。

3. 制定标准菜谱，开出宴会菜品用料标准料单，初步核算成本。

4. 制定宴会生产计划。

5. 编制宴会菜品生产实施方案。

二、宴会菜品生产的组织实施步骤

1. 组织培训，明确宴会菜品生产任务。

2. 落实人员分工，分解宴会生产任务，明确工作职责，明确菜品加工要求、技术标准、质量标准、注意事项，完成任务的时间。

3. 确定生产运转形式及不同岗位、工种相互间的衔接。

4. 原料准备，检查加工设施设备，确保正常使用。

5. 组织菜品的生产加工过程，加强过程督导，检查生产质量，及时解决生产中出现的问题。

6. 按照既定的出菜程序，有条不紊地输出菜品。

7. 完成生产，结束工作。

三、注意事项

1. 不同性质宴会任务菜品生产实施方案编制应注意的问题

（1）提供安全质量、风味质量能得到充分保证的菜品，这是所有性质的宴会都必须贯彻落实的基本要求。特别要注意的是，大型宴会由于人数多，一定要掌握菜肴制作完毕后等候上席的时间，尤其是冷菜，必须有准确的时间概念。

（2）对烹调时间长短不一致的菜肴，要进行不同加工时间的安排，

保证在既定的时间内能按时出菜。

（3）适应顾客品味习惯的需要，合理安排好菜品的上席顺序。

（4）根据宴会时间的长短、顾客的用餐速度，控制好出菜节奏，既不能因菜品过度集中让顾客来不及吃，又不能因菜品上席太慢让顾客等菜吃。

（5）选择最合理的加工路线，优化加工操作工艺，合理调节生产任务，提高生产效率，保证厨房出品的完美。

2. 不同饮宴形式的宴会菜品生产实施方案编制应注意的问题

（1）中餐宴会由于菜品道数多，选用的原料种类多，总加工量大，技术性要求高，所以在编制宴会生产实施方案时，计划的周密性、生产的标准性、菜品的质量和出品的输出节奏是注意的重点。

（2）冷餐会的大部分菜品是在开宴前就陈列在餐台上的，因此在编制宴会生产实施方案时，应注意完成菜品生产的时间计划要精确；冷热菜的保温要严格控制；菜品盛装的形式要大气美观；菜品的陈列要考虑到取食的方便；现场烹饪的时间、切割食品的时间要短，也可以让有兴趣的顾客自己动手烹制食物。

3. 鸡尾酒会宴会菜品生产实施方案编制应注意的问题

制作菜品要小巧精致，便于取食；制作零食、小吃（如薯片、花生米、三明治、各种面包、椒盐卷饼、咸肉干、奶酪丁、开胃饼干等）要做好充分准备。

第二节 宴会菜点生产服务的组织实施

学习目标

➤ 掌握宴会服务的特点及作用。

➤ 掌握宴会服务实施方案的编制方法，能根据不同的宴会任务需要，进行宴会服务实施方案的编制。

知识要求

一、宴会服务的特点及作用

1. 宴会服务的特点

宴会一般要求格调高雅，在环境布置及台面布置上既要舒适干净，又要突出隆重热烈的气氛。宴会菜品品种多，在菜品选配上有一定的格式和质量要求，讲究色、香、味、形、器的配合，注重菜式的季节性，按一定的顺序和礼节递送上席，并可借助雕刻等形式烘托喜庆热烈的气氛。在接待服务上强调周到细致，讲究礼节和礼貌，讲究服务技艺和服务规格。从这个意义上来讲，宴会服务具有以下几个特点。

（1）宴会服务的系统化

广义的宴会服务并不是仅指宴会服务员在宴请时为顾客提供的服务，它同时还指顾客问询、预订、筹办、组织实施、实际接待以及跟踪、反馈等，是宴会部各个部门全体员工共同努力，密切配合共同完成的工作。因此，宴会服务是一项系统性很强的工作，每一个环节既自成一体，又属于整体规划的一部分。任何一个环节的服务脱节或不到位都将影响到整个宴会部的正常运转。

（2）宴会服务的程序化

宴会提供的服务有先后顺序。各项工作按照预先设置的一定程序运行，各个部门和岗位及服务工作人员必须共同遵守，不能先后颠倒，更不能中断，且要求每个环节互相衔接。例如，服务操作的摆台，其铺台布、摆转台、摆小件餐具等，都必须依次进行，如果三者的顺序颠倒了，便无法进行操作。

（3）宴会服务的标准化

每一项宴会服务工作都有一定的标准，服务人员必须严格遵循。比如预订这个环节，预订人员必须严格按照预订程序操作，填写指定的表格。再如席间服务环节，服务人员必须按规定的顺序和操作规范上菜、斟酒。这些操作规范和服务程序是服务人员工作的准则，是追求完美的体现，因此不允许有点滴的背离和疏漏。

（4）宴会服务的人性化

宴会服务是一门综合的艺术。它服务的对象是人，因此，它不仅要为顾客提供饮食产品，提供规范有序的服务，而且要在这种服务中以人为中心，强调人性化。例如，服务中带着自然的微笑给顾客以亲和感；凡事一声"请"使顾客有被尊重的感觉；想顾客之所想，送服务于顾客之所需，周到细致，给顾客以"宾至如归"的温馨感和信赖感。

2. 宴会服务的作用

（1）宴会服务质量的高低直接体现宴会的规格

不同规格的宴会对宴会厅的布局、摆台、座次的安排以及席间服务的要求不同。赴宴者有时可以根据服务人员的服务质量来评判宴会档次和规格的高低。为此，宴会工作人员要努力通过提高服务质量来进而提高宴会本身的规格。如本来是便宴，但如果顾客受到的是高规格的服务，则宴会本身便增值了，举办宴会者便会对所购买的消费感到物有所值，甚至感到是超值享受，因而非常满意；如果本来是高规格宴会，但若只给顾客提供便宴的服务水平，则宴会随之就贬值了，举办宴会者便会对其所购买的服务感到不值得，引起顾客的不满，高档宴会在顾客眼里也只是普通的宴会了。

（2）宴会服务质量的高低直接影响宴会的气氛

不论是中餐宴会还是西餐宴会都非常讲究宴会的气氛，席间往往要有宾主讲话或致词，有的还有席间演奏或席间文艺表演。作为营造这种气氛的直接参与者的服务人员，如果服务意识浓厚，服务技巧娴熟，服务及时到位则起到锦上添花的作用。例如，满汉全席的服务人员要求身着民族服装，步伐轻盈整齐一致，间或有满族舞姿造型，配以民族音乐，使宾客在享受名贵佳肴的同时，领略皇家饮食文化、民族风情和民族风采，使席间气氛欢愉融洽，从而营造出文雅欢快的宴会氛围。

（3）宴会服务的成败决定宴会经营的成效

宴会的成功与否取决于诸多方面的原因。主办者举办宴会往往有其明显的目的，或表示友好，或答谢，或贺喜致庆等。经验丰富的宴会工作人员往往在了解宴会主办者的目的之后，运用各种服务技巧加强宴会主题气氛的渲染，使气氛和谐圆满，达到令主办者满意的效果，使宴会获得圆满成功。一次成功的宴会，就是一次成功的宣传、一次成功的营销，如此良性循环，可以给企业带来不尽的财富。

（4）宴会服务质量的高低直接影响饭店的声誉

宴会服务人员直接与顾客接触，他们的一举一动、一言一行都会在顾客的心目中留下深刻印象。因此，顾客可以根据宴会为他们提供的菜品、饮料的种类、质量和分量及服务人员的服务态度和服务方式，判断服务质量的优劣和管理水平的高低。所以，宴会服务的好坏直接关系到饭店的声誉和形象。

由此可见，宴会服务在宴会中起着非常重要的作用。服务人员只有不断提高服务水平和服务质量，才能更好地满足顾客的宴会消费需求，创造出更多的利润，从而提高宴会的经济效益。

二、宴会服务实施方案的编制及其内容

编制宴会服务实施方案，是在接到宴会任务通知书、宴会菜单之后，为完成服务目标任务而制定的。内容如下：

1. 人员分工计划

规模较大的宴会，要确定总指挥人员。在准备阶段要向服务人员交任务、讲意义、提要求、宣布人员分工和服务注意事项。

（1）人员分工的基本内容

要根据宴会要求，对迎宾、值台、传菜、供酒及衣帽间、贵宾室等岗位，都制定明确分工和具体任务要求，将责任落实到每个人。做好人力、物力的充分准备，要求所有服务人员思想重视，措施落实，保证宴会善始善终。

（2）人员分工的方法

大型宴会的人员分工，要根据每个人的特长来安排，以使所有人员达到最佳组合，发挥最大效益。

1）服务人员的选择。例如，大型宴会，需要所有宴会部门的服务员共同协作才能完成任务，选择服务员应该注意如下几点：

①男女服务员的比例要适当。男服务员可以做些重体力的工作，女服务员可以做些轻而且细致的工作。

②无论是男服务员还是女服务员，都要具备熟练的宴会服务技能，如叠口布花、摆台、斟酒、让菜等。

③服务员的仪容仪表要大方美观，身材匀称，在服务中能做到礼貌待客，微笑服务。

④看台的服务员身材不能过矮，传菜服务员托盘功底要好，有体力，弱瘦的女服务员不宜做传菜工作。

⑤各区域负责人要有丰富的工作经验，精通宴会的全部工作程序，有处理突发事件的能力。

⑥参加工作时间短或宴会服务技能技巧不熟练的人员，一般不可参加宴会的服务工作，以免发生问题，影响宴会正常运行。

2）贵宾席、主宾席服务人员的要求。服务贵宾席、主宾席的服务员的业务水平一般要高于其他人员，应具有多年宴会服务工作经验、技术熟练、动作敏捷、应变能力强、外貌好，男女服务员的配备比例要恰当。

（3）人员分工计划实例

人员分工特别是大型宴会的人员分工与宴会的类别、参加宴会宾主的身份、宴会的标准有密切的关系。

以360人大型中餐宴会为例，服务人员的安排大致如下：

1）现场指挥1人。

2）宴会厅一般宜划分为5个区，主席台为1区，其他可分为4个区，各区设1名负责人。

3）第一桌，安排16位宾客，第二桌、第三桌，各安排12位宾客。第一桌安排3位服务员，1人走菜，2人盯桌，如果来宾身份很高，也可安排4人，1人走菜，3人盯桌。

4）第二桌、第三桌每桌应安排2位服务员，1人走菜，1人盯桌。

5）其他31桌平均每桌配备1名服务员，可分为两人一组，一名服务员负责盯2桌，做斟酒、上菜、让菜的服务，另一名服务员负责走两桌的菜。

根据上面的安排，可以计算出盯桌服务员20～21人，走菜服务员19人，共需服务员39～40人，后台清理工作还需7～8人（不包括洗刷餐具的工作人员）。

6）一般设迎宾员2人。

7）如有休息室服务，可安排2～3人做休息室服务工作。

这样，共需要服务员50～53人即可完成整个宴会的工作。

各个地区和饭店的情况不同，应根据各地区、各饭店的具体情况做出合理的安排。

其他类型宴会的人员分工和中餐宴会的人员分工有所不同。有的需要量比中餐宴会少，有的则多，应根据具体情况来定。

为了保证服务质量，可将宴会桌位和人员分工情况标在图表上，使参加宴会的服务人员明确自己的职责。有关宴会服务人员一定要明确宴会的结账工作由谁来完成，因为大型宴会增加菜点、饮料、酒水的情况经常发生，专人负责账务，可避免漏账、错账现象发生。

2. 宴会场景布置计划与物品准备计划

开宴前的物质准备是指为了确保宴会准时、高质、高效地开展，而做的一切准备工作，具体包括场景布置、场地布置、台型布置、物品准备等内容。

（1）宴会场景布置计划

宴会工作人员在进行场景布置时，应该充分考虑到宴会的形式、宴会的标准、宴会的性质、参加宴会的宾主的身份等有关情况，精心设计，精心实施，使宴会场景既反映出宴会的特点，又使宾客进入宴会厅后有新鲜、舒适和美的感受，以体现出高质量、高水平服务。其具体布置要求是：

1）布置要庄重、美观、大方，餐桌椅、家具摆放要对称、整齐，并且安放平稳。可以在四周和宴会厅空余的地方布置一些树木花草、屏风和沙发等。

2）餐桌之间的距离要适当。大宴会厅的桌距可稍大，小宴会厅的桌距以方便顾客入座、离席，便于服务人员操作为限。基本要求 2 m 以上，桌距过小，会使场面显得拥塞，服务员在服务过程中不方便，容易出事故。

3）如果席间要安排乐队演奏，乐队不要离宾客的席位过近，应该设在距宾客席位 3～4 m 远的地方。如果席间有文艺演出，又无舞池时，则应该留出适当的位置，并铺上地毯，作为演出场地。

4）酒吧、礼品台、贵宾休息室等，要根据宴会的需要和宴会厅的具体情况灵活安排。

5）大型中式宴会除主桌外，其余的桌子都要编号，放上号码架（又称席次卡）。在宴会厅入口处醒目位置张贴台型设计与座位图，以方便客人进入宴会厅后能迅速知道自己桌子的号码和其他客人。

（2）物品准备计划

开宴前的物品准备，主要包括以下几个方面。

1）备齐台面用品。宴会服务使用量最大的是各种餐具，宴会设计人员或组织者要根据宴会菜肴的数量、宴会人数，计算出所需用餐用具的种类、名称和数量，列出清单并分类进行准备。

所需餐具用具的计算方法是：将一桌需用的餐具、酒具的数量乘以桌数即可。各种餐具、酒具要有一定数量供备用，以便宴会中增人或者损坏时替补，一般来说，备用餐具不应低于需要数量的20％。

2）备好酒品饮料。宴会开始前30 min按照每桌的数量领取酒品、饮料。取出后，要将瓶、罐擦干净、摆放在服务桌上，做到随用随开，以免造成不必要的浪费。

3）备好水果。宴会配备水果要做到品种和数量适宜。用于宴会的水果，如果采用整形上席的，则按两个品种，每位宾客250 g计算数量，所使用的水果应是应季水果，最好选择本地的特产，但要考虑宾客的喜好。

4）摆好冷菜。大型宴会一般在正式开始前15～30 min摆好冷菜。服务员在取冷菜时一定要使用大长形托盘，决不能用手端取。

3. 开宴前的检查工作计划

开宴前的检查，是宴会组织实施的关键环节，它是消除宴会隐患，将可能发生的事故降低至最少的限度，确保宴会顺畅、高效、优质运行的前提条件，是必不可少的工作。开宴前的检查工作很多，这里对其中的主要工作简单介绍如下。

（1）餐桌的检查

宴会组织者在各项准备工作基本就绪后，应该立即对餐桌进行检查。检查的主要内容有：餐桌摆放是否符合宴会主办单位的要求；摆台是否按本次宴会的规格要求完成；每桌应有的备用餐具及棉织品是否齐全；席次卡是否按规定放到指定的席位上等。

（2）人员到位检查

检查各岗位服务员是否到位，服务员是否明确自己的任务，服务员对服务步骤、操作标准是否熟练掌握，服务员着装仪容仪表是否符合要求。

（3）卫生检查

卫生检查主要检查如下内容：个人卫生、餐用具卫生、宴会厅环境卫生、食品菜肴卫生。

（4）安全检查

安全检查的目的是为了宴会能顺利进行，保证参加宴会宾客的安全，检查应注意以下问题：

1）宴会厅的各出入口有无障碍物，太平门标志是否清晰，洗手间的一切用品是否齐全，如发现问题，应立即组织人力解决。

2）各种灭火器材是否按规定位置摆放，灭火器周围是否有障碍物，如有应及时清除。要求服务人员能够熟练使用灭火器材，严格执行"四防"制度。

3）宴会场地内的用具如桌椅是否牢固可靠，如发现破损餐桌应立即修补撤换，不稳或摇动的餐桌应加固垫好，椅子不稳的应立即更换。

4）地板有无水迹、油渍等，如新打蜡的地板应立即磨光，以免使人员滑倒。若地面铺放的是地毯，要查看地毯是否洁净，接缝处对接是否平整，如发现错位或凸起，应及时处理。

5）宴会所需用酒精或固体燃料等易燃品，要有专人负责，检查放置易燃品的地方是否安全。

（5）设备检查

宴会厅使用的设备主要有电器设备、空调设备和音响设备等，要对这些设备进行认真、仔细的检查，以避免意外事故发生，避免因设备故障干扰宴会活动的正常开展，给顾客带来不应有的麻烦和不便。

1）电器设备的检查。宴会开始前，要认真检查各种灯具是否完好，电线有无破损，插座、电源有无漏电现象，要将开关逐一开启检查，保证宴会安全用电，确保照明灯具效果良好。

2）空调设备检查。宴会开始前要检查空调机是否良好，并要求开宴前半小时，宴会厅内就应该达到所需温度，宴会厅越大，空调设备开启的时间也应相应提前，并始终保持宴会厅内比较稳定的适宜温度。

3）音响设备检查。多功能宴会厅一般都配备音响设备，在宴会开始前，要装好扩音器，并调整好音量，同时做到逐个试音，保证音质。如用有线设备，应将电线放置在地毯下面。

4）其他设施检查。宴会开始前应认真检查宴会厅内各种设施的安排，是否放置或安装得当，是否完好便于使用。

4. 宴会现场指挥管理计划

宴会进行过程中，经常会出现一些在计划中无法预见的新情况、新问题，对这些新情况、新问题又必须及时予以解决，因此，加强宴会现场指挥管理十分重要。

　　宴会现场指挥一般由餐饮部经理或宴会部经理执行，规模比较小的宴会也可以由主管执行。现场控制指挥的重点主要有以下几方面：

　　（1）协调

　　规模较大的宴会，服务人员也比较多，但每一位服务员往往首先是按要求、按程序完成属于自己的任务，如果出现未曾明确的工作，又需要服务员与服务员之间的配合，这时需要现场指挥及时协调。如果未曾发现或是协调不力，致使某一个环节脱节，常常容易出现问题，引发矛盾，严重的甚至导致整个宴会的失败，造成损失或遗憾。

　　（2）决策

　　宴会开始以后，所有宴会服务人员进入最紧张、最繁忙的时刻，又是各种突发性事情最容易发生的时候。一旦出现一些需要短时间内果断解决而又超出服务员权限的事情的时候，现场指挥就应该马上作出决断。例如，当顾客提出某道菜点有质量问题，需要更换或重新烹调，由于涉及到宴会全体，现场指挥必须迅速作出决断，将问题解决在萌芽状态或初始阶段。

　　（3）巡视

　　规模较大的宴会，现场指挥员要想全面了解宴会厅的情况，及时发现问题，必须不停地在餐厅各处巡视。巡视时要做到"腿要勤""眼要明""耳要聪""脑要思"。同时，巡视不是简单的走和看，要边巡视边指挥控制。

　　（4）监督

　　宴会开始以后，大多数服务员都按照事先制定的服务规程进行服务，同时也不排除少数服务员不按规程、简化或改变服务规程的做法，此时，现场指挥员要对服务员的服务行为规范进行监督，统一服务规范，确保服务质量。

　　（5）纠错

　　服务员在服务过程中的一些不规范行为，要靠现场指挥员进行纠错。纠错的方法或提醒、或暗示、或批评、或用某种行为进行纠正。因开宴过程中服务员正在进行紧张的服务，故要注意纠错的方式方法，切不可粗暴批评或长时间说教，以免影响正常服务。

　　（6）调控

　　宴会实施调控主要是对上菜速度的调控、宴会节奏的调控、厨房与餐厅关系的调控等，这些都是现场指挥注意的重点：

1）要了解宴会所需时间，以便安排各道菜的上菜间隔，控制宴会进程。

2）要了解主人讲话、致辞的开始时间，以决定上第一道菜的时间。

3）要掌握不同菜点的制作时间，做好与厨房的协调工作，保证按顺序有节奏地上菜。同时，注意主宾席与其他席面的进展情况，防止上菜过快或过慢，影响宴会进展，影响同步用餐和宴会气氛。

5. 宴会结束工作计划

宴会结束后，要认真做好收尾工作，使每一次宴会都有一个圆满的结局。做好宴会的收尾工作，应重点做好：

（1）结账工作

宴会后的结账工作是宴会收尾的重要工作之一，结账要做到准确、及时，如果发生差错，多算则会导致主办单位的不满，影响企业的形象，少算则使宴会厅受损失，相应地增加了宴会成本。因此，要认真做好如下工作，以确保结账正确无误。

1）在宴会临近尾声时，宴会组织者应该让负责账务的服务员准备好宴会的账单。

2）根据预算领取的酒品饮料可能不够，也可能多余。如果多余，则应将领取的酒品饮料退回发货部门，在结算时减去退回的酒品饮料费用。如果不够，则应将追加部分的酒品饮料费用及时增补上去。

3）各种费用在结算之前都要认真核对，不能缺项，不能算错金额。在宴会各种费用单据准备齐全后，请宴会经办人核对无误后，在宴会结束后马上结账。

（2）征求意见，改正工作

每举办一次大型宴会，可以说是对宴会组织者、服务员和厨师增加一次高水准服务的经历。餐饮部经理或宴会部经理及设计人员在宴会结束后，应主动征询主办单位对宴会的评价，征求意见可以从菜肴方面、服务方面、宴会厅设计等几方面考虑。征求意见可以是书面的，也可以是口头上的。

如果在宴会进行中发生一些令人不愉快的场面，要主动再次向顾客道歉，求得顾客的谅解。如顾客对菜肴的口味提出意见和建议时，应虚心接受及时转告厨师，以防止下次宴会再出现类似问题。一般来说，宴会结束后，要给宴会主办单位发一封征求意见和表示感谢的信件，感谢宾客在本宴会厅主办宴请活动，并希望今后继续加强合作。

（3）整理餐厅，清洗餐具

大型宴会结束后，应立即督促服务人员按照事先的分工，抓紧时间完成清台、清洗餐具、整理餐厅的工作。

（4）认真总结，做好宴会档案立卷工作

宴会结束后，应及时召开总结大会，肯定成绩，找出问题，提出整改措施，表彰服务工作突出的部门和人员，以利于进一步提高宴会服务水平和服务质量。此外，要将整个宴会活动的计划及相关资料，如图片、影像资料、总结材料等作为档案材料存放，为今后的宴会工作提供借鉴和帮助。

技能要求

一、宴会服务实施方案的编制步骤

宴会服务实施方案是根据宴会任务的目标要求编制的用于指导和规范宴会服务活动的技术文件，是整个宴会实施方案的组成部分。其编制步骤如下：

1. 充分了解宴会任务的性质和目标要求。

2. 在充分掌握有关宴会活动的各种信息的基础上，确立宴会服务任务的要求与各项工作的目标。

3. 制订人员分工计划。

4. 制订宴会场景布置计划。

5. 制订宴会台型设计计划。

6. 制订服务操作程序和服务规范。

7. 制订各项物品使用计划。如台布，酒具，餐具种类、规格、数量等。

8. 宴会运转过程的服务与督导及其他工作的安排。

9. 编制宴会实施方案。

二、宴会服务的组织实施步骤

1. 统一宴会服务人员思想，熟悉宴会服务工作内容，熟悉宴会菜单内容。

2. 落实人员分工，分解服务任务，明确工作职责和任务要求，例如，值台服务员要明白站立走位、上菜、分菜撤菜、服务位置、更换骨碟、斟酒、迎客送客等服务内容，以及操作方法和操作标准；走菜服务员要知道走菜的时间、何时取菜出菜、出菜顺序、装托盘、出菜行走等工作内容、操作方法和操作标准。

3. 做好各种物品的准备工作。

4. 根据设计要求布置宴会餐厅，摆放宴会台型。

5. 做好餐桌摆台、工作台的餐具摆放和酒水摆放。

6. 组织检查宴会开始前的各项服务准备工作。

7. 加强宴会运转过程中的现场指挥和督导。

8. 做好宴会结束的各项工作。

第九章
菜点制作

第一节 创新菜的制作与开发

➤ 掌握创新菜的概念及创新方法的特点及要求。
➤ 能够运用原料、技法、调味等创新的手法制作创新菜肴。

知识要求

一、创新菜的概念

创新是一个民族发展的根本，创新更是餐饮业发展的核心。随着人民生活水平的提高，人们对饮食的要求越来越高，饮食观念已从温饱型转向了健康型，同时消费者对菜品的审美能力、鉴赏能力、辨别能力都在迅速提高，其发展速度比餐饮创新的速度还要快，餐饮工作者几乎处于被动服务的局面，目前有许多餐饮企业提出了"顾客需要什么，我们就提供什么"的口号，听起来似乎与"以人为本"的服务理念相吻合，其实是创新滞后的真实表现。所以说如何变被动服务为引导消费，如何创造出真正符合时代需求的新菜品，是目前餐饮工作者面临的共同话题。全国餐饮企业、教育研究机构、行业主管部门，特别是广大的烹饪工作者，都为菜品的创新做了大量工作。有的洋为中用、有的古为今用，出现了一大批让人耳目一新的特色菜品，为传统的中国烹饪技艺注入了新的血液。但也有刻意创新、盲目求奇、华而不实的现象，使菜品走入了创新的误区。为此明确创新的概念和目的，把握创新的界定，对正确引导创新的发展思路是十分有意义的。

烹饪创新同经济社会的发展是紧密相联的，创新有明显的时代特征。同时创新菜还有明显的区域特征，它与地方的物产、风味、习俗密切相关。要想准确把握创新菜的界定，首先应对创新菜的整体概念和内容有一个正确的理解，从宏观上为创新菜划出一个范围。

创新菜的概念应该由两个部分组成：第一是突出新，就是用新原料、新方法、新调味、新组合、新工艺制作的特色新菜品。第二就是要突出用，创新菜品必须具有食用性、可操作性和市场延续性。在界定创新菜时一定要将这两个方面结合起来，只具有其中的一个方面是不完整的创新菜，甚至会将创新菜带入误区。有的只注重新而忽视用，在制作工艺上不计算时间，组配上不注重营养，选料上不计较成本，餐具上不讲究卫生，装饰上不考虑面积等。有的只注重实用而忽视了新，如菜品不变餐具变，内容不变名称变等，这都不属于创新的范畴。

二、创新的基础

1. 了解烹饪发展的新动向

烹饪的发展速度特别快，无论是经营模式还是消费观念都有了很大的变化，人们的消费水平和饮食要求在不断提高，已从温饱型向健康型转变。餐馆的生产也从纯手工操作向机械化和标准化转变。所以菜品的创新一定要围绕市场的需求进行，要符合健康、美味、环保的饮食主题。

2. 收集烹饪新信息

创新是在传统的基础上进行的，绝不是空中楼阁，要想创制符合市场需求的新菜品，必须对现有的菜品进行归纳和总结，取其精华，去其糟粕，这样的创新菜品才能更有生命力。收集烹饪信息的途径很多，如：杂志、报纸、网络等，还可通过各种美食展、烹饪比赛、技术交流等形式获得更多的烹饪信息，这些资料是菜品创新的源泉，是提高创新能力和创新水平的重要基础。

3. 强化烹饪基本功

基本功不仅是菜品制作的基础，更是创新的重要基础，没有扎实的基本功是不可能进行菜品创新的。首先，没有基本功就不能保证菜品的质量，菜品的质量会出现波动。其次，没有基本功，创新的思路、方案无法得到落实，即使有再好的想法和构思也很难通过菜品得以实现。所以，必须先练好过硬的基本功，才能从中积累经验，熟能生巧，不可好高骛远、急功近利。

三、创新方法的特点及要求

1. 利用新原料的创新

由于科学技术的发展，南北地域饮食交流迅速，中国烹饪界与世界进一步接轨，一大批新的烹饪原料源源不断涌进了饮食市场，如蟹柳、人造鱼翅、西兰花、夏威夷果、加拿大象拔蚌等，广大厨师了解和熟悉新的烹饪原料后，在借鉴传统烹饪技法的基础上，创制出了新的菜品。

所谓新原料就是在某一地区尚未被开发利用的烹饪新原料，它既可是地产原料，也可以是新培育的原料，还可是国外引进的原料。但必须是未被列入国家动植物保护名录的原料，而且是对人体无毒无害的安全性原料。所以，在选择新原料时必须对相关保护法规有所了解，同时，还要对原料中是否使用合成色素、防腐剂、增色剂、涨发剂、漂白剂以及原料的安全性（如河豚鱼）进行审视。在使用新原料时要对原料的口味、质感、功能有所了解，以便采用合适的调味方法和组配方法，确保新菜品的风味质量。

2. 利用新组合的创新

有人认为合理的组合就是创新，中西组合、菜系组合、菜点组合、古今结合等合理的工艺组合，为菜品创新提供了很大的发展空间。但在进行组合的过程中，必须保持菜品原有的优良特色，不能因为追求创新而失去地方传统，中西结合要洋为中用，运用西餐中好的技法、调料来丰富中餐菜品，但仍要保持中餐的基本特色，如果所创制的菜品以西餐特色为主，掩盖了中餐工艺特色，那并不是创新的目的和方向。古今结合更要古为今用，要去其糟粕，取其精华，创制的菜品要符合现代人的消费需求和饮食习惯。

3. 利用新工艺的创新

利用新工艺就是运用新的烹调方法、组配方法、造型方法制作特色新菜品。烹调方法的创新可由三个方面组成：一是挖掘整理传统的烹调方法，将其运用到现代菜品中。如古代的"石烙法""酒蒸法""灰埋法"等；二是将新科技开发的加热工具运用到现代菜品中。如"远红外烤炉""太阳能焖炉""蒸炸烤混合炉"等；三是通过变换目前已有菜品的烹调方法，使之成为新菜。如传统的"清炖狮子头"改成"香煎狮子头"，"红烧臭鳜鱼"改成"葱烤臭鳜鱼"等。

在组配方法中有多种变化形式，如调糊工艺，可以改变调糊的原料及比例，结合主料的变化可以创制新菜品。在组配手法上的变化更明显，如包卷类菜品，其外皮可以是蛋皮、糯米纸、油皮、荷叶、网油、菜叶、瓜皮、鱼片、鸡片等，馅心可以是八宝馅、三丝、火腿、鱼翅、桃仁、虾仁、蟹黄、笋条、猪肉等，成熟的方法可以是蒸、炸、煎、熘、炒等。将它们排列组合可以形成几百道菜品，是工艺创新的重要手法。但要想真正成为创新菜品，并不是简单的组合，还必须有新的元素加入，如新的原料、新的调味料等。在造型工艺中也有相当大的变化和创新的空间，其创新的表现形式主要是外观的变化，采用的方法以刀工处理较多。

4. 利用新调味的创新

运用合理的调味手法将新调味原料调制出新味型的菜品属于调味创新。界定菜品是否属于调味创新，主要看菜品是否产生新的味型，调味原料、调味手法是过程，新味型是结果，只用新原料或新手法，如果不能产生新味型，仍然不属于调味创新。

近年来调味品生产技术发展迅速，调味原料十分丰富，特别是国外许多调味品在中餐中被广泛应用，国内调味品种也在不断增加，但归纳起来可分两大类：一类是对现有的味型进行复合，将分次投料变为一次投料，虽然给调味带来了很大的方便，也使调味更准确，但不属于创新的范畴。如麻婆调料、鱼香调料、鲍汁、浓鸡汤、清鸡汤等。另一类是新的单一或复合调味原料，但必须经过调配后产生明显变化的新味型才能属于创新。如糖醋味型，将蔗糖换成片糖，或将香醋换成白醋，尽管原料有所变化，但味型并没有明显的变化，故不属于创新。

另外，菜品成熟后，在旁边直接放入一种未经任何调配的新调料，虽然有新的味型产生，但这种新味型并没有经过厨师自己的调配，所以也不属于创新的范畴。如油炸的菜品，在盘边或调味碟中放入鱼肝酱、鸡酱、黄酱汁等。

技能要求

一、调味创新菜品的制作与开发

1. 运用西餐调味品制作创新菜

西餐调味品十分丰富，特别是香味料的运用很广泛，而且有明确的针对性，不同的菜品有相应的使用范围，很值得中餐工艺借鉴和学习。现在，有许多西餐调味料已被中餐采用，通过中餐的原料、烹饪方法，结合西餐的调味品，可以开发和制作许多有特色的创新菜品。

（1）菜品实例

【实例 9—1】

卡夫奇妙虾

原料：虾仁 100 g，带子 50 g，蟹柳 50 g，笋肉，冬菇 15 g，胡萝卜 20 g，西芹 20 g，精盐 8 g，味精 2 g，汤 50 g，韭黄 20 g，芫荽 25 g，卡夫奇妙酱 100 g，威化纸 12 张，鸡蛋 1 个，淀粉 10 g，面包屑 100 g，橙汁 30 g。

制作工艺：

● 虾仁洗净吸干水分后，拌入调料精盐 1 g、味精 1 g，小苏打 0.5 g，鸡蛋清 20 g，干淀粉 3 g，放冰柜内冷藏，腌制 1 h。

● 笋肉、胡萝卜切小菱形片，冬菇、西芹切小片，笋肉、冬菇用沸水滚 1 min，然后用汤水加调料精盐 5 g、味精 3 g，先后将西芹片、笋粒、菇片、胡萝卜料分别煨过，沥去水分。

● 虾仁、带子用汤水氽熟，沥干水分，蟹柳切成小片后，用沸水淋烫，沥干水分。待所有原料晾凉后全部放在大碗内，加入韭黄、芫荽 25 g 和卡夫奇妙酱拌匀，分成 12 份，用薄饼皮包成扁长方形。将蛋浆与干淀粉混合调成蛋浆，海鲜卷用蛋浆封口粘好。

● 逐件将海鲜卷裹上蛋浆，沾上面包屑。将炒锅的油烧至 150℃，投入海鲜卷，将其炸至色泽金黄，酥脆捞起，沥去油。把

> 每条海鲜卷切成 2 件，摆放在碟中，衬上芫荽及其他饰物，跟淮盐、橙汁上席。

（2）创新说明

此菜选用西餐中常用的调味料卡夫奇妙酱，运用中式熘虾球的烹制方法，把中餐技法与西餐调味有机地结合在一起。卡夫奇妙酱色泽乳白、酱体胶稠、组织细腻、乳化均匀。因油粒以非连续相分散在醋、蛋黄及其他成分的连续水相中，故含油量虽高而无油腻感，卡夫奇炒酱主要用料比较简单，精炼植物油约占 75％，醋约占 11％，蛋黄约占 9％，还含有糖、盐、芥末粉、胡椒粉等，其味型特点是香鲜味咸。

（3）应用范围

卡夫奇炒酱主要用于调制各种色拉，也可用作煎炸食品的辅助调料，当它与番茄酱、海鲜酱、桂候酱等配合使用时，可使煎炸或烧烤菜品的色泽更加突出，香味更加浓郁。可制作的菜品有：奇妙鱼卷、奇妙虾排等。

2. 改变传统调味配比开发创新菜

这种方法是在传统味型的基础上改进形成的，具体方法可根据菜品原料的特色灵活掌握，有的是在原味型的基础上添加了一些新的调味料，如沙咖牛腩，是在咖喱牛腩的基础上添加了沙茶酱后形成的。有的是改变了原来味型的调料品种，如茄汁，原来用的是番茄酱，现在可用浓橙汁、甜辣酱等调味品替代，改善了原有味型的风味特色。

（1）菜品实例

【实例 9—2】

沙 咖 牛 腩

原料：牛腩 100 g，笋 150 g，葱 25 g，姜 30 g，咖喱汁 25 g，盐 6 g，冰糖 100 g，八角 15 g，沙茶酱 35 g。

制作工艺：

● 牛腩改刀成块，放入冷水锅中加热焯水后洗净。

●笋改切成块，也用凉水加热焯透。锅上火放入油烧热，下葱、姜煸香，倒入牛肉块煸炒，加水、酒、咖喱汁、盐、冰糖、八角、干椒等调料，用大火烧开。

●然后倒入砂锅中，用小火慢炖 2 h，加入沙茶酱调匀，再加热 20 min 即可。

（2）创新说明

咖喱牛肉是传统的菜品，此菜在传统咖喱味的基础上添加了沙茶酱，丰富了菜品的风味，使菜品的色泽更加红亮，口味更加浓郁。

（3）应用范围

此菜品的调味方法可应用到一般红烧或烩制的菜品中，适当调整咖喱和沙茶酱的配比还可应用到凉菜的卤制当中。如：沙咖茭白、沙咖猪手、沙咖鱼尾等。

3. 运用国内新开发的调味品制作创新菜

国内调味品生产开发的速度很快，除复合型的新调味品不断出现外，还有许多专用的调味品也相继出现，如浓汤、清汤、鲍鱼汁、麻婆豆腐料等，这既给烹饪带来了方便，也为菜品创新提供了物质基础。

（1）菜品实例

【实例 9—3】

甜 辣 鱼 花

原料：草鱼 1 500 g，精盐 3 g，绍酒 10 g，姜汁水 15 g，白糖 100 g，甜辣酱 150 g，醋 5 g，湿淀粉 15 g，干淀粉 150 g，蒜泥 25 g，姜末 10 g，油 1 500 g（实用 60 g）。

制作工艺：

●将草鱼宰杀洗净，取两片鱼肉，切成 4 cm 见方的鱼块（共 10 块），皮朝下，用直刀剞成十字花刀，放在碗内，加入味精、绍酒、精盐、姜汁水拌匀，腌制 10 min。然后，取出鱼块，拍上干淀粉，待用。

●取小碗一只，放入白糖、甜辣酱、醋和湿淀粉，调成芡汁待用。将炒锅置旺火上，舀入色拉油，烧至七成热，将鱼块抖去余粉入锅，炸至淡黄色时逐块翻身稍"养"，即可起锅装盘。炒锅内留底油，回置火上，放入姜末、蒜泥，煸出香味，倒入芡汁，烧沸后，淋上热油浇在菊花鱼上。

（2）创新说明

此菜是在传统菊花鱼的基础上改进的，主要创新点是调味汁的变化，选用了国内新开发的甜辣酱调制而成，改变了以前的酸甜的味型，形成了目前比较受大众喜欢的甜辣味型。

（3）应用范围

此调味汁主要适用于熘制类菜品，也可用于煎炸类菜品的佐味料。如：甜辣里脊条、甜辣白菜卷、甜辣洋葱圈等。

二、利用新组合制作创新菜品

1. 菜点结合新工艺

菜肴和点心制作虽然属于不同的工艺范畴，但相互间有许多相通的地方，如点心的馅心制作与菜肴的炒、烩方法是基本一致的，点心的成熟方法与菜肴的成熟方法也是完全相同的。但长期以来这两种工艺在实际操作的过程中都是截然分开的，没有得到充分的互补和融合。其实把菜肴与点心的工艺相互融合、各取所长，是菜品或点心创新的重要手段之一。

（1）菜品实例

【实例 9—4】

酥皮明虾卷

原料：大明虾 10 只，平酥皮 500 g，绍酒 10 g，胡椒粉 5 g，味精 5 g，辣酱油 10 g，松子仁 30 g，麻油 15 g，冬笋条 80 g，蛋黄 1 个，细面条 50 g，糖粉 30 g。

制作工艺：

●虾去头去壳留尾，批开去肠洗净，剞十字花刀。用绍酒、盐、胡椒粉、味精、辣酱油腌渍好，待用。松子仁油中炸脆切成末。火腿、葱亦剁成末，加味精、麻油拌成馅。把馅料铺在批开对虾的中间，然后塞进冬笋条合拢。平酥皮劈成 1.5 cm 宽、9 cm 长的油酥条，从虾尾部绕起，直绕到头部，收口处用蛋黄粘住，上油炸熟。

●细面条油中炸熟，拌上糖粉，放在盆中堆起，将对虾围在四周，用少许香菜间隔，同 2 小碟番茄糖醋汁一起上席。

（2）创新说明

此菜将点心中的油酥与菜肴结合在一起，既增加了食用性，又丰富了菜品的口感，使菜品的色泽更诱人、层次更清晰，还增加了菜品的技术含量。

（3）应用范围

酥皮除直接与菜品混合使用外，还可制作成盏，作为菜品的盛器。还可作为烤制菜品的外皮，代替泥或面团。代表菜品有：酥皮鱼米盏、酥皮烤鸡柳等。

2. 中西结合新工艺

西餐的烹饪工艺虽然没有中餐烹饪工艺复杂，但西餐中有许多特色的工艺技巧是值得学习的，如西餐中的温度控制、配比标准、煎烤技法、吊汤技法、装盘美化等，都是创新可以借鉴的烹饪技法。同时对中餐菜品的质量和标准控制，提高菜品工艺规范都有一定的帮助。

（1）菜品实例

【实例 9—5】

烤 鸭 汉 堡

原料：熟烤鸭半只，生菜 50 g，黄瓜 50 g，京葱 50 g，甜面酱 80 g，糖 10 g，味精 5 g，汤 50 g，小面包 10 只。

制作工艺:

　　将烤鸭皮、肉分别劈成片，生菜、黄瓜、京葱洗净，甜面酱加糖、味精、汤炒香。将烤好的小面包从中间剖开，将烤鸭蘸上面酱与生菜、黄瓜、京葱按层次夹入烤好的小面包中，食用时每人一份。

（2）创新说明

　　此菜品将中餐传统的烤鸭与西餐流行的汉堡有机地结合在一起，使两者的风味得到互补，用汉堡替代传统的薄饼，是典型的中西结合菜品。

（3）应用范围

　　汉堡中内容可以进行调换，可以是烤制的菜品，如：烤鳗鱼、烤羊排等；也可以是煎炸的菜品，如：香煎鱼排、葱煎鸡柳等；还可以是红烧、卤酱类的菜品，如：红烧肉方、香卤牛头、酱鸭等。

　　3. 菜系结合新工艺

　　菜系是区域特色的一种体现，从菜系可以看出某区域的菜品风格和特色。如口味特色、原料特色、刀工特色等都有明显的区域性。但菜系与菜系之间并不会因此而存在明显的界限，菜品的成熟工艺在各菜系中是基本一致的，菜品的组配工艺在各菜系中也是基本相似的。特别是菜系之间的交流日趋频繁，菜系的融合、互补已是菜系发展的必然趋势。

（1）菜品实例

【实例 9—6】

鱼香鳗鱼球

　　原料：鳗鱼 1 000 g，绍酒 15 g，盐 8 g，味精 5 g，鸡蛋 1 个，水淀粉 15 g，葱、姜各 10 g，蒜 25 g，泡辣椒 20 g，高汤 30 g，糖 15 g，酱油 10 g，辣油 25 g，醋 5 g，花椒 5 g，麻油 20 g。

　　制作工艺：

　　● 将鳗鱼宰杀，用热水烫去黏液，开成鳗背。用刀在肉面剞上十字花刀，并切成 3 cm 宽、4 cm 长的鳗球生坯，加绍酒、盐、味精、鸡蛋、水淀粉上浆待用。

● 用葱、姜、泡辣椒、蒜、醋、高汤、糖、花椒、酱油、辣油、水淀粉一起调成鱼香兑汁芡。将鳗球拍上淀粉。

● 起油锅，待油温达 5 成热时，下鳗球置锅中炸熟捞起，再待油温升高，复炸至脆。

● 另起锅，将葱、姜、辣椒、蒜下锅煸出香味，加入兑好的汁芡，下鳗球翻汁均匀，收紧卤汁，淋上芝麻油，装盘即可。

（2）创新说明

鱼香味是四川的代表味型，鳗鱼球是淮扬菜中的传统菜品，将两者结合既能体现川菜的风味，又能体现淮扬菜的刀工和原料特色，形成的新菜品口味醇厚、肉质细嫩、色泽红亮，是一道食用性、可操作性很强的创新菜品。

（3）应用范围

此菜在保留鱼香味的基础上，通过原料的变化、工艺的变化，可以创制许多特色新菜品，如与海鲜原料结合，可制作鱼香龙虾球、鱼香海螺片等，与淡水原料结合，可制作鱼香鳜鱼丝、鱼香银鱼球等，还可与熘、烹等方法结合，可制作鱼香带鱼、鱼香咕噜肉等。

4. 古今结合新工艺

（1）菜品实例

【实例 9—7】

虾 蟹 酿 橙

原料：河蟹 1 500 g，甜橙 8 个，姜末 25 g，香雪酒 260 g，醋 110 g，白糖 20 g，盐 10 g，白菊花 20 g，色拉油 25 g。

制作工艺：

● 将甜橙洗净，在顶端用三角刻刀刺出一圈锯齿形，揭开上盖，取出橙肉和汁水，除去橙核和筋渣，把河蟹煮熟，剔取蟹肉待用。

●将炒锅置中火上，舀入色拉油 25 g，烧至六成熟，投入姜末、蟹粉稍煸，倒入甜橙汁及一半橙肉，加入香雪酒 15 g、醋 10 g 和白糖，煸透，淋入色拉油，盛入盘中摊凉，然后分成 10 份，分别装入甜橙中，盖上甜橙盖。

●取深大盘一只，将甜橙整齐地排放在盘中，加入香雪酒 250 g、醋 100 g 和白菊花，上蒸笼用旺火蒸 5～10 min。

（2）创新说明

此菜是根据宋代林洪的《山家清供》中蟹酿橙创制的特色名菜，将古代的菜品烹制技法与现代原料和需求结合在一起，既保留了菜品的文化特色，又体现了现代消费的习惯，是古今结合的代表之作。

（3）应用范围

此菜以酿橙为主要特色，通过内容的变化可以创制类似的新菜品，如：橙香鱼米、橙香鲈鱼羹、橙香糯米肉等。

三、运用新原料制作创新菜品

1. 运用国外特色原料创制新菜品

（1）菜品实例

【实例 9—8】

鹅肝豆腐扒

原料：豆腐 800 g，熟鹅肝 250 g，葱 10 g，姜 10 g，绍酒 20 g，盐 6 g，酱油 8 g，蚝油 5 g，鲍汁 10 g，干贝 50 g，虾仁 50 g，干粉 50 g，色拉油 50 g，汤 500 g，香油 10 g。

制作工艺：

●豆腐修成长方块，中间用圆形模具刻成圆孔。

●鹅肝也用圆形模具修成圆形，镶在豆腐中间，用葱、姜、酒汁、盐抹在豆腐上稍腌制一会儿，然后排上干粉，放入油锅中煎制。

> ●待两面金黄时即可出锅，锅中加汤、酱油、蚝油、鲍汁烧开，放入豆腐、干贝、虾仁，用小火焖制入味，再用大火收浓卤汁，出锅前淋香油即可。

（2）创新说明

此菜是选用法国特色原料鹅肝与中国特色原料豆腐创制的新菜品，鹅肝细嫩肥美，豆腐清淡爽口，两者结合在质感和味感上都达到了完美的统一。

（3）应用范围

鹅肝是法国的特色原料，现在已在中餐中被广泛应用，但工艺和风味上都与西餐中的鹅肝有所创新。代表菜有：鹅肝焗大虾、鹅肝春卷、锅贴鹅肝等。

2．运用国内新原料创制新菜品

（1）菜品实例

【实例 9—9】

海星鳜鱼丝

原料：海星草 50 g，鳜鱼 600 g，盐 8 g，味精 5 g，蛋清 1 个，葱、姜各 10 g，红椒 20 g，干淀粉 15 g，汤 30 g。

制作工艺：

●海星草洗净，切成丝。鳜鱼取净肉切成丝，用清水浸泡后加盐、味精、蛋清、淀粉上浆。葱、姜、红椒切成丝。

●锅放油上火烧热，将鱼丝滑油，成熟后捞出沥油，锅中放葱、姜、红椒煸香，放入海星草煸炒，倒入鱼丝，加用盐、味精、酒、汤、淀粉调好的芡汁，翻炒均匀后即可出锅装盘。

（2）创新说明

此菜是选用了沿海滩涂栽培的一种绿色植物海星草创新的菜品，此原料在国内属于一种新开发的产品，既无污染又营养丰富，它颜色碧绿，质地脆嫩，可以单独成菜，还可以与多种动物性原料一起烹制。

（3）应用范围

海星草属于脆嫩型的蔬菜，一般适宜炒或汤菜的菜品，应用范围很广，代表菜品有：上汤海星草、香干海星草、星草里脊丝等。

四、运用新工艺创制新菜品

1. 运用组配新工艺制作新菜品

（1）菜品实例

【实例 9—10】

啤酒糊大虾

原料：大虾 10 只，面粉 50 g，淀粉 30 g，发粉 5 g，啤酒 250 g，色拉油 50 g，盐 6 g，胡椒粉 10 g，芫荽 25 g，番茄酱 50 g。

制作工艺：

●将面粉、淀粉、发粉、啤酒、色拉油、盐、胡椒粉、芫荽末一起混合，调成啤酒糊。

●大虾去头去壳（留尾），挂上啤酒糊，入油锅炸黄炸熟。加入番茄酱，另加点缀。

（2）创新说明

此菜在调配脆皮糊时巧妙的运用了啤酒原料来代替水，使糊更具有膨松的效果，还增加了菜品的特殊香味，丰富了糊浆的保护功能，使菜品更具有个性特征。

（3）应用范围

此糊的应用范围很广，只要能运用脆皮糊的菜品都可以采用此糊，随主料的不同而出现不同的菜品，代表菜品有：酒香鱼条、啤酒糊银鱼、脆皮小塘菜等。

2. 运用烹法新工艺制作新菜品

（1）菜品实例

【实例 9—11】

蒸 炸 酥 鸭

原料：光鸭 1 500 g，盐 12 g，花椒 5 g，葱 15 g，姜 20 g，八角 10 g，花椒盐 50 g，番茄沙司 40 g。

制作工艺：

● 将鸭洗净，用盐、花椒、葱、姜、酒、八角腌制 2 h。

● 然后将鸭放入蒸炸炉中，盖严锅盖，将蒸炸炉调至 120℃蒸 40 min、180℃炸 3 min 的仪表位置，接通电源后开始工作。

● 待完成指示灯亮后打开锅盖，将鸭改刀成块即可，食用时可配椒盐、沙司蘸食。

（2）创新说明

此菜的创新点是选用了新的烹制工具蒸炸炉，它将蒸和炸两种烹制方法混合为一种烹制工艺，可根据需要调节各自的加热时间和温度，使菜品酥香可口，质量统一，方便操作。蒸炸炉是适用于大批量生产的专用工具。

（3）应用范围

这种工艺可运用于单纯的蒸菜或炸菜，还可运用于先蒸后炸或先炸后蒸的菜品，特别是具有蒸炸同时进行的工艺特色。代表菜品有：香酥鸡、香酥鸭、爆烧鸭等。

3. 运用造型新工艺制作新菜品

（1）菜品实例

【实例 9—12】

珊 瑚 鳜 鱼

原料：鳜鱼 600 g，葱 10 g，姜末 10 g，精盐 2 g，黄酒 15 g，干淀粉 250 g，蒜粒 20 g，醋 10 g，番茄酱 150 g，白糖适量，色拉油 1 500 g（实用 60 g）。

制作工艺：

●将鳜鱼洗净，斩下头、尾，鱼身剖成两半，除去骨、刺，皮朝下置砧板上，剞麦穗花刀。将鱼肉连同头尾一起入小盆内用葱、姜片、精盐、黄酒腌制 10 min 上味后，拍上干淀粉，使鱼肉花纹散开，鱼头、鱼尾也拍上干淀粉。

●炒锅置旺火上，下油烧至 210℃时，先下鱼头、尾炸熟捞起，再下鱼肉炸 4 min 至呈珊瑚状捞出。再将油烧至 250℃时下鱼复炸 2 min 后离火浸炸。

●炒锅置旺火上，下油 25 g 烧热，下蒜粒、姜末煸香，再下清水、番茄酱、白糖、白醋制成酸甜味芡汁，勾成油芡，再把浸在油中的鳜鱼捞起，摆上头尾呈全鱼形，将制好的茄汁浇在珊瑚鱼上即成。

（2）创新说明

此菜在菊花鱼、松鼠鱼的造型基础上进行了创新，利用一条整片的鱼肉，在剞刀时将斜刀的角度变大，使花纹更长，下锅时皮面向上，让花纹在炸制的过程中能完全竖立，成珊瑚状，更体现菜品的刀工精细，整体造型也更有特色。

（3）应用范围

此菜制作技法是在菊花刀法的基础上演变而来的，是菊花刀法的夸张和变形，凡能适宜采用菊花刀法的原料均可运用此技法。如：珊瑚里脊、珊瑚牛肉、珊瑚冬瓜等。

第二节　菜点展示

学习目标

➤掌握主题性展台的特点及作用，掌握展示菜品的造型法则和展示菜品的装饰方法。

➤ 能够进行主题性展台的设计，并对展示菜点进行美化装饰。

知识要求

一、主题性展台的特点及作用

1. 主题性展台的特点

（1）构思精妙、主题突出

主题性展台都是围绕某一个明确而具体的主题设计的，因此，主题性展台的主题非常明显而突出，否则也就不能称其为"主题性展台"。例如，主题性展台——"清荷宴"，其中间的主雕是"荷花仙子"，四周的展示菜品全都是用各种特色水产原料制作而成，显然，它是以江南水乡各种特色水产原料制作的特色菜品为主题；如果中间的主雕是"猪八戒捧西瓜"，四周的展示菜品全都是用猪身上的各种原料制作而成，显然，它是以该餐饮企业擅长制作猪肉原料和猪肉菜品为主题。可见，通过精妙的构思和合理的摆布，展台的主题应一览无余，且非常突出，因此，"构思精妙、主题突出"是主题性展台非常明显的特点之一。

（2）艺术性高于制作性

主题性展台的所有单元作品都是紧紧围绕展台的主题而设计、制作的，它最主要的是能体现整体展台的主题。因此，主题性展台的所有单元作品在制作过程中，无论是选料、调味品的使用、调味手段的选择，还是火候的把握与控制等都已经是相对次要的了，更为重要的是主题性展台的所有单元作品本身无论是其名称、色泽，还是装盘形式（主要是指艺术造型形式）都能与主题性展台的主题相吻合，都能够充分体现和展示主题性展台的主题。所以，主题性展台的所有单元作品在制作过程中是否遵循烹饪工艺制作的基本规律，是否符合烹饪工艺制作的基本要求并不十分重要，重要的是这些单元作品本身能否具有一定的艺术性，给人以美的艺术享受。可见，"艺术性高于制作性"是主题性展台又一个非常明显的特点。

（3）观赏性大于食用性

一方面，主题性展台的所有单元作品其真正的目的并不是为了让顾客能直接食用或品尝，而是为了能充分展示本餐饮企业的烹饪技艺水平、体现员工的艺术素养等，所以在制作过程更加精工细作、精雕细刻追求形式的完美。因此，主题性展台为了能达到展台"好看"的效果，充分体现展台"精美"的艺术性，所有单元作品在制作过程中已超出了该菜品"正常烹饪工艺制作技术"的范畴。

另一方面，主题性展台有时为了能尽量延长它的"寿命"，充分发挥其能让顾客多看一眼或让更多的顾客能看到的作用，所有单元作品在制作过程中经常选用一些不可食用的替代物品。有些单元作品并不能食用，有的单元作品虽然从理论上讲可以食用，但在制作时考虑的主要不是以食用为目的，尤其是在调味上往往不"到位"，从这一角度而言，主题性展台的所有单元作品是不能食用的，只要"好看"就行，好不好吃无所谓。因此，"观赏性大于食用性"也是主题性展台一个非常明显的特点。

2. 主题性展台的作用

(1) 大造声势、扩大影响

餐饮企业的主题性展台，往往都是放置或摆设在顾客进出该店必须经过或容易看到的位置、地方（如饭店门口、大堂、大餐厅入口、大餐厅的中央、饭店入口大通道的两侧等），由于主题性展台本身具有的艺术性和观赏性，主题性展台在展示过程中必然会吸引大量顾客和众多观众的眼球，像是在观看一位位服饰奇异的模特们在走台。让人们驻足或特地赶来细细"浏览"一番，这无疑是在扩大该餐饮企业在社会上的影响，有助于提高该餐饮企业在一定范围内的声誉。

(2) 宣传企业文化、树立企业品牌

当前，品牌战略已成为企业发展战略的核心，正如联合国的一份调查所显示的（著名品牌在整个产品品牌中所占比例不足 3%，但是市场份额却高达 50% 以上）一样。近年来，餐饮企业的经营管理者中的有识之士，已经非常清楚地认识到："拥有市场的唯一途径就是具有竞争力的品牌，谁拥有品牌，谁就拥有市场，拥有竞争力"这一道理，于是，越来越多的餐饮企业都在把主题性展台作为企业文化的载体向社会作大力的宣传，把主题性展台作为创建和树立企业品牌的平台。当人们驻足在主题性展台面前观摩之际，也就是他们在欣赏本企业文化之时，同时，也是人们在对本餐饮企业特色菜品进行观赏、比较与鉴定的过程，某一特色菜品如果被接纳和认为佼好的人多了，品牌也就树立起来了。

(3) 展示烹饪技艺水平

主题性展台的所有单元作品都包含着一定的烹饪工艺技术，单元作品质量的优劣标志着本餐饮企业烹饪技艺水平的高低。无论是刀功、切配水平，还是对火候、勾芡的掌握情况，或是食品雕刻的水准都是一目了然。由于主题性展台的所有单元作品有足够的时间让观众细细"品尝"，并会在众多的观众面前"过堂"，所有的餐饮企业都会组织具有高超烹饪技艺的人员进行制作，因为这是本店烹饪技艺水平的代表作。主题性展台的单元作品往往是本餐饮企业最具特色的菜品，亦或者是最能体现本餐饮企业高超的烹饪技艺的菜品。虽然主题性展台的所有单元作品，并不能将本餐饮企业的烹饪技艺水平客观而完全展示出来，但它可以比较直接和直观地展示烹饪技艺，让顾客了解其菜品的典型性和代表性。

（4）体现员工的艺术素养

主题性展台的所有单元作品从烹饪工艺角度而言，虽然包含着一定的技术性，但从单个菜品的制作形式、餐具的选择、装盘的造型、色彩的搭配、点缀的形式等到整个主题性展台的摆布形式、布局式样、单元作品的组合方法、台布色彩的选择、灯光的运用等，无不包含着艺术性。一个精美的主题性展台，其所有单元作品之间层次分明、错落有致、相互衬托而和谐，给人以美的享受；反之，则会让人有杂乱无章、生硬拼凑的感觉。可见，一个主题性展台足以体现一个餐饮企业员工的综合艺术素养。

（5）吸引和引导消费

主题性展台本身所具有的独特的艺术魅力对广大消费者而言，有着极大的吸引力。当人们听说某一餐饮企业在举办主题性展台时，有些人会顺便甚至特意赶来观赏一番，凑个"热闹"，尤其是当一些食客高手在展台上看到自己平时没有遇见过或没有品尝过的款式菜肴时，他们当然会按捺不住那份激动的心情，趁机及早来享受是必然的，这无疑是在吸引和引导市民的消费。

（6）培养员工的团结和合作精神

任何规模和形式的主题性展台，都需要本餐饮企业内部很多部门以及相当数量的员工共同参与和努力才能完成。制作主题性展台的所有单元作品所需要的烹饪原料以及搭建和装饰展台所需要的设备、器材（企业内没有的）等物品的购买和供给，得依靠餐饮企业的采供部门；主题性展台上所展示的单元作品的制作，需要餐饮部厨房部分员工来协同作业完成；展台中所需要的装饰性的物件（如灯光照明所需要的电灯、电线、灯架等设备器材），还得依靠动力部或工程部协作等。所有这些餐饮企业内部由于岗位的不同、分工的差异、制度的规定以及主题性展台包含着极大的工作量等因素，客观上决定了个人的作用在完成整个主题性展台的制作过程中只能是局部的，虽然有些部门或个别员工的作用较大，如餐饮部或厨师长对展台上所展示的单元作品的制作起着至关重要的作用，然而，某个人或某个部门不可能独立地将整个主题性展台完成。如果部门与部门之间或员工与员工之间不团结合作，完美的主题性展台是无法完成的。因此，需要多部门、多员工共同参与制作的主题性展台，确实为培养员工的团结和合作精神提供了良好的机会。

（7）增强和提高员工的自信心

一个制作精美的主题性展台，在展台的周围肯定会吸引大量的参观者，当参观者们给予高度的评价，赞美之声不绝于耳时，说明本餐饮企业员工的艺术素养、烹饪技艺水平和团结合作的精神等综合实力被社会承认和肯定，本餐饮企业的员工们定会感到十分高兴和自豪，内心不可言状的喜悦溢于言表，这无疑在给本餐饮企业的员工增加了荣誉感的同时，增强和提高了员工的自信心，使得员工在今后的工作岗位上做任何事情都是信心百倍、自信十足。

二、主题性展台的展示形式

1. 平面式

平面式就是主题性展台的台面是一个平面，所有的单元作品没有明显的高度，单元作品在展台上的放置相互之间也没有明显的高度差的展示形式。由于所有的单元作品基本上处于一个水平面，即使个别单元作品之间因餐具的原因，存在着一定的高度差，但这高度差非常有限，并不明显，因此，平面式较多地运用于台面较窄的小型主题性展台，如："一字型"和"回字型"布局的展台。如果展台的台面面积较大或长度较宽也用这种形式的话，参观者就无法看清放置在展台中间位置的单元作品，也就谈不上让人观摩和欣赏了，这样也就失去了菜品展示的意义，更无法体现主题性展台的价值。这种形式多运用于特色菜品的展示，而没有大型食品雕刻的组合。

2. 立体式

（1）单层立体式

单层立体式就是主题性展台的台面为一个平面，但能体现展台主题的主要单元作品比其他的单元作品要明显高的一种展示形式。也就是说，主作品在展台上与其他单元放置的作品之间有明显的高度差。虽然其他单元作品之间也可以存在着一定的高度差，但它们中的最高者也要比主作品低。

因此，主题性展台在采用单层立体式展示时，如果选用的是正方形、长方形或圆形的布局类型，其主作品往往放置在展台台面的中间，其他的单元作品由高到低依次向外放置；如果选用的是"一"字形或"回"字形的布局类型，其主作品则放置在展台台面的后面（即紧靠墙面或展台台面的内边缘），其他的单元作品单向由高到低依次向外放置。从正面来看，整个主题性展台上的单元作品仍然呈一定的梯形结构，这样，更便于人们观赏。

（2）多层梯形立体式

多层梯形立体式，就是主题性展台的台面不是一个平面，展台本身就有两层或两层以上的台面呈梯形结构组成，每个台面上再分别放置单元作品，整个主题性展台上的单元作品自然形成一定的梯形结构的展示形式。一般来说，在展台的最上层台面（最高层）放置主作品，以此来达到突出展台的主题的作用。

这种形式多用于占地面积相对较大的大型主题性展台，如正方形、长方形或圆形的布局类型，各层展台的台面上放置的单元作品之间有明显的高度差，层次分明，立体感较强。

另外，展台的台面层次较多，台面上放置的单元作品的数量大、品种多，因此，整个主题性展台的内容非常丰富，具有较强的观赏性。当然，从制作角度而言，多层梯形立体式展示形式所需的工作量最大，难度也是最高；从效果角度来说，多层梯形立体式是规模最大，也是最有观赏价值的一种主题性展台展示形式。

三、主题性展台的布局类型

1. 正方形布局

正方形布局就是将主题性展台的台面作正方形摆布的一种类型，这种布局类型的主题性展台占地面积相对较大，适用于设置在正方形的大堂和餐厅的中央，四周留有一定的空间以供顾客参观和行走，展台的形式宜采用单层立体式或多层梯形立体式。由正方形布局而成的主题性展台，虽然四周都可以观看，四周都是观望面，但一般以首先能进入顾客视线的一面为"主面"，也称为"正面"，左右两侧面为"副面"或"侧面"，对面为"次面"或"背面"，有时根据主题性展台所放置的场地的具体情况，展台的观望面只有"正面"和"侧面"之分或"正面"和"副正面"之别；如布置在饭店大堂中间的主题性展台，迎大门的一面就是"主面"，也就是顾客从外面进入饭店大堂首先能看到的一面，对面则是"副正面"，因为从饭店里面出来的顾客首先看到的就是这一面，左右两侧面则为"侧面"；如果主题性展台布置在饭店大餐厅的中央，那么，迎餐厅正大门的一面就是"主面"，其他三面都是"副正面"，因为就餐顾客从外面进入饭店大餐厅后可能会散坐在餐厅的各个餐桌，也就是说，餐厅里的各个餐桌都有可能有顾客在用餐，除了正对餐厅大门的一面以外，其他的三个方位无法区分主次或正副。

正因为如此，主题性展台上的单元作品，在组合、放置的时候就要充分考虑这一因素，要把展台上单元作品最有看点的一面朝"正面"，其他依照"副正面""侧面""背面"的顺序依次类推。

2. 长方形布局

长方形布局就是将主题性展台的台面作长方形摆布的一种类型，这种布局类型的主题性展台的占地面积也相对较大，适用于设置在长方形的大堂和餐厅的中央，四周留有一定空间以供顾客参观和行走，如果展台长方形的宽度较宽，其展台的形式宜采用立体式；如果长方形展台的宽度较窄，其展台的形式则宜采用平面式。

3. 圆形布局

圆形布局就是将主题性展台的台面作圆形摆布的一种类型，这种布局类型的主题性展台的占地面积相对较小，适用于设置在面积较小的大堂和餐厅的中央，四周留有一定的空间以供顾客参观和行走。由于这类展台的面积较小，为了增加展台的容量，其展台的形式宜采用多层梯形立体式。

4. "一"字形布局

一字形布局就是将主题性展台的台面设置成细长"一"字形的一种类型，这种布局类型的主题性展台的占地面积也相对较小。由于这种展台台面的宽度很窄，成细长"一"字形，因此，它仅适用于设置在面积较小的餐厅，如果展台设置在中间会影响其整体效果的话，则将展台于餐厅（迎餐厅正大门的墙面）以及饭店的走廊靠墙设置，只从展台的一面观看，所以，只要在观看的一面留有一定的空间可以供顾客参观和行走就可以了。这种布局类型的主题性展台，宜采用平面式或单层立体式的形式进行设置。

5."回"字形布局

回字形布局就是将主题性展台的台面设置成方框的"回"字形的一种类型，这种布局类型的主题性展台的占地面积较大，但实际上是由四个细长的一字形台头尾相接而组成，中间部分是空的，因此，这种展台较适用于设置在面积较大而中间有立柱的餐厅或大堂，展台的台面围绕立柱而设，四周留有一定的空间以供顾客参观和行走。由于展台的台面也较窄，且台面背部没有墙面，这种布局类型的主题性展台，宜采用平面式的形式进行设置。

四、展示菜品的造型法则

一切有看点的内容都必定以一定的美的形式表现出来，展示菜品的造型艺术当然也不例外。展示菜品的造型美应该是形式和内容的统一体，当然还须通过最终的形式表现出来。

1.单纯一致

单纯一致又称整齐一律，这是最普通也是最简单的展示菜品造型的法则。在单纯一致中见不到明显的差异和对立的因素，这种例子在展示菜品的造型中并不多见，一般只在展示本餐饮企业风味特色菜肴的展台上出现，如长短一致、乌黑光亮的"炝虎尾"和大小相似、洁白如玉、晶莹玲珑的"清炒虾仁"等。虽然单纯一致从造型形式上比较简单，但其单纯明了也能给观者带来纯朴简洁、平和淡雅的美感。

2.对称均衡

对称与均衡是形式美的又一法则，也是展示菜品的造型求得重心稳定的两种基本结构形式。

对称，是以一假想中心为基准，构成各对应部分的均等关系，是一种特殊的均衡形式，它有轴对称和中心对称两种。轴对称的假想中心为一根轴线，物象在轴线两侧的大小数量相同，作对应状分布，各个对应部分与中央间隔距离相等，如"京葱扒鸭""三鲜脱骨鱼""翠珠鱼花""松鼠鳜鱼""八宝葫芦鸭""宫灯虾仁"等就属于这种形式；中心对称的假想中心为一点，经过中心点将圆划分出多个对称面，如发散形装盘的"桃花竹蛏""蒜焖河鳗""千岛海鲜卷""香蕉鱼卷"等。

除了上述绝对对称之外，展示菜品的造型还经常使用相对对称的构图形式，所谓相对对称，就是对应物象粗看相同，但细看有别。如"燕子归巢"中的两只燕子，其大小和姿态都不完全一样，以增加变化和动感；"果味葡萄鱼"中的两串葡萄，其色泽、大小、饱满度和弯度也不完全相同，以显葡萄的玲珑和可爱。展示菜品的对称构图形式，给人以宁静、端庄、整齐、平稳以及规则的美，但当用之不当时，就会给人以呆板、单调、贫乏和浅薄的印象。因此，能见到有差异、有变化的非对称形式的均衡，会令人耳目一新。

均衡，又称平衡，是指左右或上下相应的物象的一方，以若干物象换置，使各个物象的量和力臂之积左右或上下相等。均衡有重力均衡和运动均衡两种形式。

重力均衡原理类似于力学中的力矩平衡，如用碗扣制的"梅菜扣肉""樱桃肉""兰花鲍鱼""鲍汁如意卷"即属这种形式。但对于展示菜品的造型来说，这种均衡经常通过盘中物象的色彩和形状的变化分布，根据一定的心理经验获得感觉上的均衡与审美的合理性。如随意散放的"八宝葫芦鸡"（用鸡颈皮或鸡腿皮做的小葫芦）"鱼米满仓"（炒鱼米装在用黄瓜或莴苣雕成的小船中）"翠花鱼粒""金钱鱼肚""脆盅虾斗"等，从物理意义上看，无论如何是不均衡的，因为盘中有的部位的菜肴分量要比其他部位的轻得多，但由于疏密有度、位置合理，所以感觉上是均衡的，这是理解展示菜品造型中均衡形式的关键所在。

运动平衡，是指形成平衡关系的两极有规律地交替出现，使平衡被不断打破又不断重新形成。在展示菜品的造型中，表现运动着的物象很多，如飞翔、啄食、嬉闹的禽鸟，纵情飞驰的奔马，翩翩起舞的蝴蝶，逐波戏水的金鱼等。一般总是选择其最有表现力的顷刻的那种似不平衡状态来达到平衡效果，以凝固最富有暗示性的瞬间表现运动物象的优美形象，给人最广阔的想象余地。运动是有方向的，人们观察运动着的物体，视点往往追随着它的运动方向而略为超前，因而在造型时往往在运动前方留有更多的余地，使视觉畅达。另外，一个展示菜品造型中的各个物象是构成这一整体不可或缺的组成部分，它们之间是相互联系、彼此呼应的。如"飞燕迎春"，左下侧是两只正在向上振翅翻飞的燕子，所以右侧为其留下了大片的运动空间，又因为飞燕形象地发出朝天的呼唤，所以在右侧空间随风拂来绽着新绿的柳枝，巧妙地做出了回应，备觉清新秀丽、灵动飞扬，可谓是生机勃发、浑然天成，堪称是运动平衡的范例。

由此可见，只有准确把握各种形式因素在造型中的相互依存关系，契合人们的心理经验，方能够获得理想的均衡美效果。

3. 调和对比

调和与对比，反映了矛盾的两种状态，说的是对立统一的关系。处理好调和与对比的关系，才有优美动人的展示菜品的造型形象。

调和是把两个或两个以上相接近的东西相并列，换言之，是在差异中趋向于一致，意在求"同"。例如，色彩中的红与橙、橙与黄、深绿与浅绿等，恰似杜甫"江畔独步寻花"诗中云："桃花一簇开无主，可爱深红爱浅红"，展示菜品的造型中也有此类调和形式的例子，但运用并不广泛，如"糟溜三白"（鸡片、鱼片和笋片），观之虽然有雪白、黄白和奶白等色彩差异，却有浑然一体的感觉。

对比是把两种或两种以上极不相同的东西并列在一起，也就是说，是在差异中倾向于对立，强调立"异"。在展示菜品的造型中，对比是调动多种形式因素来表现的，例如：形态的动与静、方与圆、大与小、高与低、宽与窄的对比；结构的疏与密、张与弛、开与合、聚与散的对比；分量的多与少、轻与重的对比；位置的远与近、上与下、左与右的对比；质感的软与硬、光滑与粗糙的对比；色彩的浓与淡、明与暗、冷与暖、黑与白的对比等。对比的结果，彼此之间互为反衬，使各自的特性得到加强，变得更加明显，给人的印象也更加深刻，如"杨梅芙蓉"中杨梅的鲜红把洁白的鱼片衬托得更加细嫩；"樱桃肉"（四周用青菜心围边）中的肉红得那么娇艳，青菜心绿得那么碧翠，给人以鲜明和强烈的震撼。

调和与对比，各有特点，在展示菜品的造型中皆可各自为用。调和以柔美含蓄、协调统一见长，但处理失当，反而有死板、了无生机之累；对比有对照鲜明、跌宕起伏、多姿多彩之美，但正因如此，容易因对比强烈，刺激太甚，使人产生烦躁不安之恶。所以，从展示菜品造型的实际需要出发，多表现亲和性而不表现对抗性内容；从有助于加强食用效果和艺术感染力出发，调和与对比同存共处，更为妥帖。但处理的方法不是双方平起平坐，各占一半，而是根据需要以一方占主要地位，另一方处反衬地位，即所谓大调和小对比，或是大对比小调和。这样，在展示菜品的造型中既容纳了调和与对比，又兼得了两者之美。

4. 尺度比例

尺度比例是展示菜品造型形式美的又一条基本法则。尺度是一种标准，是指事物整体及其各构成部分应有的度量数值，形象地说则是"增之一分则太长，减之一分则太短"；比例是某种数学关系，是指事物整体与部分以及部分与部分之间的数量关系。古希腊毕达哥拉斯学派从数学原理出发，最早提出 1：1.618 的"黄金律"，他们认为这是形成美的最佳比例关系。

尺度比例是否合适，首先要看造型是否符合事物固有的尺度和比例关系。比如说，物象哪一部分该长、该大、该粗、该高，哪一部分该短、该小、该细、该低，要准确地在造型中反映出来，而且必须和人们所熟悉的客观事物的尺度比例大体吻合，不能凭臆想去胡乱拼凑。

另外，展示菜品造型中的尺度比例又不像数学中的尺度比例那样确定和机械，也不完全等同并照搬客观事物的尺度比例，它必须是有助于造型需要的艺术化的表现形式。况且客观事物的尺度比例也不是绝对不变的，因此，在展示菜品造型实践及其审美欣赏活动中，尺度比例实质上是指对象形式与人有关的心理经验形成一定的对应关系。换句话说，这种形式是合规律性与合目的性相统一的尺度比例形式。

以上所谈的尺度比例，主要是从"似"的角度，强调造型形象摹拟客观事物的艺术真实性，但是这不是唯一的表达形式。为了更有力地表现造型形象，有时需要刻意地去破坏事物固有的比例关系，追求"不似似之"的艺术效果。

5. 节奏韵律

节奏，是一种合乎规律的周期性变化的运动形式。韵律则是把更多的变化因素有规律地组合起来加以反复形成的复杂而有韵味的节奏，它是比简单反复的节奏更为丰富多彩的节奏。展示菜品的造型中运用重复与渐次的方法来表现节奏韵律的形式美，它具有变化无穷、绵延不绝的美感。如"菠萝鱼""酒凝金腿""红扒鱼翅""锅贴长鱼"等，其表层刀纹的重复排列或原料按照一定的方式有规律地重复排列，观之都有整齐明快的节奏美。由此可见，重复表现节奏对于展示菜品造型具有重要的实践意义。

6. 多样统一

多样统一，又称和谐，是形式美法则的高级形式，是对单纯一致、对称均衡、调和对比等其他法则的集中概括。所谓"多样"，是整体中包含的各个部分在形式上的区别与差异性；所谓"统一"，则是指各个部分在形式上的某些共同特征以及它们相互之间的联系，换言之，多样统一就是寓多于一，在丰富多彩的表现中保持着某种一致性。

多样统一是在变化中求统一，统一中求变化。没有多样性，见不到丰富的变化，显得呆滞单调，缺少"参差不伦""和而不同"意态万千的美；没有统一性，看不出合规律性和目的性，显得纷繁杂乱，缺少"违而不犯""乱中见整""不齐之齐"之美。如菜品"酒凝金腿"中间扣放的火腿是主体，四周摆放的马蹄花是点缀；"蛋美鸡"中间的整鸡是主体，四周以蛋烧卖相配；"凤梨龙丝"中长鱼丝是主体，菠萝是盛器等。主体在多样丰富的形式中得到淋漓尽致的表现，次要部分在其相对独立的表现中起着突出、烘托主体的作用。因此，主与次相比较而存在，相协调而变化；有主才有次，有次才能表现主，它们相互依存，矛盾统一。所以，只有把多样与统一两个相互对立的方面，结合在一个造型中，才能达到完美和谐的境界。

五、展示菜品的装饰方法

主题性展台上的单元作品往往需要通过一定的装饰，这是完善和提高展示菜品外观效果的有效途径。正确并灵活掌握展示菜品的装饰方法和技巧，对主题性展台中展示菜品的造型往往能起到"画龙点睛"的作用和"锦上添花"的艺术效果。

1. 全围式装饰

全围式装饰就是在盘内的周围装饰花边的一种装饰方法。花边的图案式样有很多，常用的有圆形、椭圆形、三角形、菱形、方形等，如"菠萝虾球"，用绿色的片形原料在椭圆形盘中先装饰成大菠萝形，再将虾球排列在其中成大菠萝，自然而谐调；"灌汤鱼茸蛋"，用碧绿的青菜心在花边形的腰盘中排列成菱形，再将灌汤鱼茸蛋依次整齐地排列在其中，造型简洁、端庄而大方。

2. 半围式装饰

半围式装饰就是在盘内的一边或一端装饰花边的一种装饰方法。常见的花边图案式样有弧形、直线形、L形、S形等，这种装饰形式比较适用于料形中等大小的菜品，如："脆皮鱼条""菠萝咕老肉""啤酒鳗花""翡翠鸭舌"等。

3. 对称式装饰

对称式装饰就是在盘内的对边装饰花边的一种装饰方法，其形式有左右对称、上下对称和多边对称等。这种装饰形式多用于圆形盘、腰盘和长方盘等，较适用于料形中等大小和小形且汤汁较少的菜品，如："酒香脆皮鸭""瓜姜鱼丝""锅贴干贝""水晶虾球""金蒜焗大虾"等。

4. 象形式装饰

象形式装饰是根据展示菜品的不同要求和选用餐具的款式，用点缀原料在盘中装饰成具体的物象图形的一种装饰方法。如扇面形、花篮形、宫灯形、蝴蝶形、桃子形、心形、梅花形、鱼形、太极形、琵琶形等，这种装饰形式比较适用于料形较小或料形与物象的形状造型容易吻合的菜品，如"花篮虾枣""寿桃鱼面""宫灯水晶虾仁""双色心形鸽松""太极湘莲""扇面冬瓜盒"等。

5. 器皿式装饰

器皿式装饰是根据展示菜品的需要，利用可食原料的自然形状稍加刻切后既作为盛装菜品的器皿又是点缀的一种装饰方法。常用的原料有：西瓜、南瓜、西红柿、橙子、木瓜、金瓜、黄瓜、莴苣、雪梨、苹果等，小型的装饰原料比较适用于料形较小的菜品，大型的装饰原料比较适用于料形较大或一些自然整形的菜品，如"西瓜童鸡"用西瓜作盛器；"木瓜鱼翅"用木瓜作盛器；"翠花鱼米"用黄瓜、莴苣等雕成花形作盛器；"上汤刀鱼面"用小金瓜或大南瓜作盛器；"什锦御果苑"用西瓜、西红柿或橙子作盛器；"凤梨龙丝"用菠萝作盛器；"果味虾仁"用橙子作盛器等。

6. 点缀式装饰

点缀式装饰就是根据展示菜品的需要在盘子的某一边或某一角进行点缀的一种装饰方法。这种装饰形式多用于自然整形的展示菜品中，如：整鸡、整鱼、整鸭等，有时也直接在菜品的表面进行点缀。

7. 雕刻式装饰

雕刻式装饰是根据展示菜品和选用餐具款式的具体需要，用适当的雕刻作品进行点缀的一种装饰方法。在用雕刻式装饰的形式进行点缀时，所选用的雕刻作品要能与展示菜品的题材和主题相吻合、相谐调，使雕刻作品能起到突出主题、渲染气氛的作用，如菜品"牡丹鳜鱼"，用雕刻制品假山、花卉、小鸟等组合点缀就很得体；"糖醋黄河鲤鱼"用雕刻制品渔翁、渔网等组合点缀就很谐调。

技能要求

一、主题性展台设计的操作步骤

1. 确定主题

确定主题是主题性展台设计的第一个操作步骤。犹如作文首先得有题目、走路得先知道方向，对展台的设计同样首先得需要确定主题，如果主题不确定，后面的设计、操作都是盲目的，出来的展台也是杂乱无章的。展台的主题一旦确定了，其设计的方向也就把握了，技术路线也就确定了，设计的思路也就明确了。

2. 了解场所（位置）

在确定了展台的主题后，紧接着的操作步骤就是需要了解设置、摆放主题性展台的场所、场地（位置），因为主题性展台需要一定的平面和空间场所，也就是说，主题性展台的设置、摆放需要相应的占地面积和空间，只有在掌握了所提供设置、摆放主题性展台的场所（位置）有多大、多高、什么形状等信息后，才能构思、确定展台的形式、形状、大小、高低等，否则后面的一切工作都是无的放失，也都是徒劳的。

3. 巧妙构思

所谓构思，就是作者对自然界观察后的认识加以提炼、综合，进而设计出适合主题要求的优美造型。主题性展台是一种供人欣赏、展示菜品制作技艺以及体现烹调师、面点师综合美学素养和事务组织能力的烹饪艺术。因此，主题性展台不但要主题鲜明，让人一目了然，同时还要具有强烈的艺术性、观赏性和感染力，使观赏者在得到美的享受的同时又能领略到菜品制作的精湛技艺，所以，主题性展台的构思首先要在充分突出主题的前提下，立足于美的追求和表现，使菜品的题材、构图造型、色彩等能符合烘托主题的要求，从而达到主题、题材、造型、意境四者的高度统一。构思的内容包括：

（1）展台的形式——平面的还是立体的。

（2）展台的形状——圆形、圈形还是"一"字形的等。

（3）展台的大小——适宜的占地面积。

（4）展台的高低——适合的高度。

（5）题材的选择——与主题相和谐的单元品种。

（6）单元作品的数量和大小——与展台的大小相协调的单元作品的数量（件数、道数）以及大小、多少（包括餐具的大小、形状和色彩）等。

4. 单元制作

在单元作品的制作过程中，应首先是根据构思的内容有目的地选择原料的品种、部位、大小、质地、色泽等符合单元作品制作要求的原料，然后进行准确地制作，如果需要，还要对单元作品进行适当的修饰点缀。

5. 组装成形

组装成形包括三个内容，第一是布置台位，就是根据构思、利用物件搭建展台（形式、形状、大小、高低等）；第二是将大型雕刻作品的多种配件进行组装并定位放置；第三是将单元作品合理地定位放置。

6. 装饰点缀

装饰点缀，是主题性展台设计的最后一个操作步骤，就是在单元作品之间、层面与层面之间或展台的某个部位放置（或安插）相应的花草（或符合主题的修饰物品），或为了充分展示展台效果安置所需要的灯光等。

二、展台展示菜品美化装饰的操作步骤

展台展示菜品美化装饰的操作过程就是展台的美化装饰由局部到整体的操作步骤，这一操作步骤中有的可以同时进行，但决不能逆转或倒置。

1. 单元作品的美化装饰

单元作品的美化装饰是指选用适当的原料、采用相应的方法对单元作品进行一定的修饰过程，这是展台展示菜品美化装饰的第一个操作步骤。

2. 组合作品的美化装饰

有时为了能更好地体现和展示主题性展台的效果，需要将展台展示的菜品进行适当的组合，再作美化装饰。

3. 台面的美化装饰

台面的美化装饰主要是指当所有的展示菜品完全到位后，为了使台面上的单元作品相互之间的联系更加紧密，使台面更加美观、和谐的修饰过程。具体的内容诸如在单元作品之间（有一定的空隙）摆放相应的花、草或装饰品以及放置相应的菜牌等。

4. 周围环境的美化装饰

周围环境的美化装饰是指当所有的展示菜品及美化装饰完全到位后，为了能使主题性展台更加醒目、更加突出、更加诱人、内容更加详尽而对周围环境采取一定美化的修饰过程。如在主题性展台的上方或四周，安装相应的灯光或彩条，给展台布置相应的背景以及介绍牌等。

三、注意事项

1. 展台的主题性设计应注意的问题

（1）要突出主题

主题性展台应该围绕某一个明确而具体的主题展开实施，在设计时要紧紧地抓住主题，无论是所设计的展示菜品题材，还是菜品名称、菜肴品种、点缀或装饰用的大型和小型雕刻作品等，都要非常明显地突出展台的主题，否则也就不能称其为"主题性展台"。如果展台的主题不鲜明、不特殊，就无法给参观者或观摩者留下深刻的好印象，更不可能得到他们的肯定和赞许，他们也就没有来本餐饮企业品尝和消费的"冲动"，这样就失去了花费一定的人力、物力和财力去举办主题性展台的价值和意义。

（2）大小适宜、高度适合

主题性展台设置、摆放应选择适宜场所和场地（位置），因为主题性展台需要一定的平面和空间场所，如果在一个面积很大、空间很高的大堂或大厅摆放一个很小的主题性展台，就会显得很小气，不够气派和大方；反之，则显得很拥挤、累赘。因此，在作主题性展台的设计时，其大小和高度一定要与主题性展台所设置或摆放的场所、场地（位置）相适应，相谐调。

（3）题材与主题相吻合

主题性展台的所有单元作品的题材要与展台的主题相吻合，否则就会不伦不类。如果展台是为了庆祝本餐饮企业一周年而设计的，那么，大型的雕刻作品用题材龙和马，再配以本店一年来顾客所喜爱的菜品、本店近期刚刚创制的创新菜品以及本店员工在各类烹饪比赛中的获奖菜品就非常得体，它们既体现了本店领导与员工在工作中奋发图强、积极进取的"龙马精神"，也展示了本餐饮企业一年来取得的辉煌成就和永不停止、开拓创新的工作作风，同时，也表达了本餐饮企业不忘老朋友、顾客至上的情怀；如果展台是为了举办本餐饮企业特色美食月、美食周或美食节而设计的，那么，大型的雕刻作品用题材花篮或迎客松，再配以本店美食月、美食周或美食节期间要推出的特色菜品以及本店拥有的特色招牌菜品就非常谐调，它们可表达本店对顾客光临的热情。可见，主题是通过具体的题材来体现的，只有题材与主题相吻合，展台的主题才能得以充分的显现，主题才能明确而具体。

2. 展台菜品展示应注意的问题

（1）要注意菜品的保鲜

主题性展台上展示的菜品，首先要注意保鲜问题。因为展示的菜品在展台上放置的时间比较长，一般来说，少则一天，多则两至三天，甚至更长，如果不采取保鲜措施，展示的菜品会很快失去水分而干瘪、变形或色泽变暗、失去光泽等，使菜品失去其原有的风味特色而令人生厌，因此，展示菜品的保鲜非常重要。

展示菜品的保鲜方法要根据具体的品种而定。用果蔬原料制作的雕刻作品，采用间隔喷水（洒水）的方法保鲜；冷盘采用在其表面涂抹或刷一层较稀的琼脂液或鱼胶液的方法保鲜；热菜采用在其芡汁或卤汁中加适量的琼脂或鱼胶的方法保鲜。这样既可以保护展示菜品中的水分而防止其干瘪、变形，又起到了隔离的作用，从而防止其变色或失去光泽等，能使展示菜品在相对长的时间范围内保持新鲜如初。

（2）要注意展示菜品的朝向

任何一件单元作品都有一个最佳的视觉角度，而主题性展台的"主面"是参观者最早看到的一面，也是观摩者看得最多的一面，要把整个主题性展台最美（也是每个单元作品最佳视觉角度的总和）的一面首先展示在观众面前，给他们留下一个美好的印象。

（3）要注意展示菜品的摆放位置

主题性展台是由很多的单元菜品组合而成的，在众多的展示菜品中，有的高有的低，有的主有的次，有的大有的小，有的亮有的暗，在放置展示菜品时其位置要合理。高的应该放在后面，低的放在前面，否则高的会挡住视线；大的或亮的应该放在后面，小的或暗的放在前面，因为后面距离远，小的和暗的菜品不容易看清。

（4）要注意展示菜品的放置顺序

主题性展台，尤其是面积较大、台面较宽、单元菜品数量较多的展台，在放置展示菜品时一定要注意其顺序的合理性。如果放置顺序不合理，在布台时会给布展者带来极大的不便，甚至会破坏其他菜品而前功尽弃。总的来说，应该先放大的后放小的；先放后面再放前面；先放上层再放下层，这样就会有条不紊，后放置的菜品就不会影响前面放好的菜品了。

第十章

厨房管理

第一节　厨房整体布局

学习目标

➢ 掌握厨房布局的基本概念及影响厨房布局的主要因素，掌握厨房整体布局的基本要求，重点是厨房面积和主要区域的分布安排。

➢ 能够分析影响厨房布局的因素，并能对厨房内部的各个作业区和工作岗位进行有针对性的选择和设置。

知识要求

厨房生产流程、生产质量和劳动效率，在很大程度上要受到厨房整体布局的支配。厨房布局是否合理直接关系着员工的工作效率、工作方式和工作态度。科学高效的厨房布局可以减少厨房生产性浪费，降低生产成本，便于管理，有效地提高工作质量和劳动效率。另外，厨房布局还关系到部门之间的关系和投入费用等。

一、中餐厨房布局及其影响因素

1. 厨房布局的概念

厨房布局是指在确定厨房的规模、形状、建筑风格、装修标准以及厨房内的各部门之间关系和生产流程的基础上，具体确定厨房内各部门位置以及厨房生产设施和设备的分布。显然，厨房布局受多种因素的影响，其中有直接因素，也有间接因素，在实施布局时管理者必须懂得厨房的规划布局，避免因设计布局问题而带来生产流程的不合理和资金浪费。

2. 影响厨房布局的因素

（1）厨房建筑格局和规模大小

厨房的场地形状和空间，对厨房整体布局构成直接影响。场地规整、面积阔绰，有利于厨房进行规范设计，配备数量充足的设备。

厨房的位置若便于原料的进货和垃圾清运，对集中设计加工厨房创造了良好条件；若厨房与相应餐厅处于同一楼层，则便于烹调、备餐和出品。反之，厨房场地狭小、不规整，或与餐厅不在同一平面，设计布局则相对比较困难，需要进行统分结合、灵活设计，以减少生产与出品的不便。

（2）厨房的生产功能

厨房的生产功能即厨房的生产形式，是加工厨房还是烹调厨房；是中餐厨房还是西餐厨房；是宴会厨房还是快餐厨房；是粤菜厨房还是川菜厨房等。一般大中型餐饮企业的厨房往往是由若干个功能独立的分厨房有机联系组合而成的。因此，各分厨房功能不一，设计各异。加工厨房的设计侧重于配备加工器械；冷菜厨房的设计则注重卫生消毒和低温环境的创造；西餐厨房的设计，应配备西餐制作设备。厨房的生产功能不同，其对面积要求、设备配备、生产流程方式均有所区别，设计必须与之相适应。

（3）公用设施分布状况

公用设施分布状况即电路、煤气等管道的分布情况，厨房布局必须注意这些设施的状况。在公用设施不方便接入的地区，布局安装设备开支比较大，所以在布局时，对设备的有效性和生产的安全性必须作估计。考虑到能源的不间断供给情况，厨房设计应该采用燃气气烹调设备和电力烹调设备相结合的方法，以避免因为任何一种能源供应的中断带来的麻烦。总之，厨房设计既要考虑到现有公用设施现状，又要结合其发展规划，制定从长计议，力推经济先进的、适度超前的设计方案。

（4）法规和有关执行部门的要求

《食品卫生法》和当地消防安全、环境保护等法规应作为厨房设计事先予以充分考虑的重要因素。在对厨房进行面积分配、流程设计、人员走向和设备选型上，都应兼顾到法律法规的要求；减少设计不科学、不安全，设备选配不合理甚至配备的设备不允许使用而造成改造上的浪费和经济损失。

（5）投资费用

厨房布局的投资是对布局标准和范围形成制约的经济因素，因为它决定了用新设备还是改造现有的设施设备，决定了重新规划整个厨房还是仅限于厨房的局部改造。

二、厨房整体布局的要求

厨房整体布局，即根据厨房生产规模和生产风味的需要，充分考虑现有可利用条件，对厨房位置和面积进行确定，对厨房的生产环境及内部区域布局进行综合设计。

1. 确定厨房位置的原则与厨房位置的选择

厨房位置一般是根据整个建筑物的位置、规模、形状等来设计确定的。由于厨房生产的特殊性，其生产过程不仅特别强调卫生，而且还有垃圾、油烟、噪声产生，因此在确定厨房位置时要进行综合考虑、合理安排。

（1）确定厨房位置的原则

1）确保厨房周围的环境卫生，附近不能有任何污染源。

2）厨房须设置在便于抽排油烟的地方。油烟随全年主要风向可能对企业建筑、餐厅及附近居民、周围环境造成不良影响，所以，厨房一般应设置在下风向或便于集中排烟的地方，尽量减少对环境的破坏。

3）厨房须设置在便于消防控制的地方。厨房不要建在地下室，厨房位置要确保消防控制的方便。

4）厨房须设置在便于原料运进和垃圾清运的地方。

5）厨房须设置在靠近或方便连接、使用水、电、气等公用设施的地方，以节省建设投资。

6）若餐厅、饭店运货梯位置、格局已定，厨房位置还应兼顾餐厅的结构，考虑上菜方便，所以厨房应设置在紧靠餐厅并方便原料运送的地方。

（2）厨房位置的选择

在大型综合型饭店或高层建筑的饭店，厨房多设在主楼或辅楼；在普通餐馆、酒楼或其他低层建筑的饭店，厨房多与餐厅紧密相连，处于建筑物的重要位置。不管厨房设在哪个位置，都有其利弊之处。

1）设在建筑物底层。绝大多数饭店和餐饮企业将厨房设计在建筑物低层（一般是三楼以下），这种设置不仅方便原料运进，也便于垃圾清运。同时，也有利于厨房用能源的连接，对企业的安全生产和卫生控制非常有利。低层的厨房与餐厅紧密相连，顾客入店用餐方便。但不足之处是，低层厨房对抽排油烟不太方便，往往需要高管导引，以减少对低层及附近环境造成的污染。因而，在可能的条件下最好将厨房设在主楼下风向的单独辅楼内，以减少厨房生产对周围环境的影响。

2）设在建筑物上部。当饭店顶部设有便于观光的餐厅，或饭店高层设有高级套间（里面配有餐厅），为了保证其餐厅出品质量，往往在高层建有相应的厨房。设在建筑物上部的厨房，职能有限，通常只用作烹调或装盘处理，大量的加工或前期准备工作需要设在低层的其他厨房协助完成，这样可减少上部厨房的工作量和垃圾产生。设在上部的厨房与其辅助厨房之间有方便的垂直运输渠道。厨房的加热能源既要安全，又要卫生，因此多选用电加热。

3）设在地下室。少数企业由于用房紧张，通常将厨房设在地下室。将厨房设在地下室，最大的困难是原料的运入与垃圾的运出。需要有方便原料和成品传输的垂直运货电梯才能确保工作效率不受影响，同时，从安全角度考虑，许多地区规定设在地下室的厨房不得使用管道煤气和液化气。所以，企业宁可把办公室设在地下室，也要确保厨房设在方便的位置。

2. 厨房面积及内部环境布置

（1）确定厨房面积的考虑因素

1）原材料加工程度的不同。与西式烹饪比较，西餐所使用的食品原料的加工已实现社会化服务，如猪、牛等按不同的部位及用途做了规范、准确、标准的分割，按质按需定价，餐饮企业购进原料无需很多加工，便可直接使用。而国内的中餐原料市场供应不够规范，规格标准大多不一，原料多为原始、未经加工的"低级原料"，原料购进之后，大都需要进一步整理加工。因此，不仅加工工作量大，生产场地也要增大。

2）经营的菜式风味。中餐和西餐厨房所需面积要求不一，西餐相对要小些。一方面是因为西餐原料供应规范，加工精细程度高，同时，西餐在国内经营的品种也较中餐要少得多，原料品种范围和作业量都可以较为准确预测和准备。另一方面即便是同样经营中餐，所需厨房面积也不尽相同，如淮扬菜厨房就相对比粤菜厨房要大些，因为淮扬菜在加工、生产等方面工作量大，火功菜多，炉灶设备亦要多配一些。又如，同是面点厨房，制作山西面食的厨房就要比粤点、淮扬点心的厨房大，因为山西面食的制作工艺要求有大锅大炉与之配合才行。

3）厨房生产量的大小。生产量大小是根据用餐人数确定的。用餐人数多，厨房的生产量就大，用具设备、员工等都要多，厨房面积也就要大些。而用餐人数既与企业的市场影响、规模、餐厅服务的对象有关，又与是自助餐经营，还是零点或套餐经营等服务方式有关。由于用餐人数常有变化，一般以最高数作为计算生产量的依据。

4）设备的先进程度与空间的利用率。厨房设备革新、变化很快，设备先进，不仅提高工作效率，而且功能全面的设备可以节省不少场地。如冷柜切配工作台，集冷柜与工作台于一身，可节省不少厨房面积。厨房的空间利用率也与厨房形状及大小很有关系。厨房高度足够，且方便安装吊柜等设备，可以配置高身设备或操作台，则可在平面用地上有很大节省。厨房平整规则，且无隔断、立柱等障碍，为厨房合理、综合设计和设备布局提供了方便，也为节省厨房面积提供了可能条件。

5）厨房辅助设施状况。为配合、保障厨房生产必需的辅助设施，在进行厨房设计时必须考虑。辅助设施如员工更衣室、员工食堂、员工休息间、办公室、仓库、卫生间等，一般都应在厨房之外作专门安排，厨房面积可以得到充分节省。这些辅助设施，除了员工生活用房外，还有与生产紧密相关的煤气表房、液化气罐房、原料库房、餐具库等。

（2）厨房面积的确定方法

1）根据不同经营类型的餐位数计算厨房面积。按餐位数计算厨房面积要与餐饮店经营方式结合进行。一般来说，供应自助餐的厨房，每一个餐位所需厨房面积约为 $0.5\sim0.7\ m^2$；供应咖啡厅和快餐厅制作简易食品的厨房，由于出品要求快速，故供应品种相对较少，因此每一个餐位所需厨房面积约为 $0.4\sim0.6\ m^2$。风味厅、正餐厅所对应的厨房面积就要大一些，因为供应品种多，规格高，烹调、制作过程复杂，厨房设备多，所以每一餐位所需厨房面积约为 0.5～0.8 m²。

2）根据餐厅与厨房之间的比例来确定厨房面积。餐厅与厨房的比例是指餐厅面积与厨房面积的比例关系。对于一般酒店来说，餐厅与厨房的比例应为 1：1.1。这一面积比同时包括菜肴加工场所的面积、初加工间的面积和食品仓库的面积之和。而一般情况下，星级饭店的餐厅与厨房的比例为 1：（0.4～0.5），这是因为在星级饭店中，许多场所是共用的，这样就可以把厨房面积降低到最小。如果按照与正常的餐厅客容量相匹配，餐厅面积应为餐位数与餐位面积的乘积。餐厅面积的确定就决定了厨房面积的大小。

3）根据厨房员工数量确定厨房面积。厨房面积的大小涉及厨房的生产能力与员工的劳动条件和生产环境。为此，在厨房设施的规划中，应配置足够的厨房面积保证经营需要，同时也有利于提高劳动效率和菜肴出品质量。依据国家有关部门规定，厨房员工占地面积不得小于 1.5 m²/人。因此，如果按照厨房员工的人数来确定厨房的面积，只要用每人应占有的面积乘以厨房员工的总人数即可。如某厨房零点厨房有厨师 50 人，那么该厨房的总面积（不包括厨房辅助性面积）就是 50 人乘以 1.5 m²，即为 75 m²。

4）根据餐饮面积总面积来计划厨房面积。厨房的面积在整个餐饮面积中应有一个合适的比例，餐饮部各部门的面积分配应做到相对合理。一般来说，厨房的生产面积占餐饮总面积的 21%，仓库占 8%。在市场货源供应充足的情况下，厨房仓库的面积可相应缩小一些，厨房的生产面积可适当大一些。餐饮部各部门面积比例可参考表 10—1。

表 10—1　　　　　　　　　餐饮部各部门面积比例表

各部门名称	所占的百分比（%）
餐饮总面积	100
餐厅	50
客用设施	7.5
厨房	21
仓库	8
清洗	7.5
员工设施	4
办公室	2

5) 以餐厅就餐人数为参数来确定。使用这种方法，一般要预测就餐人数的多少，通常供餐规模越大，就餐人均所需面积就越小，因为小型厨房的辅助间和过道等所占面积不可能按比例进行调整，见表10—2。

表 10—2   根据就餐人数确定厨房面积的参考标准

餐厅就餐人数（人）	平均每位就餐者所需的厨房面积（m²）
100	0.697
250	0.48
500	0.46
750	0.37
1 000	0.348
1 500	0.309
2 000	0.279

（3）厨房内部环境布置

厨房内部环境布置主要包括厨房高度、墙壁、顶部、地面、门窗等细节的设计。

1) 厨房的高度。厨房高度一般不应低于3.6 m。厨房高度不够，容易使人感到压抑，也不利于通风透气，并容易导致厨房内温度升高。但一般也不宜高于4.3 m，这样便于清扫，能保持空气流通，对厨房安装各种管道、抽排油烟罩也较合适。

2) 厨房的墙壁。墙体最好是选用空心砖砌成，因为空心砖有吸音和吸潮的效果。在墙体的处理上，应在离地面约1.5 m处以下进行墙体的防水处理。无论厨房设在哪个楼层，都应进行防水处理。

根据旅游宾馆、饭店星级评定要求，三星级以上的饭店厨房在墙壁的处理上必须用瓷砖从墙脚贴至天花板。瓷砖处理过的墙体由于反光作用，使厨房显得亮洁和宽大。

3) 厨房的顶部。顶部处理可采用耐火、防潮、防滴水的石棉纤维或轻钢龙骨板材料进行吊顶处理，最好不要使用涂料。天花板也应力求平整，不应有裂缝。暴露在外的管道、电线要尽量遮盖，吊顶时要考虑到排风设备的安装，留出适当的位置，防止重复劳动和材料浪费。

4) 厨房的地面。地面通常要求耐磨、耐重压、耐高温和耐腐蚀。因此，厨房的地面处理有别于一般建筑物的地面处理。厨房的地面应选用大中小三层碎石浇制而成，且地面要夯实。目前，饭店厨房地面一般都是选用耐磨、耐高温、耐腐蚀、不积水、不掉色、不打滑又易于清扫的防滑地砖。地面的颜色不能有强烈的对比色花纹，也不能过于鲜艳，否则易使厨房人员感到烦躁、情绪不稳定，易产生疲劳感。

5）厨房的门窗。门应考虑到方便进货，方便人员出入。厨房应设置两道门，一是纱门，二是铁门或其他质地的门，并能自动关闭。厨房的窗户既要便于通风，又要便于采光。若厨房窗户不足以通风采光，可辅以电灯照明、空调换气。在进出厨房的门头安装空气帘，以防止蝇虫进入，同时可防止厨房内温度受室外温度变化的影响。

厨房对外连通的门宽度不应小于 1.1 m，高度不低于 2.2 m，以便于货物和服务推车等进出；其他分隔门宽度也不能小于 0.9 m。

3. 厨房各部门区域布局

厨房生产区域的合理划分与安排是指根据厨房生产的特点，合理地安排生产先后顺序和生产的空间分布。一般而言，综合性厨房根据其菜品烹制加工的工艺流程，其生产场所大致可以划分为四个区域。

（1）原料筹措区域

原料是厨房生产的基本条件，该区域包括原料进入饭店后，处理加工前的工作地点，即原料验货处、原料仓库、鲜活原料活养处等。

原料购进之后，经过验收工序，除本身处于冰冻状态的原料需要入冷冻库存放外，大批量购进的干货和调味品原料需要进入仓库保管，厨房日常生产使用数量最多的各类鸡鱼肉蛋、瓜果蔬菜等鲜活原料一般要直接进入厨房区域，随时供加工、烹制。

（2）原料加工区域

原料加工是厨房进入正式生产的必要基础工作。这一区域包括原料领进厨房期间的工作地点和对原料进行初步加工处理等地点，即原料宰杀、蔬菜择洗、干货原料涨发、初加工后原料的切割、浆腌等。这一区域的任务包括对原料进行初步择拣、宰杀、洗涤、整理的初加工和对原料进行刀工处理的深加工及其随之进行的浆腌等工作。与原料入店相似，原料进出厨房或加工间的工作量很大，因此，加工与原料采购、库存同属一个区域是比较恰当的。

（3）菜点生产区域

这一区域通常包括热菜的配份、打荷、烹调，冷菜的烧烤、卤制和装盘，点心的成型和熟制等地点。可见，生产区域也是厨房设备配备相当密集，设备种类最为繁多的区域。一般可相对独立地分隔热菜配菜区、热菜烹调区、冷菜制作与装配区、饭点制作与熟制区四个部分。

（4）菜点销售区域

菜点成品销售区域介于厨房和餐厅之间，该区域与厨房生产流程关系密切的地点主要是备餐间、洗碗间、明档以及水产活养处等。

备餐间对菜点出品秩序和完善出品有重要作用，有些出品的调料、作料、进食用具等在此配齐，缺则为次品；洗碗间的工作质量和效率，直接影响厨房生产和出品，位置也多靠近厨房，这样也便于清洗厨房内部使用的配菜盘等用具；明档和水产活养处的功能是向顾客展示本店的特色品种，是一种辅助营销工具。

三、厨房作业区和工作岗位的布局

厨房作业区和工作岗位布局从某种意义上讲也是生产流程的布局。由于每个厨房规模、经营性质的不同，在布局上也有着不同的要求。

厨房布局应依据厨房结构、面积、高度以及设备的具体情况进行。由于在作具体厨房布局时变化因素太多。以下几种布局类型，仅用作具体厨房布局时参考。

1. L形布局

L形布局通常将设备沿墙壁设置成一个犄角形。在厨房面积有限的情况下，往往采用L形布局。通常是把煤气灶、烤炉、扒炉、炸锅、炒锅等常用设备组合在一边，把另一些较大的如蒸锅、汤锅等设备组合在另一边，两边相连成一犄角，集中加热、集中抽排烟。这样厨师能顺势兼顾一组设备，员工岗位既有分工、用工，也比较节省。这种布局方式在一般酒楼或包饼房、面点生产间等厨房得到广泛应用。

2. 直线形布局

直线形布局适用于高度分工合作、场地面积较大、相对集中的大型餐馆和饭店的厨房。将所有炉灶、炸锅、蒸炉、烤箱等加热设备均作直线形布局。通常是依墙排列，置于一个长方形的通风排气罩下，集中布局加热设备，集中吸排油烟。每位厨师按分工专门负责某一类菜肴的烹调熟制，所需设备工具均分布在左右和附近，因而能减少取用工具的行走距离。与之相对应，厨房的切配、打荷、出菜台也直线排放，整个厨房整洁清爽，流程合理、通畅。但这种布局相对餐厅出菜，可能走的距离较远。因此，这种厨房布局一般均服务两头餐厅区域，两边分别出菜，这样可缩短餐厅跑菜距离，保证出菜速度。

3. 平行形布局

平行形布局是把主要烹调设备背靠背地组合在厨房内，置于同一通风排气罩下，厨师相对而站，进行操作。工作台安装在厨师背后，其他公用设备可分布在附近地方。平行形布局适用于方块形厨房。此类布局由于设备比较集中，只使用一个通风排气罩而比较经济，但另一方面却存在着厨师操作时必须多次转身取工具、原料以及必须多走路才能使用其他设备的缺点。

4. U形布局

厨房设备较多而所需生产人员不多、出品较集中的厨房部门，可按U形布局。如点心间、冷菜间、火锅、涮锅操作间。将工作台、冰柜以及加热设备沿四周摆放，留一出口供人员、原料进出，甚至连出品亦可开窗从窗口接递。这样的布局，人在中间操作，取料操作方便，节省跑路距离，设备靠墙排放，可充分利用墙壁和空间，显得更加经济和整洁，一些火锅店常采用这样的设计，有很强的适用性。

技能要求

一、合理设计和调整中餐厨房布局

第一，厨房生产线应畅通、连续、无回流现象。

第二，厨房应尽量靠近餐厅。厨房与餐厅的关系非常密切，因为菜肴的温度及气味等会受到厨房通往餐厅距离的影响。再者，厨房与餐厅之间每天进出大量的菜肴和餐具，厨房靠近餐厅可缩短两地之间的距离，提高工作效率。

第三，厨房各部门及部门内的工作点应紧凑，尽量减少它们之间的距离。同时，每个工作点内设备和设施的安装与排列也应当方便厨师工作，减少厨师不必要的体力消耗。

第四，设有分开的人行道和货物通道。厨师在工作中常常接触炉灶、滚烫的液体、加工设备的刀具等，如果发生碰撞，后果不堪设想。因此，为了厨房的安全，避免干扰厨师的工作，厨房必须设有分开的人行道和货物通道。

第五，创造良好、安全和卫生的工作环境。创造良好的工作环境是厨房设计与布局的基础。厨房工作的高效率来自于良好的通风、温度和照明。同时，低噪声措施和适当颜色的墙壁、地面和天花板都是创造良好厨房工作环境的重要因素。此外，厨房应当购买带有防护装置的生产设备，有充足的冷热水和方便的卫生设施，并有预防和扑灭火灾的装置。

二、科学设计和布局厨房作业区和工作岗位

无论是中餐生产还是西餐生产，要从领料开始，经过加工、切配与烹调等多个生产程序才能完成。因此，厨房的每个加工部门及部门内的加工点和工作岗位都要按照菜肴的生产程序进行设计与布局，以减少菜肴在生产中的囤积及菜肴流动的距离，减少厨师的体力消耗及单位菜肴的加工时间，减少厨房操纵设备和工具的次数等，充分利用厨房的空间和设备，提高工作效率。

同时，厨房各部门和作业区应尽可能设在同一楼层，这样可以方便菜肴生产和厨房管理，提高菜肴生产速度和保证菜肴质量。

第二节　人员组织分工

学习目标

➤ 掌握厨房组织结构设置的基本原则与要求，了解各类厨房组织结构的基本构成，理解和把握厨房内各组织的职能。

➤ 掌握厨房人员的岗位职责以及素质要求，能够对厨房内部的各个岗位进行具体设计，完善人事管理体系。

➤ 能够合理分配厨房各岗位人员，并能对其进行合理分工。

知识要求

一、厨房组织结构的设置

设置厨房组织结构时，要根据企业规模、等级、经营要求和生产目标以及设置结构的原则来确定组织的层次及生产的岗位，使厨房的组织结构充分体现其生产功能，并做到明确职务分工，明确上下级关系，明确岗位职责，有清楚的协调网络，以及把人员进行科学的劳动组合使厨房的每项工作都有具体的人去直接负责和督导。

厨房结构应体现餐饮管理风格，在总的管理思想指导下，遵循组织结构的设计原则。

1. 厨房组织结构设置的原则

（1）垂直指挥的原则

垂直指挥要求每位员工或管理人员原则上只接受一位上级的指挥，各级、各层次的管理者也只能按级按层次向本人所管辖的下属发号施令。说明一位被管理者只能听从一位管理者的指挥，向其汇报工作，并对其负责。注意：此处并不意味着管理者只能有一个下属，而是专指上下级之间，上报下达都要按层次去进行，不得越级。因此，当餐饮部经理或总厨师长听到一些有关菜肴质量的意见或看到某厨房存在一些问题时，不应该直接去找某厨师训斥，而是应该通过具体分管该厨房的厨师长去处理。

（2）责权对等原则

"责"是为了完成一定目标而履行的义务和承担的责任；"权"是指人们在承担某一责任时所拥有的相应的指挥权和决策权。责权对等的原则要求是：在设置组织结构时，必须在划清责任的同时，赋予对等的权力。同时，管理者必须明白，虽然权力和责任已经委派给下属，但作为管理者最终应当对下属的行为负责。职权对等就是要求在设置组织结构时，层次分明，划清责权范围，以便能有效地进行管理。要坚决避免"集体承担、共同负责"，而实际上无人负责的现象。

（3）管理幅度适当的原则

管理幅度是指一个管理者能够直接有效地指挥控制下属的人数。通常情况下，一个管理者的管理幅度以3～6人为宜。

影响厨房管理幅度的因素主要有：

1）层次因素。上层管理（行政总厨）由于考虑问题的深度和广度不同，管理幅度要小些；而基层管理人员与厨房员工沟通和处理问题比较方便，管理幅度一般可达 10 人左右。

2）作业形式因素。厨房人员集中作业比分散作业的管理幅度要大些。

3）能力因素。下属自律能力强，技术熟练稳定，综合素质高，幅度可大些；反之，幅度就要小些。

（4）职能相称原则

设计完组织结构后，需考虑到人员能力上的配备问题。在配备厨房组织结构的人员时，应遵循知人善任、选贤任能、用人所长、人尽其才的原则。同时，要注意人员的年龄、知识、专业技能、职称等结构的合理性。

（5）精干与效率的原则

精干就是在满足生产、管理需要的前提下，把组织结构中的人员数量降到最低。厨房内的各结构人员多少应与厨房的生产功能、经营效益、管理模式相结合，与管理幅度相适应。精干的目的在于强调完善的分工协作，讲求效率。因此，在厨房组织结构设置中，应尽可能缩短指挥链，减少管理层次。

2. 厨房内各组织的职能

（1）中餐厨房各组织的职能

1）加工作业区

①负责各厨房所需动物性原料（家禽、家畜、野味、水产品等）的宰杀、煺毛、洗涤等加工；植物性原料的拣择、洗涤、加工、切割等处理。一些企业的主厨房还负责原料的腌制、上浆等处理，为配菜和烹调创造条件。

②根据各厨房生产所需要的正常供应量和预订量，来决定原料加工的品种和数量，并保证及时地按质、按量交付给各厨房使用。

③正确掌握和使用各种加工设备，并负责其清洁和保养。

④严格按照加工标准和加工规程进行加工，做到物尽其用，注重下脚料的回收。加工后的原料要及时地保藏，以保证原料加工后的质量。

2）切配作业区

国家职业资格培训教程

①负责将加工后的原料进行各种刀工处理，并根据菜单要求和配份标准进行配制，使之成为一份完整的菜肴原料，及时送炉灶区烹制。

②控制菜肴的配制数量、质量，做好成本控制工作。

③对剩余的半成品原料和剩余的成品菜肴都要恰当地保存，以防损耗。

④对切配作业区的冷藏设备及其他厨房设备要进行定期的清洁和保养。

3）炉灶区

①负责将配制后的半成品烹制成菜肴，并及时提供给餐厅。

②按照菜肴的制作程序、口味标准、装盘式样等进行合理烹制，以保证菜肴质量的稳定性。

③负责冷菜间的凉菜烹制。

④负责炉灶作业区内的厨房设备的清洁卫生和保养。

4）冷菜作业区

①主要负责各式冷菜的制作和供应。

②一般要负责早餐的供给。

③负责水果拼盘的制作。有些饭店还需冷菜作业区提供热菜盘饰的制作等。

④负责冷菜作业区内设备的清洁和保养。

5）面点作业区

①负责制作和提供各式中式点心。

②负责各厨房的主食制作。

③负责各式甜点的制作。

④负责本作业区设备的清洁和保养。

6）烧烤蒸煮作业区

①负责制作各厨房所需的烤制食品。

②负责烧制大批量制作的菜肴和需长时间加热蒸煮的菜肴。

③负责本作业区的设备清洁和保养。

（2）西餐厨房各组织的职能

1）冻房

①主要负责各式冷菜，如各种色拉、烟熏、烧烤食品和三明治等的制作。

②负责各式盒饭，如对顾客预订并带出饭店进餐的食品的制作。

2）咖啡厅厨房

①负责咖啡厅所需菜肴的制作。

②负责咖啡厅的各式点心和快餐，如汉堡包、热狗等的制作。

3）西餐烹调厨房

①负责向西餐厅提供纯正的西菜。

②负责餐厅较复杂菜肴的客前烹制等。

③负责提供咖啡厅厨房各种汤和沙司等。

4）包饼房

①负责各式面包、蛋糕、饼团的制作。

②负责各式甜品的制作。

③负责各式黄油雕塑和糖雕的制作等。

二、厨房人员的配备

合理配备厨房人员数量，是提高劳动生产效率，降低人工成本的途径，是满足厨房生产的前提。

1. 确定厨房人员数量的因素

厨房每个岗位上所需的人数，通常是根据生产量来决定，对于一家新开业的餐饮企业来说，厨房人员数量就应根据企业规模、经营档次、餐位数、餐位周转情况、菜单、餐别、设备等因素来加以考虑，以求得最佳人数，既不浪费人力，又能满足生产要求。

（1）厨房经营规模的大小和岗位的设立

厨房规模大，生产任务量大，相对各工种分工细，岗位设得多，所需人数就多。岗位班次的安排，与人数直接相关。有的企业厨房实行弹性工作制，厨房生产忙时，上班人数多；生产闲时，上班人数少。有的厨房实行两班制或多班制，这样分班，岗位上的基本人数就能满足厨房生产的运转，否则便会影响生产。因此，岗位设置、岗位排班都会影响到人数的确定。

（2）餐饮企业的经营档次、顾客特征以及消费水平

企业的经营档次越高，消费水平相对也越高，菜肴的质量标准和生产制作也越讲究，厨房的具体分工也越细，所需的人数也就相对要多一些。顾客消费能力强，对菜品质量要求高，既对厨师的技术能力要求高，

又对相关辅助性工作提出要求，从而要求配备的人手相对多些。

（3）餐厅营业时间的长短

厨房生产对应的餐厅，其营业时间的长短，对生产人员配备也有很大影响。有些餐饮企业是 24 h 营业，甚至还从事外卖。这种情况下，厨房班次就要增加，人员配备就要多些，若是仅开中午和晚间两个正餐的厨房，人手配备则可相应减少。

（4）菜单经营品种的多少，菜点制作难易程度及出品标准要求的高低

菜单的内容标志着厨房的生产水平和风格特色。如果菜单所列的菜品规格档次高，菜肴制作的难度大，厨房就需要有较多技术高超的厨师。因此，厨师人数的多少与菜单有着直接关系。菜单品种多，制作难度大，厨师就得多一些；如果菜单的品种少或菜肴适宜大批量制作，厨房的人数就可少一些。

（5）厨房设计布局情况及设备的完善程度

厨房人手配备要考虑厨房布局是否紧凑、流畅，设备是否先进，功能是否全面及其利用和完善程度。如果厨房配套先进的切丝、切片机，去皮机，搅拌机等设备，人员就可相对少一些。另外，厨房购进的烹饪原料，其加工的复杂程度也影响厨房人数。

2. 厨房人员数量的配备方法

（1）根据厨房组织结构的设置要求，寻找最合适的人选

所谓最合适人选，并非指某个人十全十美，而是这个人具备所在生产岗位的某种特长。例如，炉灶上厨师的优势是身材高大，体魄健壮；若其身材过于矮小瘦弱，体力上就很难胜任这份工作。任何人都有自己的长处和短处，那些具有上进心，肯钻研业务，有文化，有一定组织能力的人，安排到管理岗位上，就较为合适。那些工龄长、资格老、技术好，但文化水平较低、为人比较低调的老员工，可以是一位好厨师，而不一定是好的管理者。因此，在岗位人员的选择上要做到知人善任，唯有如此，才能真正挖掘出每个人的潜力。

（2）用开展岗位竞争的方法选择人才

厨房工作岗位差别很大，有的岗位多人争着干，有的岗位却很少有人愿意干。对于这种情况，可以开展竞争，用考核的手段择优录取。例如，某餐饮企业为了让有才能的人得到充分发挥，就炉灶这个岗位，进

行了实践考核，按考核成绩排列，成绩优异者定为头炉，以下依次定为二炉、三炉。被选上的人不仅有一种自豪感，同时也有一种责任感。头炉与二炉之间的岗位工资有很大差别，落选者也只有努力工作，学好技术，以后再参加竞争。当然，这种考核定岗不是终身制，厨师长有权随时撤换不能胜任或工作失误的员工。

（3）采用人才互补加强岗位建设

从管理心理学这个角度出发，把具有各种不同专长或性格各异的人合理搭配，就会形成一个最佳的人才结构，从而减少内耗。这些互补包括年龄的互补、性格的互补、知识的互补、技能的互补等。只有使每个人各显其长、互补其短，才能构成一个理想的生产结构和管理结构。

三、厨房人员的素质要求及岗位职责

1. 行政总厨的素质要求及岗位职责

直接领导：企业董事会和总经理或餐饮总监

管理对象：分店或部门厨师长

由于行政总厨是中餐厨房的最高管理者，其责任重大不言而喻，因此对行政总厨的任职要求与综合素质要求相对较高，具体有如下几个方面：

（1）素质要求

1）思想政治和职业道德

①拥护党和国家的方针政策，有一定的政策水平。

②具有强烈的事业心和责任感。

③遵纪守法、廉洁奉公。

④工作认真，实事求是，顾全大局，团结协作，热心服务，讲求效率。

2）专业水平

①业务知识。掌握厨房生产与管理的业务知识；熟悉食品原料和烹饪工艺的基本原理及食品营养卫生知识；精通菜点成本核算及餐饮销售、酒水知识；了解安全生产、食品库房管理等知识；熟悉主要客源国饮食习俗方面的知识；了解本专业的发展动态，掌握计算机管理和使用知识。

②政策法规知识。熟悉食品卫生法、消防安全管理条例；了解旅游及有关涉外法规，熟悉饭店的有关政策和规章制度。

3）工作能力

①业务实施能力。能正确理解上级的工作指令，对厨房生产和管理实行全面控制，圆满地完成工作任务。

②组织协调能力。能合理有效地调配厨房的人力、物力和财力，调动下级的工作积极性，善于同有关部门沟通。

③开拓创新能力。能及时准确地进行餐饮市场预测和分析，不断更新菜肴品种。

④文字表达能力。能熟练地撰写工作报告、总结和各种计划，能简明扼要地向部下下达工作指令。

⑤外语能力。对于星级酒店和高档餐饮企业，要求行政总厨能用一门外语阅读有关业务资料，并能进行简单的会话。

4）学历、经历、身体素质及其他

①学历。大专及以上。

②经历。在厨房管理岗位上工作四年以上。

③技术等级。技师以上或高级烹调技师。

④身体素质。身体健康，精力充沛。

（2）岗位职责

1）根据企业管理层的指示，负责企业整个厨房系统日常工作调节、部门沟通，做到"上传下达"。

2）负责企业整个厨师队伍技术培训规划和指导。

3）负责厨房系统菜品、原料研究开发和厨房管理的系统工作。

4）组织企业对关键原料品质的鉴定和培训工作。

5）对企业厨师系统的考察与考核评级作总体把关和控制。

6）协助上级领导处理各种重大突发事件。

7）负责组织对新菜品的设计和开发工作，不断了解菜品市场动态和动向。

2. 中餐厨师长的素质要求及岗位职责

直属领导：行政总厨

管理范围：红案、白案、凉菜组长

（1）素质要求

1）具有大学专科以上学历或同等文化程度的学历。

2）具有高级专业技术职称，10年以上的工作经验。

3）熟练掌握本酒楼菜肴的烹饪技术，熟悉各种菜品的特色和特点。

4）具有中国烹饪历史文化和其他菜系的烹饪知识。

5）具有良好的语言表达能力，善于处理人际关系，协调部门关系，具备厨房内部规范化管理的技能要求。

6）熟悉原材料质量标准、菜品质量标准。

7）能够及时处理突发事件，确保酒楼业务正常运行。

8）善于指导和激励下属员工工作，准确评估员工工作表现，编制员工培训方案和计划。

9）努力学习业务知识，熟练掌握一门外语，不断提高技术水平和管理水平。

（2）岗位职责

1）根据餐饮经营的特点和要求，制定零点和宴会菜单。

2）制定厨房的操作规程及岗位职责，确保厨房工作正常进行。

3）检查厨房设备和厨具、用具的使用情况，制订年度订购计划。

4）每日检查厨房卫生，把好食品卫生关，贯彻执行食品卫生法规和厨房卫生制度。

5）根据不同季节和重大节日，组织特色食品节，推出时令菜式，增加花色品种，以促进销售。

6）负责保证并不断提高食品质量和餐饮特色。指挥大型和重要宴会的烹调工作，制定菜单，对菜点质量进行现场把关，重大任务则亲自操作以确保质量。

7）定期实施厨师技术培训。组织厨师学习新技术和先进经验。定期或不定期对厨师技术进行考核，制定值班表，评估厨师，对厨师的晋升调动提出意见。

8）负责控制食品和有关劳动力成本。准确掌握原料库存量，了解市场供应情况和价格。根据原料供应和宾客的不同口味要求制定菜单和规格。审核每天厨房的请购单，负责每月厨房盘点工作，经常检查和控制库存食品的质量和数量，防止变质、短缺，合理安排使用食品原料。高档原料的进货和领用必须经厨师长审核或开单才能领发，把好成本核算关。

9）负责指导主厨的日常工作。根据宾客口味要求，不断改进菜点质量，并协助总经理助理设计、改进菜单，使之更有吸引力。不断收集、研制新的菜点品种，并保持地方菜的特色风味。

10）经常与前厅经理、行政部等相关部门联系协调，并听取宾客意见，不断改进工作。

技能要求

一、科学设置厨房组织结构

1. 大型厨房组织结构

大型厨房由若干个不同职能的厨房组织所构成。为便于系统管理，需设立厨房中心办公室，它是厨房最高层的管理机构，负责指挥整个厨房系统的生产运行。大型厨房总厨师长全面负责主持工作；副总厨师长具体分管一个或数个厨房，并分别指挥和监督各分厨房厨师长的工作，各厨房的厨师长负责所在厨房的具体生产和日常运营工作。大型厨房组织结构如图10—1所示。

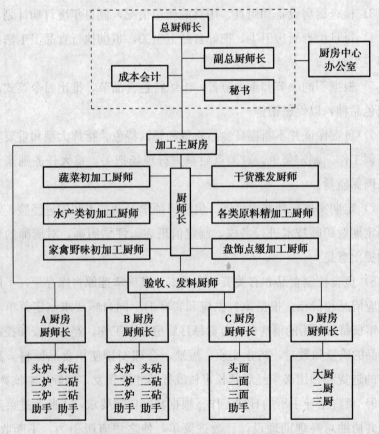

图10—1 大型厨房组织结构示意图

2. 中型厨房组织结构

中型厨房比大型厨房的规模、面积等都要相对小一些，人数、经营项目也相对少一些。中型厨房通常设中餐厨房和西餐厨房两部分，而两个厨房都兼有多种生产功能。中餐厨房一般设六个必需的作业区，与大型厨房的某一中餐厨房的组织结构是相同的。中型厨房组织结构示意图如图 10—2 所示。

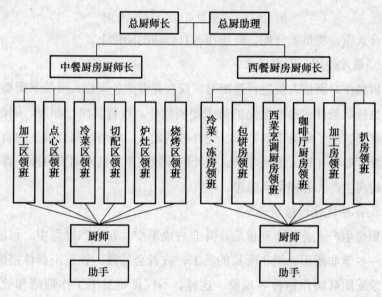

图 10—2 中型厨房组织结构示意图

有的企业在咖啡厅中设一小厨房，称为咖啡厅厨房等，中型厨房往往又称为综合性厨房。

3. 小型厨房组织结构

小型厨房规模较小，通常只设 1 名厨师长，并根据岗位需要设若干领班。这类厨房的厨师长通常还兼管炉灶或切配等工作。具体岗位设置上，只有炉灶组、切配组和点心组。有些厨房将冷菜加工归入切配组负责。有些小型厨房需供应部分的西菜，可设一个西菜组，均由厨师长领导。一般不设专门的采购部和仓库保管。小型厨房只配1～2 名采购员、1～2 名仓库保管员。小型厨房组织结构示意图如图 10—3 所示。

二、合理调配厨房各岗位人员

厨房生产岗位对员工的任职要求不一样。在调配厨房各岗位人员时，应充分利用人事部门提供的员工背景材料以及岗前培训情况，根据员工

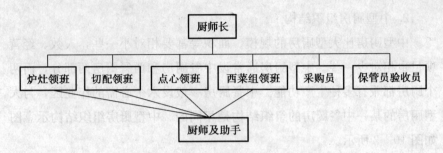

图10—3　小型厨房组织结构示意图

的综合素质，将员工分配、安排在各自合适的岗位上。

1. 量才使用，因岗设人

厨房在对岗位人员进行选配时，应首先考虑各岗位人员的素质要求，即岗位任职条件。选择上岗的员工要能胜任、履行其岗位职责，同时要在认真细致地了解员工的特长、爱好的基础上，尽可能照顾员工的自愿，让其发挥聪明才智、施展才华。要杜绝照顾关系、情面因人设岗。否则，将为厨房生产和管理留下隐患。

2. 不断优化岗位组合

厨房生产人员分岗到位后，并非一成不变。在生产过程中，可能会发现一些学非所用、用非所长的员工；或者会暴露一些班组群体搭配欠佳、缺乏团队协作精神等现象。这样，不仅影响员工工作情绪和效率，久而久之，还可能产生不良风气，妨碍管理。因此，优化厨房岗位组合是必需的。但在优化岗位组合的同时，必须兼顾各岗位，尤其是主要技术岗位工作的相对稳定性和连续性。

第三节　菜点质量管理

学习目标

➤ 掌握菜点质量的概念以及基本评定方法，能够分析影响菜点质量的主要因素，并准确把握控制菜点质量的三类重要手段。

➤ 能够制定菜肴质量评价标准并执行解决质量问题的方案。

➤ 能够对菜点质量进行针对性控制。

知识要求

一、菜点质量的概念及评定方法

1. 菜点质量概念

质量是指产品或服务提供者所提供给消费者的产品或服务，在何种程度上和多长时间里满足消费者需求的程度。

菜点，也就是由厨房生产制作的各种供顾客选用的食品，一般有冷菜、热菜、点心、面食、粥品、汤羹以及小吃、甜品等。所谓的菜点质量，主要是指菜点本身的质量，从传统意义来说，一般包括菜点的色、香、味、形、器、质感等，如果结合现代科学对菜点一些质量内容的整合，则还应包括菜点的温度感、营养卫生、安全程度等。

2. 菜点质量感官评定及外围质量要求

感官质量评定法，是餐饮经营实践中最基本、最实用、简便有效的方法。即利用人的感觉器官通过对菜肴的质量加以鉴赏和品尝，来评定菜肴食品各项指标质量的方法。也就是用眼、耳、鼻、舌（齿）、手等感官，通过看、嗅、尝、嚼、咬、听等方法，检查菜肴外观色、形、质、温等，从而确定其质量的一种评定方法。

（1）嗅觉评定

嗅觉评定即综合运用嗅觉器官来评定菜肴的气味。

（2）视觉评定

视觉评定即根据经验，用肉眼对菜肴的外部特征如色彩、光泽、形态、造型、菜肴与盛器的配合、装盘的艺术性等进行检查、鉴赏，以评定其质量优劣。

（3）味觉评定

味觉评定即利用舌头表面味蕾接触食物受到刺激时产生的反应，辨别甜、咸、酸、苦、辣等滋味。味觉评定对于检查菜点的口味是否恰当，是否符合风味要求具有很重要的作用。

（4）听觉评定

听觉评定即运用听觉评定菜肴质量，尤其适用于锅巴及铁板类菜肴。听觉评定菜肴质量，既可发现其温度是否符合要求，质地是否已处理得膨发酥松（主要指锅巴类菜肴），同时还可以考核服务是否全面得体。

（5）触觉评定

触觉评定即通过人体舌、牙齿以及手对菜肴直接或间接地咬、咀嚼、按、摸、敲等，检查菜肴的组织结构、质地、温度等，从而评定菜肴质量。

要把握菜肴的质量，以上五种感官往往要几种同时并用对菜肴质量进行鉴赏评定。

菜点外围质量要求主要体现在两个方面：一是要求餐厅能够提供顾客品尝美味菜点的最佳环境。追求舒适惬意、美观雅致，是顾客进餐时对环境的基本需求。二是以合理的价格，配以完善的服务，顾客往往会以价格来衡量菜点质量是否真实。

二、菜点质量控制方法

厨房产品质量受多种因素影响，厨房生产管理正是要确保各类产品质量的可靠和稳定，采取各种措施和有效的控制方法来保证厨房产品品质符合要求。

1. 阶段流程控制法

厨房的生产运转，从原料的进货到菜点销售，可分为原材料采购储存、菜点生产加工和菜点消费三个阶段。加强对每一个阶段的质量控制，可保证菜点生产全过程的质量。

（1）原料阶段控制

原料阶段主要包括原料的采购、验收和储存。在这一阶段应着重控制原料的采购规格、数量、价格以及验收和储存管理。

1）严格按照采购规格书采购各类原料，确保购进原料能最大限度地发挥其应有作用，使加工生产变得方便快捷。没有制定采购规格标准的一般原料，也应以保证菜品质量、按菜品的制作要求以及方便生产为前提，选购规格分量适当、质量上乘的原料，不得乱购残次品。

2）细致验收，保证进货质量。验收的目的是把不合格原料杜绝在厨房之外，保证厨房生产质量。验收各类原料，要严格依据采购规格标准，对没有规定规格标准的采购原料或新上市的品种，对其质量把握不清楚的，要随时约请专业人员进行认真检查，不得擅自决断，以保证验收质量。

3）加强储存原料管理，防止原料因保管不当而降低其质量标准。严格区分原料性质，进行分类储藏。加强对储藏原料的食用周期检查，杜绝对过期原料的加工制作。同时，应加强对储存再制原料的管理，如泡菜、泡辣椒等。如果这类原料需要量大，必须派专人负责。厨房已领用的原料，也要加强检查，确保其质量可靠和安全卫生。

（2）菜点生产阶段的控制

菜点生产阶段主要是控制申领原料的数量和质量，菜点加工、配份和烹调的质量。

1）菜点加工是菜点生产的第一个环节，同时又是原料申领和接受使用的重要环节，进入厨房的原料质量要在这里得到认可。因此，要严格按计划领料，并检查各类原料的质量，确认可靠才能加工生产。对各类原料的加工和切割，一定要根据烹调的需要，制定原料加工规格标准，保证加工质量。餐饮企业应根据自己的经营品种，细化各种原料的加工成型规格标准，建立原料加工成型规格标准书。

原料经过加工切割后，一些动物性原料还需要进行浆制。这是一种对菜肴实施优化的工艺，对菜肴的质地和色泽等多方面有较大影响。因此，应当对各类浆、糊的调制建立标准，避免因人而异、盲目操作。

2）配份是决定菜肴原料组成及分量的关键。配份前要准备一定数量的配菜小料，即料头。对大量使用的菜肴主、配料的控制，则要求配份人员严格按菜肴配份标准，称量取用各类原料，以保证菜肴风味。随着菜肴的翻新和菜肴成本的变化，有必要及时调整用量，修订配份标准，并督导执行。

3）烹调是菜肴从原料到成品的成熟环节，决定着菜肴的色泽、风味和质地等，"鼎中之变，精妙微纤"，说的就是烹调阶段对菜肴的质量控制尤为重要和难以掌握。有效的做法是，在开餐经营前，将经常使用的主要味型的调味汁，批量集中兑制，以便开餐烹调时各炉头随时取用，以减少因人而异出现的偏差，保证出品口味质量的一致性。各厨房应根据自己经营情况确定常用的主要味汁，并在标准上予以定量化。

（3）菜点消费阶段的控制

菜肴由厨房烹制完成后交由餐厅的出品服务。这里有两个环节容易出差错，须加以控制：其一是备餐服务，其二是餐厅上菜服务。

1）备餐要为菜肴配齐相应的佐料、食用器具及用品。加热后调味的菜肴（如炸、蒸、白灼等菜肴），大多需要配带佐料（味碟）。从经营操作方便考虑，有的味碟是一道菜肴配一到两个，这种味碟一般由厨房配制；从卫生角度考虑，有的味碟是按人头配制，这种味碟配制一般较简单，多在备餐时配制。如上刺身时要配制芥末味碟等。另外，有些菜肴食用时还须借助一些器具，才显得方便、雅观，如吃蟹配夹蟹的钳子、小勺，吃田螺配牙签等。因此，备餐也应建立一些规定和标准，督导服务，方便顾客。

2）服务员上菜服务。动作要及时规范，主动报菜名。对食用方法独特的菜肴，应对顾客作适当介绍或提示。

综上所述，阶段控制法强调在加工生产各阶段应建立规范的生产标准，以控制其生产行为和操作过程。然而生产结果、目标的控制，还有赖于各个阶段和环节的全方位检查。因此，建立严格的检查制度，是厨房产品阶段控制的有效保证。

生产阶段的产品质量检查，重点是根据生产过程，抓好生产制作检查、成菜出品检查和服务销售检查三个方面：

生产制作加工检查，是指菜肴加工生产过程中下一道工序的员工，必须对上一道工序的加工产品的质量进行检查。如发现产品不合标准，应予返工，以免影响最终成品质量。成菜出品检查，是指菜肴送出厨房前必须经过质检人员的检查验收。成菜出品检查是对厨房生产烹制质量的把关验收。因此，成菜出品检查必须严格认真，不可马虎迁就。

服务销售检查，是指除上述两方面检查外，餐厅服务员也应参与厨房产品质量检查。服务员平时直接与顾客打交道，了解顾客对菜肴的色泽、装盘及外观等方面的要求。因此，从销售角度检查菜点质量往往更具实用性。

2. 岗位职责控制法

利用岗位分工，强化岗位职能，并施以检查督促，对厨房产品的质量也有较好的控制效果。

（1）所有工作均应有所落实

厨房生产要达到一定标准要求，各项工作必须分工落实，这是岗位职责控制中前提。厨房所有工作应明确划分，合理安排，毫无遗漏地分配至各加工生产岗位，这样才能保证厨房生产运转过程顺畅，加工生产各环节的质量才有人负责，检查和改进工作也才有可能开展。

厨房各岗位应强调分工协作，每个岗位所承担的工作任务应该是本岗位比较便利完成的，而不应是障碍较大、操作很困难的工作的累积。厨房岗位职责明确后，要强化各司其职、各尽其能的意识。员工在各自的岗位上保质保量及时完成各项任务，其菜品质量控制便有了保障。

（2）岗位责任应有主次

厨房所有工作要有相应的岗位分担，但是，厨房各岗位承担的工作责任并不均衡一致。应将一些价格昂贵、原料高档，或针对高规格、重要顾客的菜肴的制作，以及技术难度较大的工作列入头炉、头砧等重要岗位职责内容，在充分发挥厨师技术潜能的同时，进一步明确责任。对厨房菜肴口味，以及对生产面上构成较大影响的工作，也应规定由各工种的重要岗位完成，如配兑调味汁、调制点心馅料、涨发高档干货原料等。

另外，那些从事一般厨房生产，对出品质量不直接构成影响或影响不大的岗位，并非没有责任，只不过它比主要岗位承担的责任轻一些而已。其实，厨房生产是个有机相连的系统工程，任何一个岗位、环节的不协调，都有可能妨碍出品的质量和效率。因此，这些岗位的员工同样要认真对待每一项工作，主动接受厨房管理人员和主要岗位厨师的督导，积极配合、协助他们完成厨房生产的各项任务。

3. 重点控制法

重点控制法是针对厨房生产和出品的某个时期、某些阶段或环节，或针对重点客情、重要任务以及重大餐饮活动而进行的更加详细、全面、专门的督导管理，以及时提高和保证某一方面、某一活动的生产与出品质量的一种方法。

（1）重点岗位及环节控制

管理人员通过对厨房生产及菜点质量的检查和考核，可找出影响或妨碍生产秩序和菜点质量的环节或岗位，并以此为重点，加强控制，提高工作效率和出品质量。例如，针对炉灶烹调出菜速度慢，菜肴口味时好时差的问题，通过检查发现，炉灶厨师手脚不利索，重复操作多，对经营菜肴的口味把握不住，不能按制作标准一贯执行，厨房管理者就必须要加强对炉灶烹调岗位的指导、培训和出品质量的把关检查，以提高烹调速度，防止和杜绝不合格菜肴出品。针对重点岗位的控制，可以采用因果图分析法进行分析（见图10—4）。又如，一段时间以来，不少顾客反映，同一菜肴的量时多时少，经检查后发现，配份人员未能严格执行已制定的菜肴配份标准，仅凭经验、感觉配制，这时，则需加强对配菜的控制，保证菜肴数量均衡一致。

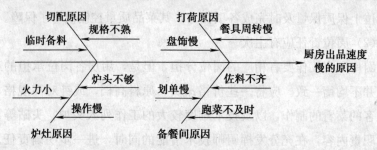

切配原因　　　　打荷原因
规格不熟　　　　　　餐具周转慢
临时备料　　　　盘饰慢
　　　　　　　　　　　　　　　厨房出品速度
　　　　　　　　　　　　　　　慢的原因
火力小　　炉头不够　　划单慢　　佐料不齐
操作慢　　　　　　跑菜不及时
炉灶原因　　　　　　备餐间原因

图 10—4　厨房出品速度慢的原因分析（因果图分析法）

可见，作为控制对象的重点岗位和环节是不固定的。某段时期中几个薄弱环节通过加强控制管理，问题解决了，而其他环节的新问题又可能出现。因此，厨房管理者应及时调整工作重点，对从业人员进行系统的控制督导。

重点控制法的关键是寻找和确定厨房生产控制的重点，前提是对厨房生产运转进行全面细致的检查和考核。对厨房生产和菜点质量的检查，可采取厨房管理者自查的方式，也可凭借顾客意见征求表或直接向就餐顾客征询意见等方法。另外，还可聘请有关行家、专家同行来检查，通过分析，找出影响菜品质量问题的主要症结所在，并对此加以重点控制，改进工作从而提高菜点质量。

（2）重点客情和重要任务控制

从餐饮企业的经营目标考虑，要区别对待一般厨房生产任务和重点客情、重要生产任务，加强对后者的控制，可以对厨房社会效益和经济效益发挥较大作用。

重点客情或重要任务，是指顾客身份特殊或者消费标准不一般。因此，从菜单制定开始就要有针对性，从原料的选用到菜点的出品的全过程中，就要重点注意全过程的安全、卫生和质量。厨房管理者要加强每个岗位环节的生产督导和质量检查控制，尽可能安排技术好、心理素质好的厨师为其制作。对每一道菜点，除尽可能做到设计构思新颖独特之外，还要安排专人跟踪负责，切不可与其他菜点交叉混放，以确保制作和出品万无一失。在顾客用餐后，还应主动征询意见，积累资料，以方便今后的工作。

（3）重大活动控制

重大餐饮活动，不仅影响范围广，而且为餐饮企业创造的收入也高，同时，消耗的烹饪原材料成本也高。加强对重大活动菜点生产制作的组织和控制，不仅可以有效地节约成本开支，为企业创造应有的经济效益，而且通过成功地组办大规模的餐饮活动，还可向社会宣传餐饮企业的厨房实力，进而通过就餐顾客的口碑，扩大企业的影响。

厨房对重大活动的控制，首先应从菜单制定着手，充分考虑各种因素，开列一份或若干具有一定特色风味的菜单。接着要精心组织各类原料，合理使用各种原料，适当调整安排厨房人手，计划使用时间和厨房设备，妥善及时地提供各类出品。厨房生产管理人员、主要技术骨干均应亲临第一线，从事主要岗位的烹饪制作，严格把好各阶段产品质量关。有重大活动时，前后台配合十分重要，走菜与停菜要随时沟通，有效掌握出品节奏。厨房内应由总厨负责指挥，统一调度，确保出品次序。重大活动期间，更应加强厨房内的安全、卫生控制检查，防止意外事故发生。

技能要求

一、影响菜点质量因素的分析方法

1. 厨房生产的人为因素

厨房菜点的生产过程，都是靠富有烹饪技艺的厨师来完成，厨师技术水平直接决定菜点质量的高低。同时，厨师的主观情绪波动对产品质量也会产生直接影响。关于员工情绪的分析，并加以有针对性的解决，同样可以借助于因果图分析法，即由员工的行为结果推出是哪些原因导致这一结果的发生，如图10—5所示。厨房管理者要在生产一线施以现场督导，多与员工沟通，正确使用激励措施，充分调动员工积极性。"众口难调"是厨师对菜点口味不符合顾客要求常用的开脱言词，要采用科学高效的管理手段，提高和稳定菜点质量，这一点非常重要。

2. 生产过程的客观自然因素

厨房产品的质量，常受到原料自身、调味品、厨房环境、设施、设备、工具等客观因素的影响。

（1）原材料及调料的影响

品质优良的烹饪原料是烹制精美菜点的首要物质基础。清代袁枚在《随园食单》中说："凡物各有先天，如人各有资禀，人性下愚，虽孔孟

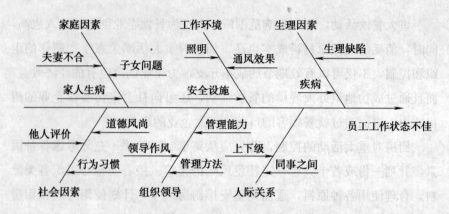

图 10—5 影响工作情绪的因素（因果图分析法）

教之无益也；物性不良，虽易牙烹之亦无味也。"原料固有品质较好，只要烹饪得当，产品质量就相对较好。原料先天不足，或是过老过硬，或是过小过碎，或是陈旧腐败，即使有厨师的精心改良，精细烹制，其产品质量要合乎标准、尽如人意，仍很困难。同样，调味品的质量以及如何运用也体现出这样的道理。因此，菜点质量控制中首先要抓好各种原材料的质量控制。

（2）厨房生产环境的影响

厨房生产环境对餐饮产品的生产也有很大的影响，厨房环境的好坏对员工的工作情绪影响很大。例如，厨房的温度过高，会加快消耗厨房工作人员的体能，导致疲劳无力，进而影响到产品质量。同时，由于厨房温度很高，烹饪原料极易腐败变质，如果缺乏良好的储藏设施和管理，就会导致产品质量下降。

对投资者来讲，建立一个良好的厨房环境，是保证厨房生产质量及产品质量的重要保证。

（3）设施、设备、工具的影响

无论生产哪一种菜肴，都需要有一定的厨房设施、设备、工具，比如炒炉、蒸炉、炸炉、烤炉、冰箱、冰柜等。厨房生产离不开必需的生产设施和设备，而这些设施、设备的质量也直接影响到厨房的生产质量。因此，为提高产品的质量，做到良好的持续性生产，投资者决不能为了节省资金，贪图便宜去买伪劣产品；否则，最终会因小失大，害了自己。

（4）服务销售的附加因素

餐厅服务销售从某种意义上讲，是厨房生产的延伸和继续，有些菜肴可以说就是在餐厅完成的烹饪。比如，各种火锅、火焰菜肴以及涮烤类菜肴等。服务员的服务技艺、处事应变能力，直接或间接地影响着菜肴的质量。这一点进一步证实了加强菜肴生产和服务即厨房与餐厅的沟通与配合，确保出品畅通及时，对保证和提高菜点质量将发挥重要的作用。

餐厅销售的各类菜点，其价格是由饭店有关部门制定的，不同顾客对价格的认可、接受程度是不尽相同的。这主要与顾客的用餐经历和经济收入及消费价值观有关。顾客对菜肴价格的衡量，即物有所值与否，同样构成对厨房产品质量的重要影响。

二、菜点质量评价及控制方法

菜点质量评价包括内在质量标准和外观质量标准两个方面，前者即味道、质感、营养成分等，后者包括色彩、形状、切配、装盘、装饰等要素。顾客对菜点自身质量的评判，是在调动以往的经历和经验，结合该质量指标应有内涵的同时，经过感官鉴定而得出的。

菜点质量控制要制定完善的控制程序：

1. 严格把好主、副原料，调料的采购关，不符标准的不验收，不入库，不进厨房。

2. 做好原料的科学保管，强化库房管理，仓库要防潮、防霉、防虫、防蛀、防异味，过期、变质食品原料决不出库。

3. 原料粗加工要合理、细致、去异味、去杂质，保证粗加工质量。

4. 用料规格合理，丁、片、条、丝、块、茸切配标准、规范、分量足，主、副原料配比合理。实行"一菜一表"制度，严格执行标准菜谱的要求。

5. 炉灶操作、冷盘制作、点心制作要熟练、合乎规范，确保出品质量符合标准。

6. 出菜前划菜、围边厨师要严格把关，不符质量要求不出厨房。

7. 厨师长在开餐过程中，要不断巡视厨房各岗位，把握工作状态、工作进度和工作标准，要善于发现问题，及时解决问题，牢牢把住厨房质量管理这一关。

8. 餐厅传菜前质检人员、跑菜员要仔细核对，发现不符合质量标准的情况不上顾客台面，严格质量管理体系。

第十一章
培训指导

➤ 掌握培训讲义的编写方法，明确专业技术指导的方法，能够编写培训讲义。

➤ 掌握 PPT 课件制作的方法和使用方法，能够利用 Powerpoint 多媒体课件进行培训。

➤ 掌握专业技能指导方法，能够对技师以下的中式烹调师进行技能指导。

知识要求

一、培训讲义的编写要求

培训讲义编写是落实培训目标搞好培训的核心，教学指导思想和教学目标通过讲义编写贯彻落实。培训讲义编写是将社会最新科技知识记载传承的手段，是保证培训顺利进行、提高培训质量的重要措施。

1. 培训讲义编写的基本原则

（1）针对性与实用性原则

针对培训目标进行讲义编写。讲义中所提到的理论观点、技术观点及解决问题的方法，必须与现实相结合，且能解决现实问题，或提出指导解决问题的方案和意见，决不能故弄玄虚，搞"花架子"，未经实践检验、未被证实的内容不得编入教案。

（2）系统性与科学性原则

培训讲义编写总体思路要以培训项目为依据，与组织整体需求吻合，据此确定培训内容。讲义内容取舍要从组织全局目标需要出发，要通盘考虑。讲义框架设计、拟用教学模式也要围绕组织整体，以达到最佳适用效果。所编写教案的内容必须要经过实践检验，要经得住推敲，符合科技规律，要坚持实事求是、求真务实的做法，所述内容必须符合科学。

（3）创新性与新颖性原则

编写讲义一定要坚持开拓创新，所提出的观点内容要反映时代特点，讲述理论应是现代的、全新的，讲义编写的方法与思路也应是创造性的，不拘泥于旧模式，不局限于传统做法。应是多种媒介有机的结合排列，所用形式一定要体现新颖性，以充分引起学员的兴趣和共鸣，力争做到形式新颖。

（4）反映最新科技成果原则

凡列入讲义的内容，除正在应用的传统技术外，要特别注意吸纳新技术和技能，做到讲义的核心内容与当代科技保持同步。但选定的最新科技成果一定要通过实践验证，对探索性前沿科技内容的培训，选题要慎重，表述要客观，防止误导。

2. 常见培训讲义编写类型

由于讲义的信息传输模式不同，教师授课的方式也存在区别，所以，根据不同模式和应用形式，讲义可以有多种不同类型。

随着现代科教手段的不断引入，讲义编写类型也越来越多，常见的有讲授法讲义、多媒体教学法讲义、案例法讲义等，其内容形式有文字、照片、录像、多媒体系统、实物、实景等，其中应用最广泛的是文字讲义，目前，计算机多媒体系统所占比重越来越大，呈上升趋势。

由于讲义应用方式的差异，讲义的编写方法也就不同。一般讲义总体形式以教师授课形式而体现差异。

（1）讲授法讲义编写

讲授法是目前应用最多的基本授课方法。讲授法讲义的基本形式是书籍和其他类型的文字资料，或表格、挂图等。此类讲义的编写已形成相对固定的模式，一般常用篇、章、节的形式，依据内容多少可编得薄厚不一。此类讲义的编写要注意篇章布局应符合逻辑思维结构，注意系统结构与层次结构要合理，还要符合学员的认知习惯和规律。

（2）多媒体教学法讲义编写

多媒体教学法讲义主要指幻灯、电影、音像材料和多媒体讲义。此类讲义可与讲授法讲义相配合。此讲义的编写，要求有对教学的结构性说明和对视听媒体的应用说明。如配加解说词或对照视听媒介中间穿插引进说明。

（3）案例法讲义编写

案例法讲义是围绕一定的培训目的，把实际工作中的真实情景加以典型化处理，形成供学员思考分析的案例，通过独立研究和相互讨论的方式，来提高学员分析问题和解决问题能力的讲义。这类讲义的编写过程主要包括确定目标、搜集信息、写作、检核和定稿等工作。

此类讲义的编写一般要求以第三人称来描述，情节要忠于事实。有时信息的采用还得得到有关机构或人员的同意。

3. 培训讲义编写的一般流程

（1）分析培训目标

分析培训目标是培训讲义编写的重要步骤，是讲义编写的调查、研究阶段。培训讲义是在培训目标的基础上确定的学员必须掌握的工作知识和技能。培训目标对所有学习者来说，就是学习者通过学习过程通常要达到的学习要求。

（2）确定讲义编写目标

根据培训目标的分析，确定讲义编写的内容。通过讲义的编写要达到充分体现提高学员整体素质的目的，充分体现讲义的目标要求，要真正适应学员的发展。

（3）设计讲义编写

本流程包括5个具体步骤的工作，即根据培训目标写下讲义主题；撰写讲义提纲；完成讲义具体内容；选择讲义内容授课的方式；修改、调整讲义内容。

（4）培训实施

完成讲义编写任务后，根据目标要求，在设计课程的基础上，将讲义内容实施于培训。培训实施一般包括：准备培训讲义、安排课程内容、明确教学模式、组织课程执行者、选择课程策略、时间分配等环节。

二、PPT 课件制作和使用特点

PPT 是美国微软公司演示软件 Powerpoint 的缩写，也是目前最普遍使用的一种计算机演示制作软件。PPT 是一些集声音、图像、文字等为一体的计算机演示文稿，它最大的好处是能激发学员的学习兴趣，并对培训师的讲课起着提纲挈领的作用。

1. PPT 课件的特点

PPT 课件在培训教学中能得到大力的推广和运用，其主要是因为 PPT 课件具有较文字教案信息量大，能更好地突出教学重点和突破教学难点，能激发学员的学习兴趣，能与学员有更好的交互性的特点。

优秀的 PPT 课件，除要有优秀的脚本和合理的结构设计外，还必须有充足的课件素材，在一定意义上讲，优秀的课件脚本比较容易写出来，但充足的素材却难寻觅，因此 PPT 课件的获取和对素材的处理是课件制作中重要的环节。

PPT 课件素材一般包括脚本文字、声音素材、图像素材、视频素材等。常见的是脚本文字、图像素材和视频素材。

2. 制作 PPT 课件的要求

PPT 的制作中主要包含下列一些元素：界面、颜色、文字、图表、声音、动态效果和备注页。

（1）界面

界面的设计要求具有美感，比例恰当，图文均匀分布，整体简洁连贯。界面一般分为标题区、图文区两部分。标题要求简洁明了，是整页的主旨思想内容，图文区的内容是对标题的说明和讲解，要求紧扣标题。图文安排要疏密有致、赏心悦目。

（2）颜色

课件的颜色主要有红、蓝、黄、白、青、绿、紫、黑 8 种颜色。背景色宜用低亮度或冷色调的颜色，而文字宜选用高亮度或暖色调的颜色，以形成强烈的对比。

（3）文字

课件中文字不要太多，不要把所有的内容都搬到演示文稿中。一般说来，把授课的提纲输入，再添加一些辅助说明的文字就足够了。标题和关键文字的字号应该大些，重点语句应采用粗体、斜体、下划线或色彩鲜艳字，以示区别。

（4）图表

在 PPT 中出现的图表分为两种：一种是作为图形、图案来点缀界面的，另一种是用来对文字内容做辅助说明的，比如说工艺流程图等。课件中起点缀作用的图形、图案，可以通过绘图软件、扫描、拍摄、网络下载等途径获取。

（5）声音

在 PPT 课件中，根据需要也可加上背景声音，比如在切换幻灯片、提示学员注意时，可以起到渲染气氛、提请注意的作用。声音可以用软件制作声音文件添加到演示文稿中，要选择轻柔悦耳的声音，不要选择刺耳的噪声。

（6）动态效果

使用计算机制作演示文稿的好处之一就是能让所有的元素活动起来，可以在 PPT 中给每一张幻灯片设置切换效果和停留时间，甚至每一行的文字都可以以飞入、飞出、闪过、移离、消失等形式出现和消失。

（7）备注页

PPT 只是培训内容的一个提纲，究竟该怎么讲，该讲些什么，还需要培训者按照逻辑顺序牢记在脑中。这个时候不妨在备注页中记上一些关键步骤和提醒自己的内容，以防在培训现场突然遗忘。

三、专业技能指导方法

1. 技能指导的基本技术

技能指导基本技能是指培训者指导员工所需要的基本技能。培训者所需要的基本技能包括战略意识、判断能力、建立关系的能力、激励他人的能力、沟通能力、诊断问题并找出解决方法的能力等。

做好技能指导工作大致需经历七个基本步骤，即了解明确将要改进的行为，确定被训练者偏好的学习方式及学习类型，研究学习当中可能遇到的障碍，了解并开发实施新行为和技能的战略，实施新的行为和技能，搜集并提供有关绩效的反馈信息，归纳学习经验并将其应用到实际工作的情况。

可见，为创设一种便于学习的良好氛围，培训者就要针对被指导者的具体情况做好训练、指导工作，就要熟练地掌握指导对象的心理、思维方式、学习特点等情况。

（1）了解指导对象

指导者要了解指导对象现有能力水平与组织期望目标的差距；了解学员的实际知识水平和技能、工作态度、现有的能力水平；了解指导对象的个性特征、领导能力特征、认知方式和沟通风格等。

（2）了解指导对象的心理动机

任何一种训练和指导的方法都建立在对学员心理动机的重要假设上。不同的动机下，人们的行为是不同的，成功的训练和指导的前提是了解指导对象的动机，理解他的个人思维和办事态度。

（3）了解指导对象的思维方式

对指导对象思维方式的了解和指导也十分重要。一般说来，指导对象思维方式，有的是习惯从权威那里不假思索地接受知识；有的是习惯通过推理判断来接受事实和事物；有的是通过感性经验接受事实；有的是靠感情因素接受知识；有的是靠直觉来接受外部信息；有的是靠理性思维方式接受指导。事实上，大多数人都是混合型思维方式，只不过偏重于某一种类型。培训者在进行指导时，要综合运用不同的方法。

（4）了解指导对象的学习特点

指导就是帮助学员学习。因此，要想具体地指导，就要了解指导对象的学习特点、学习风格。常见的有积极行动型、反省型、理论型和实践型。

积极行动型，喜欢投身于实践活动中，喜欢新的机会，喜欢成为公众关注的焦点，并习惯于保持鲜明的姿态。反省型，喜欢认真的思考，在做出决定和结论之前，喜欢倾听、观察并收集信息，面对新知识和新经验时，通常会比较谨慎和保守。理论型，出于自己的爱好，对各种观点都感兴趣，喜欢搜集、分析、综合各种新的信息，用以充实自己的理论。实践型，喜欢解决问题，乐于实践，希望把新知识用于实践。

（5）善于与指导对象交流

一个优秀的培训者能读懂学员的身体语言，能根据学员的表情分辨其是否明白教学内容，这就是与指导对象交流的过程。

2. 培训者在培训中的作用

培训的主要目的在于提高绩效。企业在制订培训计划时，必须明确通过培训期望达到的效果。培训者培训在提高员工对企业与工作的认知，改变态度，形成良性动机，进而改善绩效等方面具有积极作用。

（1）帮助员工发现工作中的问题

培训者兼有教练、导师、督导的角色。培训者作用就是通过向员工提供建议和鼓励，使员工更加出色。培训者要给那些经验不够丰富的员工以职业上的指导。督导的任务是从长远考虑修正那些影响工作成绩的方法或问题，修正员工的行为。要做到这些，第一步就要发现和指出员工工作现存的问题、需要改进的地方。

（2）指导员工制定明确的目标

在帮助员工找出工作中存在的问题后，提高员工的工作成绩、规划未来发展的最好办法就是制定合适的工作目标。没有积极的目标，就不会有进步和创新。因此，培训者在指导工作目标的确定时，一定要起到激励员工的作用；同时，目标的制定，也要适合员工自身的特点和具体的行为。目标制定得越明确越清晰越有针对性就越能取得成就。

（3）提高新员工在企业中的角色意识

只有员工完全融入企业，才能充分履行其职能。这点对于新员工尤为重要。俗话说："良好的开始是成功的一半。"如何使新员工尽快熟悉企业的各个方面，消除陌生感，以一种良好的方式开始工作，在企业与员工之间建立默契与承诺，决定了新员工导向培训在企业培训工作中的重要作用。

（4）帮助员工获得知识和技能

员工通过培训能提高在工作中必需的知识和技能水平，如沟通技巧、合作能力、实际操作技巧等。员工运用所学的专项知识和技能在实际工作中就会表现得更有绩效。

（5）指导、帮助员工自我评估

培训者要为员工制定明确的评判标准，为员工制定好的行为规范，让员工能够评估自己是否达到标准，是否实现了工作目标。

技能要求

一、培训讲义的编写

培训讲义的编写一般包括培训讲义课程名称、课程大纲（讲义内容、授课的方式、参考教材等）、讲义具体内容。具体举例如下：

（1）课程名称：面点工艺

（2）课程大纲：

1）课程目的和任务

本课程属技术专业课程。它是集面点基础理论、专业知识、工艺技术于一体的应用性课程。学生通过本课程的学习，能一般了解面点常用原料、设备和工具等知识；掌握常见面点制作的基本理论、基本技能及主要面坯制作的基本原理和方法，达到了解面点概况，独立制作一般常见代表品种的教学目的。

2）课程基本要求

教师在讲授课程时，要采用多媒体教学，增强学生的直观性。使学生掌握烹饪原料的分类、品质鉴定和保管知识；掌握各类面点工艺基本理论和技能；掌握面点工艺的基本规律。为制作创新打下坚实的基础。

【课程重点】面粉、油脂、糖、鸡蛋、乳品在面点中的作用及使用方法。

【课程难点】面粉、油脂、糖、鸡蛋、乳品的工艺性能。

3）教学内容

以面点的"常用主要原料"的章节为例。

第一章 常用主要原料
第一节 面 粉

一、面粉的种类

二、面粉的性能

三、面粉的品质检验

四、面粉的保管

五、面粉的作用

第二节 油 脂

一、常用油脂的种类

二、常用油脂的性能和特点

三、油脂在面点工艺中的作用和使用方法

第三节 鸡 蛋

一、鸡蛋的种类

二、鸡蛋的性能和特点

三、鸡蛋在面点工艺中的作用和使用方法

第四节　糖及糖类制品

一、糖及糖类制品的种类

二、糖及糖类制品的性能和特点

三、糖及糖类制品在面点工艺中的作用和使用方法

[思考题] 结合实际，分析面粉、鸡蛋、糖、油脂的工艺性能在面点制品中的体现。

[作业] 1. 什么是面筋质？它具有哪些特性？

2. 白糖具有哪些特性，在西点工艺中有哪些作用？

3. 结合实际简述常用原料的使用方法。

（以下章节略）

第二章　主要原料知识
第一节　面　　粉

一、面粉的种类

面粉是西点制作的物质基础。西点中的面粉一般是指用小麦磨制而成的小麦面粉，它是生产点心、面包的主要原料。

西点中常用的面粉有低筋面粉、高筋面粉、中筋面粉和一些特殊面粉。如全麦面粉、蛋糕粉等。

低筋面粉。低筋面粉是由软质小麦磨制而成的，其蛋白质含量低，约为8%，湿面筋含量在25%以下。此种面粉最适合制作蛋糕类、油酥类的点心、饼干等。

高筋面粉。高筋面粉又称强筋面粉，通常用硬质小麦磨制而成，它的蛋白质含量高，约为13%，湿面筋含量在35%以上。此种面粉适合制作面包类制品及起酥类点心等。

中筋面粉。中筋面粉是介于高筋与低筋之间的一种具有中等韧性的面粉，蛋白质含量约为10%，湿面筋含量为25%～35%。这种面粉既可制作点心，又可以用于面包的制作，是一般饼房常用的面粉。

二、面粉的性能

一般面粉在西点制作中的工艺性能，主要是由面粉中所含淀粉和蛋

白质决定的。

1. 淀粉的物理性质

面粉中的淀粉不溶于冷水，但能与其结合，具有受热糊化、颗粒膨胀的性质。当淀粉与53℃以上的温水结合时，淀粉的物理性质发生明显的改变，即出现溶于水的膨胀化现象。这种现象称为淀粉的糊化。淀粉的糊化作用能提高面团的可塑性。

2. 蛋白质的物理性质

面粉中蛋白质的种类很多，其中麦胶蛋白和麦谷蛋白在常温水的作用下，可吸水膨胀形成面筋质。面筋质具有弹性、延伸性、韧性和比延性，这些特性对改善面团物理性能具有重要作用。当水温在60~70℃时，蛋白质受热开始变性，面团逐渐凝固，筋力下降，面团的延伸性和弹性减弱。

此外，在发酵面团中，面粉在淀粉酶和糖化酶的作用下可转化成糖，这种转化成糖的能力称为面粉的糖化力。面粉的糖化力为面团中酵母的生长提供了养分，加快了酵母繁殖，提高了面团发酵过程中产生二氧化碳气体的能力。

三、面粉的品质检验

面粉的品质主要从面粉的含水量、颜色、面筋质和新鲜度四个方面加以检验：

1. 含水量

面粉的含水量对面粉储存和调制面团时的加水量有密切关系。我国规定面粉含水率在14％以下。检验面粉含水量可用仪器测定，也可用感官方法鉴定，在实际工作中多采用后者。

2. 面粉颜色

不同等级、不同种类的面粉，其颜色不同，但应符合国家规定的等级标准。一般来说，在未加入任何添加剂的前提下，面粉的颜色随着面粉加工精度而不同，其颜色越白，精度越高，但维生素含量越低。

3. 面筋质

面粉中面筋质的含量是决定面粉品质的重要指标，在一定范围内，面筋质含量越高，面粉品质越好。

4. 新鲜度

在实际工作中，面粉新鲜度的检验一般采用鉴别面粉气味的方法，即新鲜的面粉有清淡的香味，气味正常，而陈面粉，由于存放时间的不同，带有酸味、苦味、霉味、腐败臭味等。

四、面粉的保管

一般来说，面粉保管中应注意保管的湿度调节、湿度控制及避免环境污染等几个问题。

面粉保管的环境温度以18～24℃最为理想，温度过高，面粉容易霉变，因此，面粉要放在温度适宜的通风处。

面粉具有吸湿性，当面粉储存在湿度较大的环境中，面粉就会吸收周围的水分、体积膨胀、结块、加剧发霉发热，严重影响面粉质量，因此，要注意控制面粉保管环境的湿度。一般情况，面粉在55％～65％的湿度环境中保管较为理想。

面粉有吸收各种气味的特点，因此，保管面粉时要避免与有突出气味的原料存放在一起，以防感染异味。

五、面粉的作用

面粉是制作点心、面包的基本原料，根据不同品种的需要，面粉可单独使用也可以掺入其他辅料一起使用，西点中的水调面团、混酥面团、面包面团等都是以面粉为主要原料。由于淀粉和蛋白质的存在，使面粉在制品中起到了"骨架"作用，能使面坯在成熟过程中形成稳定的组织结构。（以下章节略）

4）本课程教学方法

本课程教学主要为理论教学。主要以讲授为主，并辅助以原料标本、幻灯和图片。

5）学时分配建议

章节	授课课时
第一章　绪论	4
第二章　常用主要原料	12
第三章　面点工艺基础	12
第四章　面点工艺	40
教学机动	4
合计	68

6）参考书

内容略。

二、制作 PPT 课件一般程序

制作 PPT 文件，一般包括启动 Powerpoint→熟悉 Powerpoint 界面→创建演示文稿→内容输入→添加图形和图像→添加声音→美化课件（如设置板式、配色方案和背景、设置自定义动画等）→课件保存与打包。

三、运用专业技术指导方法，指导员工的专业技术

指导的方法就是指在教学、训练过程中用到的指导方法。企业员工的培训方法是多种多样的，关键在于寻找到一种适合本企业培训的方式。企业应提倡以系统型培训为主导、以咨询型培训为补充、以自我教育培训为基础的多元综合培训模式。系统型培训方法是一种引导型的培训方法，咨询型培训方法是一种交互式的培训方法，自我教育培训方法是一种自主型的培训方法。企业只有集引导型培训，交互式培训、自主型培训三者为一体，才能最有效地发挥培训对于开发员工能力、提升员工素质的作用。常见的方法有讲授法、演示法、案例法、小组讨论、学员实践、提问与回答及其他方法等。

1. 讲授法

讲授法就是指讲授者通过语言表达，系统地向受训者传授知识，期望这些受训者能记住其中的重要观念与特定知识。讲授法用于教学时，要求讲授内容要有科学性，它是保证讲授质量的首要条件；讲授要有系统性，条理清楚，重点突出；讲授时语言要清晰，生动准确；必要时应用板书。

讲授法有利于受训者系统地接受新知识，容易掌握和控制学习的进度，有利于加深理解难度大的内容，可以同时对许多人进行教育培训等优点。

2. 演示法

演示法是运用一定的实物和教具，通过实地示范，使受训者明白某种事务是如何完成的。演示法用于教学，要求示范前准备好所有的用具；让每个受训者都能看清示范物；示范完毕，让每个受训者试一试；对每个受训者的试做都给予立即的反馈。

示范演示可以帮助学员观察体会授课和讲演的内容，使一些抽象的东西程序直观化；有助于激发受训者的学习兴趣；有利于获得感性知识，

加深对所学内容的印象。

同时，它也能够用以展示学员人际交往等无形的能力，演示过程应遵循既定的计划和方案。

3. 案例法

案例法是指用一定视听媒介，如文字、录音、录像等，所描述的客观存在的真实情景。案例用于教学的基本要求是内容应是真实的，不允许虚构。为了保密有关的人名、单位名、地名，可以改用假名，称为掩饰，但其基本情节不得虚假，有关数字可以乘以某掩饰系数加以放大或缩小，但相互间比例不能改变；教学中应包含一定的管理问题，否则便无学习与研究的价值；教学案例必须有明确的教学目的，它的编写与使用都是为某些既定的教学目的服务的。

案例法教学能提供系统的思考模式；在个案研究的学习过程中，接受培训者可得到另一些有关管理方面的知识与原则；有利于使受培训者参与企业实际问题的解决。

4. 小组讨论

小组讨论有很多种形式，最常用的有三种：有组织地讨论、开放式讨论、有相关论题专家的陪伴式讨论。在小组讨论过程中，培训者要保证讨论主题的相关性和连续性。小组讨论能激发学员参与的积极性；有利于学员各抒己见，帮助学员解决实际问题；利于加深对授课内容的理解。

5. 学员实践

学员实践是教学指导的每一个环节结束后，检查学员学习情况的方法。这种方法是培训者观察和发现学员行为变化的最佳途径，也是一种最佳的效果评估手段。

6. 提问与回答

提问与回答在培训中应用非常普遍，它是双向互动式的，既需要学员积极配合和参与，培训者又可以得到反馈，如训练指导的内容哪些被学员所接受，哪些需要进行修改和回顾等。

7. 其他方法

其他方法主要包括模拟训练法、多媒体教学法、游戏法等，这些方法同样属于现代培训教学的基本手段。

训练、指导的方式很多，可以单独使用，也可以综合使用。一个优秀的有经验的培训者一定是依据两个方面来决定使用什么样的培训方式：其一是审视一个培训任务和课题后，决定需要使用的培训方式，或各自独立，或综合提炼，以最大地满足学员们的需要。其二是根据学员们的要求和需要，充分了解学员们的想法，考虑他们的知识结构和学习特点选择培训方法。

四、注意事项

1. 专业技术指导实施时的注意事项

培训者在实施专业技术指导时，要明确组织对培训与发展的要求；深入了解掌握专业技术；熟知专业技术指导时可能出现的问题；遵循前瞻性原则、客观性原则和总体性原则。

2. 制作 PPT 注意事项

制作 PPT 课件要做到简单；清楚明了；每一页只表达一个主题；用卡通或者其他图片来强调重点；利用不同的颜色来增加兴趣并活跃气氛；每一页文字不要过多；不要采用模糊不清的文字或图片；根据投影的距离，合理采用不同字体宽度、线条以及屏幕上的空间位置。

中国居民膳食营养素参考摄入量

附表 1　　　　　　　　　　能量和蛋白质的 RNIs 及脂肪供能比

年龄（岁）	能量 RNI/MJ 男	女	能量 RNI/kcal 男	女	蛋白质 RNI/g 男	女	脂肪占能量百分比/%
0～	0.4 MJ/kg		95 kcal/kg*		1.5～3 g/(kg·d)		45～50
0.5～							35～40
1～	4.60	4.40	1 100	1 050	35	35	
2～	5.02	4.81	1 200	1 150	40	40	30～35
3～	5.64	5.43	1 350	1 300	45	45	
4～	6.06	5.83	1 450	1 400	50	50	
5～	6.70	6.27	1 600	1 500	55	55	
6～	7.10	6.67	1 700	1 600	55	55	
7～	7.53	7.10	1 800	1 700	60	60	25～30
8～	7.94	7.53	1 900	1 800	65	65	
9～	8.36	7.94	2 000	1 900	65	65	
10～	8.80	8.36	2 100	2 000	70	65	
11～	10.04	9.20	2 400	2 200	75	75	
14～	12.00	9.62	2 900	2 400	85	80	25～30
18～							20～30
体力活动水平 PAL▲							
轻	10.03	8.80	2 400	2 100	75	65	
中	11.29	9.62	2 700	2 300	80	70	
重	13.38	11.30	3 200	2 700	90	80	
孕妇		+0.84		+200	+5	+15+20	
乳母		+2.09		+500		+20	
50～							20～30
体力活动水平 PAL▲							
轻	9.62	8.00	2 300	1 900			
中	10.87	8.36	2 600	2 000			
重	13.00	9.20	3 100	2 200			
60～					75	65	20～30
体力活动水平 PAL▲							
轻	7.94	7.53	1 900	1 800			
中	9.20	8.36	2 200	2 000			
70～					75	65	20～30
体力活动水平 PAL▲							
轻	7.94	7.10	1 900	1 700			
中	8.80	8.00	2 100	1 900			
80～	7.74	7.10	1 900	1 700	75	65	20～30

注：各年龄组的能量的 RNI 与其 EAR 相同。

　　* 为 AI，非母乳喂养应增加 20%。

　　PAL▲为体力活动水平。

　　（凡表中数字缺如之处，表示未制定该项参考值）

附表 2 **蛋白质及某些微量营养素的 EARs**

年龄(岁)	蛋白质/(g/kg)	锌/mg	硒/μg	维生素 A/μgRE[#]	维生素 D/μg	维生素 B₁/mg	维生素 B₂/mg	维生素 C/mg	叶酸/μgDFE
0~	2.25~1.25	1.5		375	8.8[#]				
0.5~	1.25~1.15	6.7		400	13.8[#]				
1~		7.4	17	300		0.4	0.5	13	320
4~		8.7	20			0.5	0.6	22	320
7~		9.7	26	700		0.5	0.8	39	320
		男 女				男 女	男 女		
11~		13.1 10.8	36	700		0.7	1.0		320
14~		13.9 11.2	40			1.0 0.9	1.3 1.0	63	320
18~	0.92	13.2 8.3	41			1.4 1.3	1.2 1.0	75	320
孕妇						1.3	1.45	66	520
早期		8.3	50						
中期		+5	50						
晚期		+5	50						
乳母	+0.18	+10	65			1.3	1.4	96	450
50~	0.92							75	320

注：0~2.9 岁南方地区为 8.88 μg，北方地区为 13.8 μg。
♯ RE 为视黄醇当量。
（凡表中数字缺如之处，表示未制定该项参考值）

附表 3 **常量和微量元素的 RNIs 或 AIs**

年龄(岁)	钙AI/mg	磷AI/mg	钾AI/mg	钠AI/mg	镁AI/mg	铁AI/mg	碘RNI/μg	锌RNI/mg	硒RNI/μg	铜AI/mg	氟AI/mg	铬AI/μg	锰AI/mg	钼AI/mg
0~	300	150	500	200	30	0.3	50	1.5	15（AI）	0.4	0.1	10		
0.5~	400	300	700	500	70	10	50	8.0	20（AI）	0.6	0.4	15		
1~	600	450	1 000	650	100	12	50	9.0	20	0.8	0.6	20		15
4~	800	500	1 500	900	150	12	90	12.0	25	1.0	0.8	30		20
7~	800	700	1 500	1 000	250	12	90	13.5	35	1.2	1.0	30		30
						男 女		男 女						
11~	1 000	1 000	1 500	10 000	350	16 18	120	18.0 15.0	45	1.8	1.2	40		50
14~	1 000	1 000	2 000	1 800	350	20 25	150	19.0 15.5	50	2.0	1.4	40		50
18~	800	700	2 000	2 200	350	15 20	150	15.0 11.5	50	2.0	1.5	50	3.5	60
孕妇														
早期	800	700	2 500	2 200	400	15	200	11.5	50					
中期	1 000	700	2 500	2 200	400	25	200	16.5	50					
晚期	1 200	700	2 500	2 200	400	35	200	16.5	50					
乳母	1 200	700	2 500	2 200	400	25	200	21.5	65					
50~	1 000	700	2 500	2 200	350	15	150	11.5	50	2.0	1.5	50	3.5	60

（凡表中数字缺如之处，表示未制定该项参考值）

附表 4 脂溶性和水溶性维生素的 RNIs 或 AIs

年龄（岁）	维生素A RNI/μgRE	维生素D RNI/μg	维生素E AI/mgα-TE*	维生素B₁ RNI/mg	维生素B₂ RNI/mg	维生素B₆ AI/mg	维生素B₁₂ RNI/mg	维生素C RNI/mg	泛酸 AI/mg	叶酸 RNI/μgDEF	烟酸 RNI/mgNE	胆碱 AI/mg	生物素 AI/μg
0～	400（AI）	10	3	0.2（AI）	0.4（AI）	0.1	0.4	40	1.7	65（AI）	2（AI）	100	5
0.5～	400（AI）	10	3	0.3（AI）	0.5（AI）	0.3	0.5	50	1.8	80（AI）	3（AI）	150	6
1～	500	10	4	0.6	0.6	0.5	0.9	60	2.0	150	6	200	8
4～	600	10	5	0.7	0.7	0.6	1.2	70	3.0	200	7	250	12
7～	700	10	7	0.9	1.0	0.7	1.2	80	4.0	200	9	300	16
11～	700	5	10	1.2	1.2	0.9	1.8	90	5.0	300	12	350	20
	男 女			男 女	男 女						男 女		
14～	800 700	5	14	1.5 1.2	1.5 1.2	1.1	2.4	100	5.0	400	15 12	450	25
18～	800 700	5	14	1.4 1.3	1.4 1.2	1.2	2.4	100	5.0	400	14 13	500	30
孕妇													
早期	800	5	14	1.5	1.7	1.9	2.6	100	6.0	600	15	500	30
中期	900	10	14	1.5	1.7	1.9	2.6	130	6.0	600	15	500	30
晚期	900	10	14	1.5	1.7	1.9	2.6	130	6.0	600	15	500	30
乳母	1 200	10	14	1.8	1.7	1.9	2.8	130	7.0	500	18	500	35
50～	800 700	10	14	1.3	1.4	1.9	2.4	100	5.0	400	13	500	30

* α-TE 为生育酚当量。

（凡表中数字缺如之处，表示未制定该项参考值）

附表 5 某些微量营养素的 ULs

年龄（岁）	钙/mg	磷/mg	镁/mg	铁/mg	碘/mg	锌/mg	硒/μg	铜/mg	氟/mg	铬/μg	锰/mg	钼/μg	维生素A/μgRE	维生素D/μg	维生素B₆/mg	维生素C/mg	叶酸/μgDFE	烟酸/mgNE*	胆碱/mg
0～				10			55		0.4							400			600
0.5～				30			80		0.8							500			800
1～	2 000	3 000	200	30		23	120	1.5	1.2	200		80			50	600	300	10	1 000
4～	2 000	3 000	300	30		23	180	2.0	1.6	300		110	2 000	20	50	700	400	15	1 500
7～	2 000	3 000	500	30	800	28	240	3.5	2.0	300		160	2 000	20	50	800	400	20	2 000
						男 女													
11～	2 000	3 500	700		800	37 34	300	5.0	2.4	400		280	2 000	20	50	900	600	30	2 500
14～	2 000	3 500	700		800	42 35	360	7.0	2.8	400		280	2 000	20	50	1 000	800	30	3 000
18～	2 000	3 500		50	1 000	45 37	400	8.0	3.0	500	10	350	3 000	20	50	1 000	1 000	35	3 500
孕妇	2 000	3 500	700	60	1 000	35	400						2 400			1 000	1 000		3 500
乳母	2 000	3 500	700	50	1 000	35	400							20		1 000	1 000		3 500
50～	2 000	3 500△	700	50	1 000	37	400	8.0	3.0	500	10	350	3 000	20		1 000	1 000	35	3 500

注：* NE 为烟酸当量。

　　　DEF 为膳食叶酸当量。

　　　△ 60 岁以上磷的 UL 为 3 000 mg。

　　（凡表中数字缺如之处，表示未制定该项参考值）